“十二五”职业教育国家规划教材
经全国职业教育教材审定委员会审定

# 电子测量仪器

DIANZI CELIANG YIQI

第2版

电子技术应用专业

主编　白秉旭

副主编　曹　红　葛　彬　陈　军　汪春蕾　包佳佳

高等教育出版社·北京

内容简介

本书是“十二五”职业教育国家规划教材，依据教育部《中等职业学校电子技术应用专业教学标准》，并参照相关行业标准和中职实际情况修订而成。

本书有7大模块，共16个项目，包括数据处理、信号产生、电压测量、时域及时间测量、频域测量、数据域测量及虚拟仪器测量。全书按照知识、技能形成的过程安排教学内容，帮助学生掌握电子测量仪器的基本操作要领和相关基础知识。

本书创设了促进学生心智技能发展的教学情境，采用“项目任务单—知识链接—项目实施—项目评价与反馈—项目小结—项目拓展”的实践导向教学模式，以此激发学生的学习热情。每个项目首先阐述各类测量的一般性知识、技能要求，然后介绍具体仪器性能指标，最后通过工作任务训练学生使用该仪器的能力，充分体现技能培养与理论学习相结合的理念。

本书可作为中等职业学校电子技术应用及相关专业教材，也可作为岗位培训教材及自学用书。

**图书在版编目(CIP)数据**

电子测量仪器 / 白秉旭主编. -- 2版. -- 北京 : 高等教育出版社，2021.5
电子技术应用专业
ISBN 978-7-04-055868-5

Ⅰ. ①电… Ⅱ. ①白… Ⅲ. ①电子测量设备-中等专业学校-教材 Ⅳ. ①TM93

中国版本图书馆CIP数据核字(2021)第044604号

策划编辑 李宇峰　责任编辑 李宇峰　封面设计 李树龙　版式设计 杜微言
插图绘制 邓 超　责任校对 张 薇　责任印制 刁 毅

出版发行 高等教育出版社
社　　址 北京市西城区德外大街4号
邮政编码 100120
印　　刷 山东百润本色印刷有限公司
开　　本 889mm×1194mm 1/16
印　　张 19
字　　数 400千字
购书热线 010-58581118
咨询电话 400-810-0598
网　　址 http://www.hep.edu.cn
　　　　 http://www.hep.com.cn
网上订购 http://www.hepmall.com.cn
　　　　 http://www.hepmall.com
　　　　 http://www.hepmall.cn
版　　次 2015年7月第1版
　　　　 2021年5月第2版
印　　次 2021年5月第1次印刷
定　　价 36.80元


物 料 号 55868-00

# 出版说明

教材是教学过程的重要载体,加强教材建设是深化职业教育教学改革的有效途径,是推进人才培养模式改革的重要条件,也是推动中高职协调发展的基础性工程,对促进现代职业教育体系建设,提高职业教育人才培养质量具有十分重要的作用。

为进一步加强职业教育教材建设,2012年,教育部制订了《关于"十二五"职业教育教材建设的若干意见》(教职成〔2012〕9号),并启动了"十二五"职业教育国家规划教材的选题立项工作。作为全国最大的职业教育教材出版基地,高等教育出版社整合优质出版资源,积极参与此项工作,"计算机应用"等110个专业的中等职业教育专业技能课教材选题通过立项,覆盖了《中等职业学校专业目录》中的全部大类专业,是涉及专业面最广、承担出版任务最多的出版单位,充分发挥了教材建设主力军和国家队的作用。2015年5月,经全国职业教育教材审定委员会审定,教育部公布了首批中职"十二五"职业教育国家规划教材,高等教育出版社有300余种中职教材通过审定,涉及中职10个专业大类的46个专业,占首批公布的中职"十二五"国家规划教材的30%以上。我社今后还将按照教育部的统一部署,继续完成后续专业国家规划教材的编写、审定和出版工作。

高等教育出版社中职"十二五"国家规划教材的编者,有参与制订中等职业学校专业教学标准的专家,有学科领域的领军人物,有行业企业的专业技术人员,以及教学一线的教学名师、教学骨干,他们为保证教材编写质量奠定了基础。教材编写力图突出以下五个特点:

1. 执行新标准。以《中等职业学校专业教学标准(试行)》为依据,服务经济社会发展和产业转型升级。教材内容体现产教融合,对接职业标准和企业用人要求,反映新知识、新技术、新工艺、新方法。

2. 构建新体系。教材整体规划、统筹安排,注重系统培养,兼顾多样成才。遵循技术技能人才培养规律,构建服务于中高职衔接、职业教育与普通教育相互沟通的现代职业教育教材体系。

3. 找准新起点。教材编写图文并茂,通顺易懂,遵循中职学生学习特点,贴近工作过程、技术流程,将技能训练、技术学习与理论知识有机结合,便于学生系统学习和掌握,符合职业教育的培养目标与学生认知规律。

4. 推进新模式。改革教材编写体例,创新内容呈现形式,适应项目教学、案例教学、情景教学、工作过程导向教学等多元化教学方式,突出"做中学、做中教"的职业教育特色。

5. 配套新资源。秉承高等教育出版社数字化教学资源建设的传统与优势,教材内容与数字化教学资源紧密结合,纸质教材配套多媒体、网络教学资源,形成数字化、立体化的教学资源体系,为促进职业教育教学信息化提供有力支持。

为更好地服务教学,高等教育出版社还将以国家规划教材为基础,广泛开展教师培训和教学研讨活动,为提高职业教育教学质量贡献更多力量。

高等教育出版社

2015年5月

# 前　言

本书第1版于2015年出版，被评为“十二五”职业教育国家规划教材，深得广大读者的厚爱，本次修订参考了大量读者的反馈信息，在此基础上进行了相应的修改调整。

本书沿用第1版的体例，继续保留“理论、实践教学相结合、做中学、做中教相结合、虚拟编程与实体搭建相结合”的特色。电子测量技术不断发展，虚拟仪器技术必将得到普遍的使用。第2版的修订在第1版中*模块7智能测量/“温湿度测试仪”项目基础上增加了“声卡示波器”项目，学校可根据项目实施的硬件条件灵活选用。为了广大师生尽快入门，我们在附录增加了“LabVEIW软件介绍”，替换了原来的附录3。

本教材图表多，文字叙述少，形象生动，直观鲜明，趣味性强。各类名称、名词、术语符合国家相关标准，清晰美观。

完成本书教学项目的实训设备基本配置如下：

实训设备基本配置

| 序号 | 设备名称 |
| --- | --- |
| 1 | 常用电工工具、电烙铁 |
| 2 | 函数信号发生器、高频信号发生器 |
| 3 | 模拟示波器、数字示波器 |
| 4 | 模拟毫伏表、数字毫伏表 |
| 5 | 直流稳压电源、模拟万用表、数字万用表 |
| 6 | 电子计数器、扫频仪 |
| 7 | 逻辑分析仪、自动失真仪 |
| 8 | 定音笛、收音机、吉他、有源音箱、简易函数信号发生器、趣味电子琴 |
| 9 | *LabVIEW软件 |

项目教学要学以致用，重视学生的学习能力、实践技能、生产技能的培养，要保证足够的技能训练课时，学时安排建议如下：

学时安排建议

| 模块 | 项目 | 学时 |
| --- | --- | --- |
| 模块 1 | 项目 1　使用互联网收集电子测量的技术资料 | 3 |
| | 项目 2　使用误差理论处理电阻串联电路的测量数据 | 3 |
| 模块 2 | 项目 3　使用函数信号发生器调校吉他 | 6 |
| | 项目 4　使用高频信号发生器调校调幅收音机 | 6 |
| 模块 3 | 项目 5　使用模拟电子电压表测量稳压电源的纹波电压 | 6 |
| | 项目 6　使用数字电子电压表测量低频功率放大器的参数 | 4 |
| | 项目 7　使用数字万用表测量电压等参量 | 4 |
| 模块 4 | 项目 8　使用示波器测试信号的基本参数 | 6 |
| | 项目 9　使用电子计数器调校简易电子琴 | 5 |
| 模块 5 | 项目 10　使用扫频仪测试调频收音机中频放大器的频率特性 | 6 |
| | 项目 11　使用失真度仪测试 USB 接口小音箱的谐波失真 | 5 |
| 模块 6 | 项目 12　使用逻辑分析仪测试数字钟系统 | 6 |
| *模块 7 | 项目 13　使用虚拟仪器软件 LabVIEW 搭建温湿度测试仪面板 | 4 |
| | 项目 14　使用基于 LabVIEW 的温湿度检测仪测量环境温湿度 | 4 |
| | 项目 15　使用虚拟仪器软件 LabVIEW 搭建声卡示波器 | 4 |
| | 项目 16　使用基于 LabVIEW 声卡示波器测试信号源信号 | 4 |
| 总计 | | 76 |

书中加“*”的内容为选学内容，学校可根据实际教学情况灵活选用。

本教材由白秉旭担任主编并统稿。白秉旭编写了模块 3、模块 4 和附录 1、附录 2；曹红编写了模块 1；葛彬编写了模块 2、陈军编写了模块 5；汪春蕾编写了模块 6；包佳佳编写了模块 7 和附录 3。江苏省电子学会 SMT 专业委员会、南京新联电子股份有限公司、苏州和迅电子有限公司为本书的案例设计提供了大力支持以及相应的实训设备仪器。在本书编写过程中，参阅了多种同类教材和专著，在此向其编著者致以诚挚的谢意。

由于作者水平有限，编写时间比较仓促，书中难免有不当之处，敬请读者批评指正。读者意见或建议可反馈至 zz_dzyj@ pub.hep.cn。

编　者

2020 年 10 月

# 第1版前言

本书是"十二五"职业教育国家规划教材，依据教育部《中等职业学校电子技术应用专业教学标准》，并参照相关行业标准和中职实际情况编写而成。

本书有7大模块，共14个项目，包括数据处理、信号产生、电压测量、时域及时间测量、频域测量、数据域测量及智能测量，按照知识、技能形成的过程安排教学内容，促进学生掌握电子测量仪器的基本操作要领和相关基础知识。本书采用了"项目任务单–知识链接–项目实施–项目评价与反馈–项目小结–项目拓展"的实践导向式教学编写体例。每个项目首先阐述各类测量的一般性知识、技能要求，然后介绍具体仪器性能指标，最后通过工作任务训练学生使用该仪器的能力，充分体现技能培养与理论学习相结合的理念。本书创设了促进学生心智技能发展的教学情境，以此激发学生的学习热情。

本书在编写过程中力图体现以下特色：

1. 以应用为主线，理论内容联系实际应用

本书按照中等职业教育的人才规格与培养目标，根据职业岗位群的实际需求，把握教学内容的难度、深度和广度，并以应用为主线，体现基本理论在生产、生活中的实际应用。本书删除了一些偏深、偏难、偏重理论学习、应用性不强的知识点，突出了知识在生活生产中的应用，同时还介绍了技术更新与产业升级带来的新知识、新技术、新材料和新工艺，使教学内容具有时代性和应用性。

2. 突出"做中学、做中教"的职业教育教学特色

本书以培养应用型、技能型人才为目标，突出职业教育的特点，紧密结合工程实践，选材注重实用性、综合性和先进性，充分迁移学生已有的电子技术知识及技能，充分利用学校已有的电子测量仪器。对专业基础知识的选择以够用为准，加大技能实训比重，并从多方面反映电子测量仪器的新发展。在形式上采用任务驱动法的编写模式，将电子测量仪器基础知识、常用仪器介绍和实训融为一体，紧紧围绕完成实训任务的需要选择教学内容，将全部教学活动分成若干个项目，以项目为单位组织教学，使学生在学习电子测量仪器基础知识的同时，掌握电子测量仪器的实际应用，以提高学生的实践操作技能，培养学生的综合职业能力。

3. 适应教学实际，体现人才培养模式与教学模式的改革方向

本书在教学内容的设计与教学方法的引导上，探索改革传统的以课堂为中心的教学方式，倡导理论与实践的一体化教学。本书改变单纯以知识为主线设置内容的方式，但也注意吸取传统教学方法的长处，不忽略基础知识的重要性。通过教师直观、形象的实际演示与学生的具体操作来实施教学，改变过去从理论入手的知识讲解型教学方法，引导学生的学习兴趣；将学习内容与实训项目相结合，在技能训练中学习知识，并形成良好的工作作风和工作方法。

完成本书教学项目的实训设备基本配置如下：

实训设备基本配置

| 序号 | 设备名称 |
|---|---|
| 1 | 常用电工工具、电烙铁 |
| 2 | EE1641C 型函数信号发生器、EE1051A 型高频信号发生器或相近仪器 |
| 3 | XJ4318 型模拟示波器、DS5022M 型数字示波器或相近仪器 |
| 4 | 模拟毫伏表、数字毫伏表 |
| 5 | 直流稳压电源、模拟万用表、数字万用表 |
| 6 | 电子计数器、扫频仪 |
| 7 | 逻辑分析仪、自动失真仪 |
| 8 | 定音笛、收音机、吉他、有源音箱、简易函数信号发生器、趣味电子琴 |

项目教学要学以致用，重视学生的学习能力、生产实践技能的培养，要保证足够的技能训练学时，学时安排建议如下：

学时安排建议

| 模块 | 项目 | 学时 |
|---|---|---|
| 模块1 | 项目1　使用互联网收集电子测量技术资料 | 3 |
| | 项目2　使用误差理论处理电阻串联电路的数据 | 3 |
| 模块2 | 项目3　使用函数信号发生器调校吉他 | 6 |
| | 项目4　使用高频信号发生器组成调幅无线电台调校收音机 | 6 |
| 模块3 | 项目5　使用模拟电子电压表测量稳压电源的纹波电压 | 6 |
| | 项目6　使用数字电子电压表测量低频功率放大器 | 4 |
| | 项目7　使用数字万用表测量电压等参量 | 4 |
| 模块4 | 项目8　使用示波器测试信号的基本参数 | 6 |
| | 项目9　使用电子计数器调校简易电子琴 | 5 |
| 模块5 | 项目10　使用扫频仪测试陶瓷滤波调频收音机中频放大器的频率特性 | 6 |
| | 项目11　使用失真度仪测试 USB 插卡小音箱的谐波失真 | 5 |
| 模块6 | 项目12　使用逻辑分析仪测试数字钟系统 | 6 |
| *模块7 | 项目13　使用虚拟仪器软件 LabVIEW 搭建温湿度测试仪面板 | 4 |
| | 项目14　使用基于 LabVIEW 的温湿度检测仪测试环境温湿度 | 4 |
| 总计 | | 68 |

本书中加“*”号的内容为选学内容,供教师根据实际教学情况灵活选用。

本书配有学习卡资源,请登录Abook网站 http://abook.hep.com.cn/sve 获取相关资源。详细说明见本书“郑重声明”页。

本书由白秉旭担任主编并统稿,白秉旭编写了模块3、模块4、附录1、附录2,曹红编写了模块1,葛彬编写了模块2,陈军编写了模块5,汪春蕾编写了模块6,贡海旭编写了模块7和附录3。在本书编写过程中,得到了相关企业技术人员的实际指导,他们为本书的编写思路和具体编写内容提出了许多建设性的意见,同时参阅了多种同类教材和专著,在此一并表示感谢。

由于测量技术不断进步,编写时间仓促及编者水平、经验有限,本书难免存在错误和不足之处,敬请读者予以指正。读者意见反馈邮箱:zz_dzyj@pub.hep.cn。

编　者

2014年7月

# 目　　录

# 模块1　数据处理

## 情境导入

李老师带领学生在实训室中学习如何使用指针万用表。其中有一项任务就是用万用表测量某一固定电阻的阻值。小张同学发现他们这组每个人测量出来的结果均有所不同,立即向老师询问原因。在老师的解释下,小张明白了任何测量都会存在一定的误差。

测量在我们的生活中无处不在,电子测量是电子技术的实验基础,是我们未来从事电子行业必须要具备的知识和技能。本模块主要介绍电子测量的基本知识、数据处理等。

## 知识目标

➢ 明确电子测量的内容、特点和基本方法。

➢ 了解测量误差的来源、分类。

➢ 了解电子测量仪器的主要类型及其误差。

➢ 理解有效数字的概念,掌握数据处理的一般方法。

➢ 掌握测量误差的表示方法。

## 技能目标

➢ 能根据要求,选择电子测量的方法。

➢ 能正确地选择电子测量所需仪器。

➢ 能正确地分析、处理电子测量数据。

# 项目 1

# 使用互联网收集电子测量的技术资料

## 1.1 项目任务单

电子测量在电子信息产业中的地位尤为重要,我们首先要掌握它的基本知识,这样才能为后面的学习打下良好的基础。

本项目任务单见表 1-1。

**表 1-1 项目任务单**

<table>
<tr><td>名称</td><td colspan="3">使用互联网收集电子测量的技术资料</td></tr>
<tr><td>内容</td><td colspan="3">(1) 利用互联网收集电子测量的意义<br>(2) 利用互联网收集电子测量的特点<br>(3) 利用互联网收集电子测量的内容<br>(4) 利用互联网收集电子测量的方法<br>(5) 利用互联网收集电子测量仪器的分类及其误差</td></tr>
<tr><td>要求</td><td colspan="3">(1) 熟练操作计算机进行互联网搜索<br>(2) 了解电子测量的意义<br>(3) 了解电子测量的特点<br>(4) 了解电子测量的内容<br>(5) 掌握电子测量的方法<br>(6) 了解电子测量仪器的分类及其误差</td></tr>
<tr><td>技术资料</td><td colspan="3">搜索引擎使用技巧</td></tr>
<tr><td>签名</td><td></td><td>备注</td><td></td></tr>
</table>

## 1.2 知识链接

### 一、电子测量的意义

20世纪30年代,测量科学便开始与电子科学相结合,产生了电子测量技术。凡是利用电子技术进行的测量都可以称为电子测量。电子测量除具体运用电子科学的原理、方法和设备对各种电量、电信号及电路元器件的特性和参数进行测量外,包括通过各种敏感器件和传感装置对非电量进行测量,而且往往更加方便、快捷、准确,这是用其他测量方法所不能替代的。目前,电子测量与现代科学技术紧密相关,发展迅速,应用广泛,已成为对现代科学技术发展起着重大推动作用的独立科学。可以说,电子测量的水平是衡量一个国家科学技术水平的重要标志之一。

### 二、电子测量的特点

与其他一些测量相比,电子测量具有以下几个明显的特点。

1. 测量频率范围宽

除测量直流电量外,还可测量交流电量,其频率范围为 $10^{-6}\sim10^{12}$ Hz。

2. 量程范围广

量程是测量范围的上限值与下限值之差。例如,数字电压表可测量 10 nV～1 kV 的电压,量程达12个数量级;数字频率计的量程可达17个数量级。

3. 测量准确度高

例如:对频率和时间进行测量时,由于采用原子频标作为基准,可以使测量准确度达到 $10^{-13}\sim10^{-14}$ 数量级。

4. 测量速度快

电子测量是通过电子运动和电磁波传播进行工作的,具有其他测量方法无法比拟的高速度。

5. 易于实现遥测

例如:对于距离遥远或环境恶劣、人不便于接触或无法到达的区域(如太空、深海、地下、核反应堆内部等),可通过传感器或通过电磁波辐射的方式进行测量。

6. 易于实现测量过程的自动化和测量仪器微机化

例如:在测量过程中能够实现程控、遥控、自动转接量程、自动调节、自动校准、自动诊断故障和自动恢复,对于测量结果可进行自动记录,自动进行数据运算、分析和处理。

说一说

电子测量的主要特点。

## 三、电子测量的内容

根据测量对象的不同,电子测量的内容见表1-2。

表1-2 电子测量的内容

| 序号 | 测量对象 | 实例 |
|---|---|---|
| 1 | 电能量的测量 | 电压、电流、电功率等 |
| 2 | 电路参数的测量 | 电阻、电感、电容、阻抗、品质因数、电子器件参数等 |
| 3 | 电信号特征的测量 | 信号、频率、周期、时间、相位、调幅度、调频指数、失真度、噪声以及数字信号的逻辑状态等 |
| 4 | 电子设备性能的测量 | 放大倍数、衰减、灵敏度、频率特性、通频带、噪声系数等 |
| 5 | 特性曲线的显示 | 幅频特性曲线、晶体管特性曲线等 |

议一议

什么是电子测量?下列两种情况是否属于电子测量?为什么?

(1)用水银温度计测量温度。

(2)利用传感器将温度变为电量,通过测量该电量来测量温度。

## 四、电子测量的方法

我们可以通过不同的方法来实现一个物理量的测量。电子测量方法的分类形式有多种,这里只介绍常用的分类方法。

1. 按测量方式分类(见表1-3)

表1-3 按测量方式分类

| 种类 | 定义 | 实 例 | 特点及适用场合 |
|---|---|---|---|
| 直接测量 | 利用测量器具对某一未知量直接进行测量,直接获取被测量量值 | 用电压表测量电压,用电子计数器测量频率等 | 过程简单快捷,在工程技术中使用较多 |

续表

| 种类 | 定义 | 实　　例 | 特点及适用场合 |
|---|---|---|---|
| 间接测量 | 利用直接测量的量与被测量之间的函数关系，通过计算求出被测量量值 | 伏安法测电阻，可以通过测量电阻 $R$ 中流过的电流 $I$ 和其两端的电压 $U$，然后再根据公式 $I=U/R$ 求出被测电阻 $R$ 的值 | 只有当被测量不便于直接测量时才使用间接测量，它多用于科学实验，在生产及工程技术中使用较少 |
| 组合测量 | 组合测量是直接测量与被测量具有一定函数关系的某些量，根据直接测量和间接测量所得的数据，解一组联立方程求出各未知量值来确定被测量的大小 | 测量标准电阻的温度系数 $\alpha$、$\beta$ 值时，由于标准电阻在不同温度 $t$ 时的电阻值 $R_t$ 为 $R_t=R_{20}[1+\alpha(t-20)+\beta(t-20)^2]$，所以，为求出 $\alpha$、$\beta$ 数值的大小，应在 20 ℃、$t_1$、$t_2$ 的三个温度下分别测出 $R_{20}$、$R_{t1}$、$R_{t2}$，然后，联立求解下列方程组：$R_t=R_{20}[1+\alpha(t_1-20)+\beta(t_1-20)^2]$ 和 $R_t=R_{20}[1+\alpha(t_2-20)+\beta(t_2-20)^2]$，求出电阻温度系数 $\alpha$ 和 $\beta$ 值 | 它是一种特殊的精密测量方法，适用于科学实验及某些特殊的场合 |

想一想

直接测量和间接测量的区别是什么？

练一练

平衡电桥测电阻采用的是________测量方法；通过测量三极管发射极电压求得放大器静态工作点 $I_C$ 采用的是________测量方法；电池电动势及内阻的测量采用________测量方法。

2. 按被测信号的性质分类（见表 1-4）

表 1-4　按被测信号的性质分类

| 分类 | 定义 | 实例及使用仪器 |
|---|---|---|
| 时域测量 | 对以时间为函数的量的测量 | 测量随时间变化的电压、电流等电量。稳态值多用仪器仪表直接测量，瞬时值可以通过示波器显示其变化规律 |

续表

| 分类 | 定义 | 实例及使用仪器 |
| --- | --- | --- |
| 频域测量 | 对以频率为函数的量的测量 | 测量增益、相移等。一般是通过分析电路的频率特性等方法进行测量 |
| 数据域测量 | 对数字量进行的测量 | 使用具有多个输入通道的逻辑分析仪,可同时测量许多单次并行的数据;可以检测微处理器地址线、数据线上的信号,显示时序波形,也可以用 **0**、**1** 显示其逻辑状态 |
| 随机测量 | 主要是对各种噪声信号进行动态测量和统计分析(这种测量方法是目前较新的测量技术) | 对干扰信号、各类噪声等的测量都属于随机测量 |

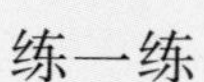
练一练

测量方法按被测信号的性质可分为________、________、________、________。

## 五、电子测量仪器的分类

电子测量仪器种类很多,一般分为专用仪器和通用仪器两大类。专用仪器是指各个专业领域中测量特殊参数的仪器;通用仪器是为了测量某一个或某一些基本电参数而设计的,它能用于各种电子测量。下面介绍通用仪器的分类。

1. 按功能分类(见表1-5)

表1-5　按功能分类

| 分类 | 作用 | 实例 |
| --- | --- | --- |
| 信号发生器(也称供给量仪器) | 作为测试用信号源,用于提供各种测量用信号 | 低频、高频、脉冲、函数、扫频和噪声信号发生器等 |
| 信号分析仪器 | 用于观测、分析和记录各种电量的变化,包括时域、频域和数据域分析仪 | 各种示波器、波形分析仪、频谱分析仪和逻辑分析仪等 |
| 频率、时间、相位测量仪器 | 主要用来测量电信号的频率、时间间隔和相位 | 频率计(常用电子计数器式)、相位计以及各种时间、频率标准等 |

续表

| 分类 | 作用 | 实例 |
|---|---|---|
| 网络特性测量仪器 | 主要用来测量电气网络的频率特性、阻抗特性、噪声特性等 | 频率特性测试仪(扫频仪)、阻抗测量仪及网络分析仪等 |
| 电子元器件测试仪器 | 用于测量各种电子元器件的电参数、显示特性曲线等 | *RLC* 测试仪、晶体管参数测试仪、晶体管特性图示仪、模拟或数字集成电路测试仪等 |
| 电磁波特性测试仪器 | 用于测量电磁波传播、电磁场强度、干扰强度等 | 场强计、测试接收机、干扰测量仪等 |
| 逻辑分析仪器 | 用于分析数字系统的数据域 | 逻辑状态分析仪、逻辑定时分析仪 |
| 辅助仪器 | 对信号进行放大、检波、隔离、衰减等 | 交直流放大器、选频放大器、检波器、衰减器、记录器、交直流稳压电源等 |

2. 按显示方式分类(见表1-6)

表1-6 按显示方式分类

| 分类 | 定义 | 实例 |
|---|---|---|
| 模拟仪器 | 用指针方式直接将被测量的电参数转换为机械位移,在标度尺上指示出测量数值 | 各种指针电压表等(如图1-1(a)所示) |
| 数字仪器 | 将被测的连续变化的模拟量转换成数字量,并以数字方式显示其测量数据,达到直观、准确、快速的效果 | 各种数字电压表、数字频率计等(如图1-1(b)所示) |

(a) 指针电压表

(b) 数字电压表

图1-1 电压表

想一想

电子测量仪器大致可以分为哪几类?列举一些常用的电子测量仪器。

### 六、电子测量仪器的误差

在电子测量中,由于仪器本身性能不完善对测量产生的误差,称为电子测量仪器的误差,见表1-7。

表1-7 电子测量仪器的误差

| 分类 | 定义 | 实例 |
| --- | --- | --- |
| 工作误差 | 在额定工作条件下任一值上测得的某性能特性的误差 | 在工作范围内,影响仪器内部、外部的最不利条件下产生的仪器误差的最大值 |
| 固有误差 | 在基准工作条件下测量仪器的误差 | 环境温度、湿度、电源、气压等在基准范围对测量的影响 |
| 稳定误差 | 由于测量仪器稳定性不好引起性能特性的变化产生的误差 | 由于元器件老化,使仪器性能对供电电源或环境条件敏感,造成零点漂移或读数变化等现象 |
| 变动量 | 当同一个影响量相继取两个不同值时,对于不同被测量的同一数值,测量仪器给出的示值之差,称电子测量仪器的变动量 | 用来表明某项影响量所引起的误差,如温度误差、频率误差等 |

说一说

电子测量仪器有哪些误差?举例说明。

## 1.3 项目实施

### 一、操作规范

1. 操作规范

(1) 计算机的开、关机

开机的正确步骤:先把总电源打开,再开显示器,然后开主机。

关机的正确步骤:关闭所有程序,再选择“开始”→“关闭计算机”→“关闭”,关闭计算机,然后关闭显示器,最后关闭电源。

（2）选择搜索工具

一般的规则是，在查找特殊的内容或文件时，应使用全文搜索引擎如百度；若想从总体上或比较全面地了解一个主题，那么可以使用网站分类目录。

（3）保存搜索到的内容或网页

可以新建一个文档，把搜索到的有用内容复制粘贴在文档里，然后保存；或者在搜索到的页面工具栏中单击“收藏”，然后选择添加到收藏夹，以便事后浏览该网页。

2. 注意事项

① 在进行搜索前确定计算机和互联网是有效连接的。

② 搜索时，关键词描述要准确，尽量无歧义、无多义，尽量唯一；尽量是专有名词。

③ 使用搜索引擎时注意保护好隐私，不要在搜索关键词中包含自己的个人信息 。

④ 正确保存搜索结果中自己想要的内容。

## 二、实训器材及仪器

实训器材及仪器见表 1-8。

表 1-8 实训器材及仪器

| 序号 | 仪器器材 | 实物图样 | 数量 | 备注 |
|---|---|---|---|---|
| 1 | 计算机 |  | 1 台 | 连入互联网 |

做一做

检查计算机的键盘、鼠标、显示器的好坏；检查计算机能否正常启动与工作；检查计算机是否和网络有效连接；若有问题立即向指导教师汇报。

## 三、实施步骤

步骤 1：将计算机开机，并确定可以连接互联网。

步骤 2：双击 ，在地址栏输入“http://www.baidu.com”（ http://www.baidu.com/ ）。

步骤 3：在弹出页面中的搜索文本框中输入“电子测量的意义”（如图 1-2 所示），单击“百度一下”。

图 1-2　搜索页面

步骤 4：在弹出的页面中，找到电子测量的意义相关内容，填写在表 1-9 中。

步骤 5：依次搜索电子测量的特点、内容、方法以及电子测量仪器的分类和误差，填写在表 1-9中。

步骤 6：将表 1-9 以电子文档的形式交给指导教师。

表 1-9　使用互联网收集电子测量技术资料

| 序号 | 项目内容 | 项目记录 |
|---|---|---|
| 1 | 电子测量的意义 | |
| 2 | 电子测量的特点 | |
| 3 | 电子测量的内容 | |
| 4 | 电子测量的方法 | |
| 5 | 电子测量仪器的分类 | |
| 6 | 电子测量仪器的误差 | |

步骤 7：在搜索首页对各类电子测量仪器的相关图片进行搜索，如输入“逻辑分析仪”，单击“图片”按钮，如图 1-3 所示。了解各类电子测量仪器的外形特征。

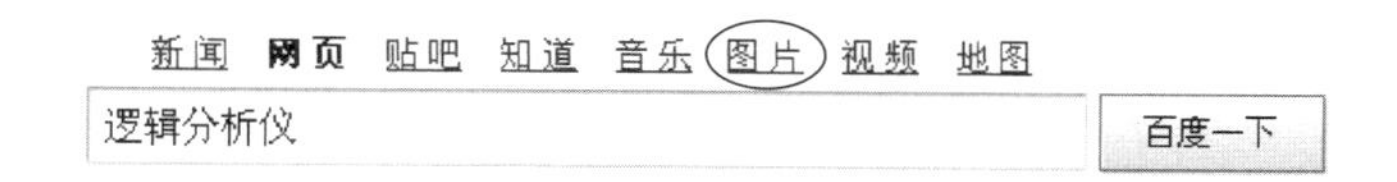


图 1-3　搜索电子仪器相关图片

步骤 8：继续搜索各类电子仪器的技术资料，了解它们的用途及使用方法。

练一练

1. 在图1-4中查找直流测量对象和交流测量对象,理解电子测量的任务。

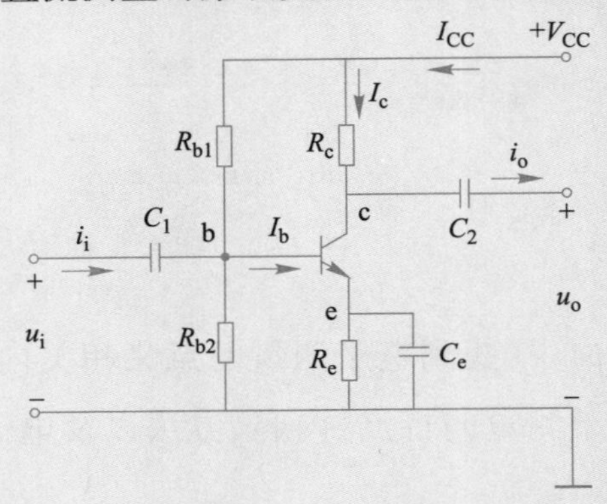


图1-4 题1图

2. 观察图1-5中直接测量和间接测量 $I_e$ 的做法,明确两种测量的区别。

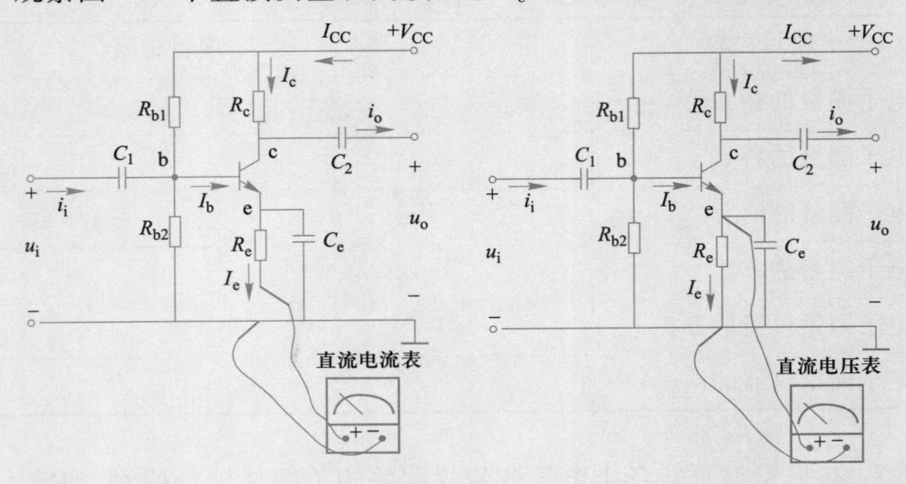


图1-5 题2图

3. 填写表1-10。

表1-10 电子测量技术的实际应用

| 序号 | 项目内容 | 项目记录 |
| --- | --- | --- |
| 1 | 列举电子测量的对象(举5~10个实例) | |
| 2 | 分析伏安法测电阻(测量电流的方法、测量电压的方法、计算电阻的方法) | |
| 3 | 参观电子测量实训室(仪器摆放是否合理、在现有的基础上还要做哪些改进) | |
| 4 | 分析MF47型万用表的作用(可以测量哪些物理量) | |

## 1.4 项目评价与反馈

项目1的评价与反馈见表1-11。

表1-11 评价与反馈

| 项目 | | 配分 | 评分标准 | 自评 | 组评 | 师评 |
|---|---|---|---|---|---|---|
| 1 | 能正确进行计算机的开关机 | 5分 | (1) 开机步骤不正确，扣2分<br>(2) 关机步骤不正确，扣3分 | | | |
| 2 | 能熟练使用搜索引擎 | 15分 | (1) 不能正确输入搜索引擎的地址，扣2分<br>(2) 不会正确输入需要搜索内容，扣3分<br>(3) 不会正确进行中文检索，扣5分<br>(4) 不会正确进行图片检索，扣5分 | | | |
| 3 | 正确选取并提交搜索内容 | 10分 | (1) 不能正确选取所搜索内容的结果，扣5分<br>(2) 不能正确提交搜索内容，扣5分 | | | |
| 4 | 能获取电子测量的意义 | 10分 | (1) 不能准确描述电子测量的意义，扣5分<br>(2) 完全说不出电子测量的意义，扣10分 | | | |
| 5 | 能获取电子测量的特点 | 10分 | (1) 只能说出3~4个特点，扣4分<br>(2) 只能说出1~2个特点，扣6分<br>(3) 完全说不出电子测量的特点，扣10分 | | | |
| 6 | 能获取电子测量的内容 | 10分 | (1) 只能说出3~4个内容，扣4分<br>(2) 只能说出1~2个内容，扣6分<br>(3) 完全说不出电子测量的内容，扣10分 | | | |

续表

| 项目 | | 配分 | 评分标准 | 自评 | 组评 | 师评 |
|---|---|---|---|---|---|---|
| 7 | 能获取电子测量的方法 | 10 分 | (1) 只能说出其中一种电子测量的方法,扣 5 分<br>(2) 完全说不出电子测量的方法,扣 10 分 | | | |
| 8 | 能获取电子测量仪器的分类 | 10 分 | (1) 只能说出其中一种分类方式,扣 5 分<br>(2) 完全说不出电子测量仪器的种类,扣 10 分 | | | |
| 9 | 能获取电子测量仪器的误差 | 10 分 | (1) 只能说出 1~2 个特点,扣 5 分<br>(2) 完全说不出,扣 10 分 | | | |
| 10 | 安全文明生产 | 10 分 | 违反安全文明生产规程,扣 5~10 分 | | | |
| 签名 | | 得分 | | | | |

## 1.5 项目小结

本项目主要学习电子测量技术的基础知识,对于电子测量的意义、内容、特点、方法及电子测量仪器的分类,我们不仅可以查阅书籍资料,也可以利用计算机网络进行更深入的了解。

## 1.6 项目拓展

### 一、电子测量仪器的发展

电子测量仪器的发展大体经历了如下四个阶段:

(1) 模拟仪器

它的基本结构是电磁机械式的,借助指针来显示测量结果。

(2) 数字仪器

它将模拟信号的测量转换为数字信号的测量,并以数字方式输出测量结果。

(3) 智能仪器

它内置微处理器和 GPIB 接口,既能进行自动测量又具有一定的数据处理能力。它的功能模块全部以硬件或固化的软件形式存在,但在开发或应用上缺乏灵活性。

(4) 虚拟仪器

它是一种功能意义上的仪器,在微计算机上添加强大的测试应用软件和一些硬件模块,具有虚拟仪器面板和测量信息处理系统,使用户操作体验如同操作真实仪器一样。

## 二、拓展练习

① 利用互联网查阅电子测量仪器目前的发展趋势,指出现阶段主流产品有哪些?

② 查阅有关资料,充分了解现阶段电子测量的应用。

# 项目 2

# 使用误差理论处理电阻串联电路的测量数据

## 2.1 项目任务单

在测量过程中,由于受到测量方法、测量设备、测量条件等多方面因素的影响,任何测量的结果与被测量的真实值之间总是存在着差异,这种差异称为测量误差。

本项目任务单见表 2-1。

表 2-1 项目任务单

| 名称 | 使用误差理论处理电阻串联电路的数据 |
| --- | --- |
| 内容 | (1) 识读 MF47 型万用表的使用说明书<br>(2) 了解测量误差的来源、分类<br>(3) 理解准确度、精密度、精确度的含义<br>(4) 了解测量误差对测量结果的影响<br>(5) 掌握测量误差的表示方法<br>(6) 用 MF47 型万用表测量电阻串联电路中各电量 |
| 要求 | (1) 熟练使用 MF47 型万用表测量电阻串联电路中各电量<br>(2) 准确说出测量误差的来源及种类<br>(3) 能分析测量误差对测量结果的影响<br>(4) 能正确计算绝对误差和相对误差<br>(5) 会分析用 MF47 型万用表测量电阻串联电路中各电量时误差产生的原因及应对措施 |

续表

| 名称 | 使用误差理论处理电阻串联电路的数据 | | |
|---|---|---|---|
| 技术资料 | （1）直流稳压电源的使用说明书<br>（2）MF47型万用表的使用说明书 | | |
| 签名 | | 备注 | |

## 2.2　知识链接

### 一、测量误差的来源

在测量工作中，需要明确测量误差的主要来源，以便采取相应措施减少测量误差，提高测量结果的准确度。测量误差的来源见表2-2。

表2-2　测量误差的来源

| 序号 | 来源 | 含义 | 实例 |
|---|---|---|---|
| 1 | 仪器误差 | 测量仪器本身及其附件电气和机械性能不完善而引起的误差 | 仪器、仪表的零点漂移，刻度不准确以及非线性引起的误差 |
| 2 | 影响误差 | 由各种环境因素引起的误差 | 温度、湿度、振动、电源电压、电磁场等发生变化对测量产生影响 |
| 3 | 方法误差 | 由于测量方法不适宜所造成的误差 | 用低内阻的万用表测量高内阻电路的电压时所引起的误差 |
| 4 | 理论误差 | 由于测量所依据的理论不够严密所引起的误差 | 峰值检波器的输出电压总是小于被测电压峰值 |
| 5 | 人身误差 | 由于测量者的分辨能力、视觉疲劳、不良习惯或缺乏责任心等因素引起的误差 | 读错数字、看错刻度、操作不当等 |

想一想

除了上述各种因素能产生误差，还有哪些因素会给测量带来误差？试举例加以说明。

### 二、测量误差的分类

根据测量误差的基本性质和特点，可把测量误差分为系统误差、随机误差和疏失误差三类。这三种误差的区别及处理方法见表2-3。

表 2-3 三种误差的区别及处理方法

| 分类 | 概念 | 产生原因 | 实例 | 减小误差的方法 |
| --- | --- | --- | --- | --- |
| 系统误差 | 在相同条件下,多次重复测量同一被测量时保持恒定不变或按一定规律变化的测量误差 | (1) 测量设备不准确<br>(2) 测量方法不完善<br>(3) 测量条件不稳定<br>(4) 测量人员的生理原因 | 仪表刻度的偏差,使用时的零点不准,温度、电源电压等变化造成的误差便属于系统误差 | (1) 对测量结果引入校正值<br>(2) 消除产生误差的根源<br>(3) 采用特殊的测量方法(如替代法、正负误差补偿法) |
| 随机误差(也称偶然误差) | 在相同条件下,多次测量同一量时,大小和符号都不确定的测量误差 | 测试者感官不准;仪器性能不稳定;周围环境干扰等 | 噪声干扰,电磁场的微变,空气扰动,大地微振,电源电压频繁波动和测量者感觉器官无规律变化等都属于随机误差 | 同一条件下,进行多次测量,取其平均值作为测量结果 |
| 疏失误差(也称粗大误差) | 在一定的测量条件下,测量值明显地偏离实际值所形成的测量误差称为疏失误差 | 读数错误,测量方法错误,记录错误,测量人员操作不当或测量设备本身存在问题等 | 测量人员在记录数据时发生的笔误 | 由于疏失误差明显不同于测量结果,应按一定规律剔除。为防止这类误差出现,测量人员应采取认真负责的态度 |

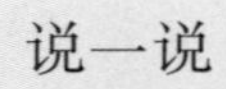

根据误差的性质,误差可以分为几类?各有何特点?分别可以采取什么措施减小这类误差?

## 三、测量误差对测量结果的影响

系统误差反映测量结果的准确度。准确度是指测量结果与真值之间的符合程度。系统误差越小,则准确度越高。随机误差反映测量结果的精密度。精密度是指对同一对象进行重复测量所得结果彼此间的一致程度。随机误差越小,则测量的精密度越高。系统误差和随机误差共同决定测量结果的精确度。精确度是指对有效的多次测量结果取平均值,平均值与真值的接近程度,两者误差越小,精确度越高,并意味着系统误差和随机误差都小。

测量的准确度、精密度、精确度的含义可用图 2-1 来表示，图中空心点为真值，实心点为 6 次测量值。

(a) 准确度高、精密度低　(b) 准确度低、精密度高　(c) 准确度高、精密度高

图 2-1　测量结果精确性表示

下面用打靶结果来描述测量误差的影响，如图 2-2 所示。

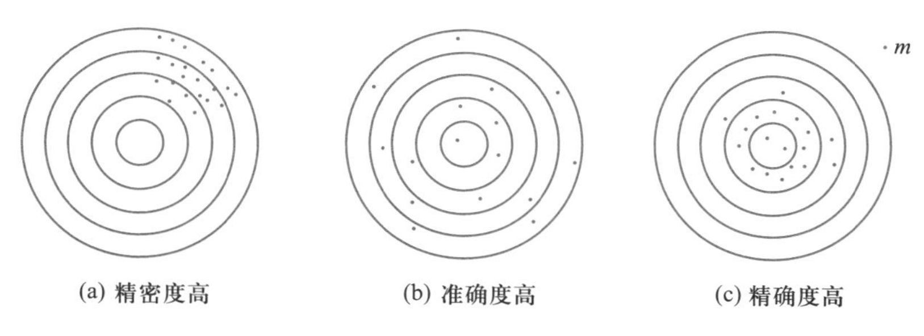


图 2-2　测量误差对测量结果的影响

图 2-2(a)中，子弹着靶点很集中，但着靶点的中心位置偏离靶心较远。说明射击者的瞄准重复性很好，可能是风向或准星未校准等原因造成了偏离，只要找到原因就可以纠正。这种情况相当于测量中由于系统误差所引起的测量值虽然集中但偏离真值较远，说明测量的精密度高而准确度低。在图 2-2(b)中，着靶点围绕靶心分散均匀，但分散程度大。这种情况对应于测量中随机误差大而系统误差小的情况，说明测量者的精密度低而准确度高。在图 2-2(c)中，表示测量既精密又准确。但需要说明的是，点 $m$ 说明由于疏忽或错误造成的脱靶，不能代表射击者的真实水平。对于测量中的疏失误差，应在测量结果中予以剔除。

议一议

测量误差对测量结果产生的影响有哪些？并能举例说明。

## 四、测量误差的表示方法

1. 测量误差有两种表示方法，即绝对误差和相对误差。两种误差表示方法的区别见表 2-4。

表 2-4 两种误差表示方法的区别

| 分类 | | 符号 | 定义 | 计算公式 | 特点 | 作用 |
|---|---|---|---|---|---|---|
| 绝对误差 | | $\Delta x$ | 由测量所得到的被测量值 $x$ 与其真值 $A_0$ 之差 | $\Delta x=x-A_0$<br>修正值 $C$：<br>$C=-\Delta x=A_0-x$<br>$A_0$ 的获取：标准表的指示值或多次测量的平均值 | $\Delta x$ 既有大小，又有正负符号，其量纲和测量值相同 | 可以用来衡量相同被测量的多次测量中哪一次测量更为准确 |
| 相对误差 | 实际相对误差 | $\gamma_{A_0}$ | 绝对误差与被测量的真值之比 | $\gamma_{A_0}=\dfrac{\Delta x}{A_0}\times100\%$ | 相对误差量纲为1，只有大小和符号 | 可以用来衡量不同被测量的多次测量中哪一次测量更为准确 |
| | 示值相对误差 | $\gamma_x$ | 绝对误差与被测量的测量值之比 | $\gamma_x=\dfrac{\Delta x}{x}\times100\%$ | | |

练一练

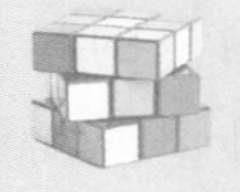

1. 某电路中的电流为10 A，用甲电流表测量时的读数为9.8 A，用乙电流表测量时的读数为10.4 A，则两次测量的绝对误差分别为________、______；并由此判断________表测量的准确度高。

2. 两个电压的实际值分别为 $U_{1A}=100$ V，$U_{2A}=10$ V；测量值分别为 $U_{1X}=98$ V，$U_{2X}=9$ V。则两次测量的相对误差分别为________、________；并由此判断________测量的准确度高。

议一议

为什么当被测量不同时，不能用绝对误差判断哪一次的测量更准确？

2. 电子测量仪器的准确度

（1）满度相对误差（又称引用相对误差，符号为 $\gamma_m$）

$$\gamma_m=\frac{\Delta x}{x_m}\times100\%$$

式中，$\Delta x$——绝对误差，$x_m$——满刻度值。

（2）测量仪器的准确度（用最大引用相对误差来表示，符号为 $\gamma_{mm}$）

$$\gamma_{mm}=\frac{\Delta x_m}{x_m}\times 100\%$$

式中，$\Delta x_m$——最大绝对误差，$x_m$——满刻度值。

（3）准确度等级（符号 S）

根据国家标准规定，电子仪表的准确度等级分为 0.1、0.2、0.5、1.0、1.5、2.5、5.0 七级。它们与引用误差的关系见表 2-5。

表 2-5　仪表的准确度等级与引用误差的关系

| 准确度等级符号 | 0.1 | 0.2 | 0.5 | 1.0 | 1.5 | 2.5 | 5.0 |
|---|---|---|---|---|---|---|---|
| 引用误差 | ±0.1% | ±0.2% | ±0.5% | ±1.0% | ±1.5% | ±2.5% | ±5.0% |

① 准确度的校验：当计算所得的 $\gamma_{mm}$ 与仪表准确度等级的分挡不等时，应取比 $\gamma_{mm}$ 稍大的准确度等级值。

② 准确度的选择：若测量仪表的量程相同时，选准确度高的仪表；若测量仪表的量程不相同时，应该根据被测量的大小，兼顾仪表误差等级和量程上限，合理地选择仪表。

练一练

1. 检定一台满度值为 5 A、1.5 级的电流表，若在 2.0 A 处，其 $\Delta x_m=0.1$ A，问此电流表精度是否合格？

2. 测量一个约 80 V 的电压。现有两台电压表，一台量程为 300 V、0.5 级，另一台量程为 100 V、1.0 级。问选哪一台为好？

### 五、测量误差的处理

在测量中出现误差是不可避免的，如何最大限度地减小测量误差呢？实践中常用修正法来减少误差，即 $A=X+C$。其中，$X$ 表示测量值，$C$ 表示修正值。

## 2.3　项目实施

### 一、操作规范

1. 操作规范

（1）选择量程

根据被测信号的估计值，选择适当的量程。在不知被测信号估计值的情况下，可先选择大量程进行测试，在了解被测信号估计值之后，再确定要选择的量程。

（2）连接电路

用万用表测量直流电流时相当于直流电流表，应和被测电路串联，接线时红表笔接电流流入，黑表笔接电流流出，并让表处于整个电路的低电位端；用万用表测量直流电压时相当于直流电压表，应和被测电路并联，应先把黑表笔接低电位端，后把红表笔接高电位端。

（3）读数

根据被测量及量程在相应的标度尺上读出指针指示的数值，读数时应尽量使视线与表面垂直，同时应使反射镜中指针的像与指针重合后再进行读数。

2. 注意事项

① 进行测量前，先检查红、黑表笔连接的位置是否正确。红表笔接到红色接线柱或标有“+”号的插孔内，黑表笔接到黑色接线柱或标有“-”号的插孔内。

② 在表笔连接被测电路之前，一定要查看所选挡位与测量对象是否相符。

③ 测量过程中不允许用手接触表笔的金属部分。

④ 不允许带电转动转换开关。

⑤ 有效测量值保留到小数点后一位。

⑥ 测量完毕时，应将转换开关旋至交流电压的最大量限挡。

## 二、实训器材及仪器

实训器材及仪器见表 2-6。

表 2-6 实训器材及仪器

| 序号 | 仪器器材 | 实物图样 | 数量 | 序号 | 仪器器材 | 实物图样 | 数量 |
|---|---|---|---|---|---|---|---|
| 1 | 直流稳压电源 | YB1731C2A 型 | 1 台 | 2 | 定值电阻 | 10 kΩ | 1 个 |

续表

| 序号 | 仪器器材 | 实物图样 | 数量 | 序号 | 仪器器材 | 实物图样 | 数量 |
| --- | --- | --- | --- | --- | --- | --- | --- |
| 3 | 万用表 | MF47 型 | 1 个 | 4 | 电位器 | 0～10 kΩ | 1 个 |

做一做

准确清点和检查实训仪器数量和质量，进行元器件的识别与检测。发现仪器、元器件缺少、损坏，立即向老师汇报。

三、实施步骤

步骤 1：将 10 kΩ 定值电阻和 0～10 kΩ 的电位器通过电路板连接起来，如图 2-3 所示。

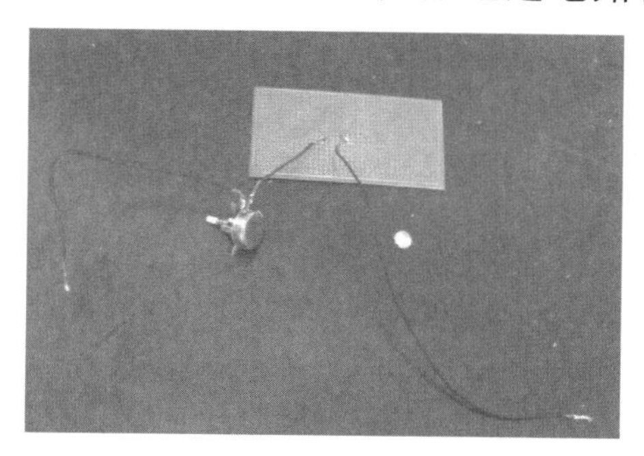

图 2-3　连接电阻和电位器

步骤 2：测 10 kΩ 电阻的电流、电压

测试电路如图 2-4 所示，实物连接图如图 2-5 所示（图中，$V$ 表示直流稳压电源，$R'$ 为电位器，$R$ 为 10 kΩ 的定值电阻，Ⓐ表示万用表的直流电流挡，Ⓥ表示万用表的直流电压挡）。

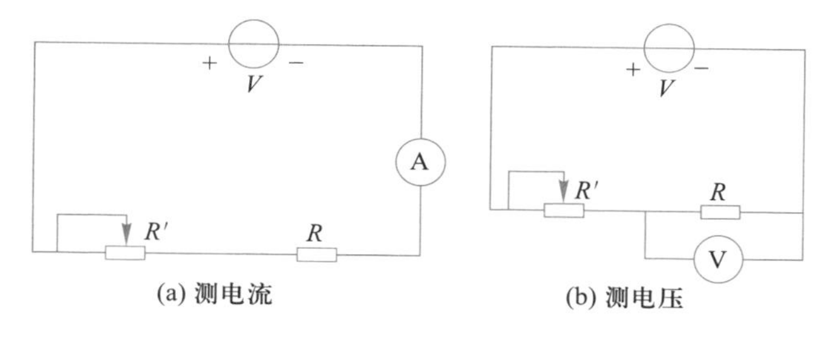


图 2-4　测试电路

(a) 测电流

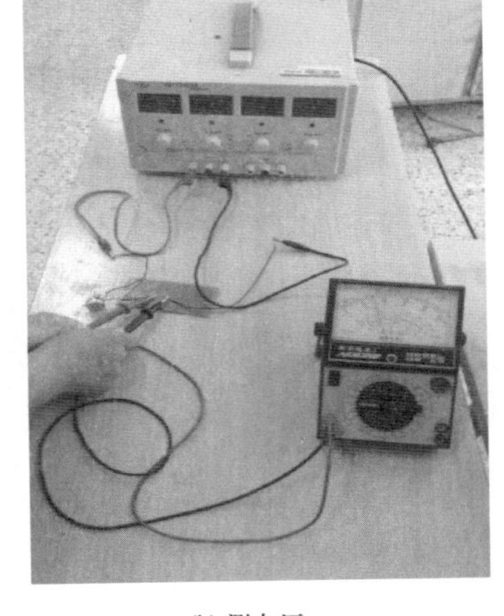
(b) 测电压

图 2-5 实物连接图

① 打开 YB1731C2A 型直流稳压电源，预热几分钟，将其 CH1 的电压输出调至 24 V，如图 2-6所示。

图 2-6 调节输出电压

图 2-7 机械调零

② 机械调零。检查 MF47 型万用表的指针是否对准刻度线零位，若不是则要调节表头的机械调零螺钉，使指针准确指在零位，如图 2-7 所示。

③ 将电位器的旋钮按顺时针方向旋转到底，如图 2-8 所示。

④ 将万用表的转换开关旋至直流电流 5 mA 挡，按图 2-5(a)所示连接电路。读取万用表指针指示数据，记录在表 2-7 中。

⑤ 将万用表的转换开关旋至直流电压 50 V 挡，按图 2-5(b)所示连接电路。读取万用表指针指示数据，记录在表 2-7 中。

⑥ 将电位器的旋钮按逆时针方向旋一点，重复④、⑤。

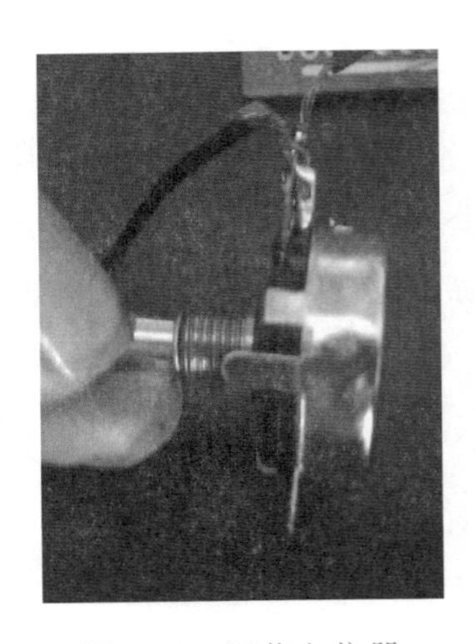
图 2-8 调节电位器

⑦ 重复⑥,对 10 kΩ 电阻的电压、电流进行 5 次测量,完成表 2-7。

### 四、测量数据记录与分析

完成表 2-7 中的数据记录,并根据相应数据计算出 $R$、$\Delta R$ 及 $\gamma$。其中:$R_0=10\ \text{k}\Omega$;$R=\dfrac{U}{I}$;$\Delta R=R-R_0$;$\gamma=\dfrac{\Delta R}{R_0}\times100\%$。

表 2-7　数据记录与分析

| 被测量 | 第 1 次 | 第 2 次 | 第 3 次 | 第 4 次 | 第 5 次 |
| --- | --- | --- | --- | --- | --- |
| $I$/mA | | | | | |
| $U$/V | | | | | |
| $R$/kΩ | | | | | |
| $\Delta R$/kΩ | | | | | |
| $\gamma$ | | | | | |

想一想

通过这种方法测量 10 kΩ 电阻的阻值,为什么测量的结果不等于 10 kΩ?如何减小两者的差距?

## 2.4　项目评价与反馈

项目 2 的评价与反馈见表 2-8。

表 2-8　评价与反馈

| 项目 | | 配分 | 评分标准 | 自评 | 组评 | 师评 |
| --- | --- | --- | --- | --- | --- | --- |
| 1 | 将 10 kΩ 定值电阻和 0~10 kΩ 的电位器通过电路板连接 | 10 分 | (1) 不能正确识别元器件的好坏,扣 3 分<br>(2) 不能正确操作电烙铁,扣 3 分<br>(3) 不能独立将 10 kΩ 定值电阻和 0~10 kΩ的电位器通过电路板连接起来,扣 4 分 | | | |

续表

| 项目 | | 配分 | 评分标准 | 自评 | 组评 | 师评 |
|---|---|---|---|---|---|---|
| 2 | 调节直流稳压电源的电压输出 | 10 分 | (1) 使用直流稳压电源前没有预热,扣 5 分<br>(2) 不会调节直流稳压电源的电压输出,扣 5 分 | | | |
| 3 | 调节万用表面板主要的开关旋钮 | 10 分 | (1) 不会根据实际需要选择量程,扣 5 分<br>(2) 不会进行机械调零,扣 5 分 | | | |
| 4 | 写出 $R$、$\Delta R$、$\gamma$ 的计算公式 | 10 分 | (1) 不能写出 $R$ 的计算公式,扣 3 分<br>(2) 不能写出 $\Delta R$ 的计算公式,扣 3 分<br>(3) 不能写出 $\gamma$ 的计算公式,扣 4 分 | | | |
| 5 | 理解万用表使用及维护方法 | 10 分 | (1) 测量完毕时,量程开关不在交流最大电压挡,扣 5 分<br>(2) 接线、拆线顺序不正确,扣 5 分 | | | |
| 6 | 正确进行读数 | 10 分 | (1) 读数不能保留到有效测量值小数后一位,扣 5 分<br>(2) 未等指针稳定就读数,扣 5 分 | | | |
| 7 | 测量电阻的电流 | 15 分 | (1) 不能正确连线,扣 5 分<br>(2) 不能正确读数,扣 5 分<br>(3) 不能正确记录并分析实训结果,扣 5 分 | | | |
| 8 | 测量电阻的电压 | 15 分 | (1) 不能正确连线,扣 5 分<br>(2) 不能正确读数,扣 5 分<br>(3) 不能正确记录并分析实训结果,扣 5 分 | | | |
| 9 | 安全文明生产 | 10 分 | 违反安全文明生产规程,扣 5~10 分 | | | |
| 签名 | | 得分 | | | | |

## 2.5 项目小结

测量结果总是含有一定误差的。测量误差的表示方法有绝对误差和相对误差。为了提高测量结果的准确性,应针对各种误差的来源和特点,采取适当的措施进行防范,并对测量结果进行必要处理,尽可能减小误差对测量结果的影响。通过本项目的实施,应对误差有一个客观的认识,并进一步掌握误差的计算方法。

## 2.6　项目拓展

### 一、拓展链接

有效数字:所谓有效数字,就是实际能测得的数字。

(1) 有效数字位数的确定

有效数字指从左边第一位非零数字算起,到含有误差的那位存疑数字止的所有数字。有时为了明显地表示有效数字的位数,会把数据用有效数字乘以 10 的幂次的形式表示。例如,$8.40\times10^{4}$,表示有 3 位有效数字。

(2) 有效数字的修约规则

有效数字的修约应按照“四舍六入五配偶”的原则进行(见表 2-9)。

表 2-9　有效数字的修约

<table>
<tr><th colspan="2">情况</th><th>处理原则</th><th>实例</th></tr>
<tr><td colspan="2">在拟舍弃的数字中,左起第一位数小于“5”时</td><td>舍“5”不进</td><td>要求小数点后只保留 2 位数时,23.4718 应修约为 23.47</td></tr>
<tr><td colspan="2">在拟舍弃的数字中,左起第一位数大于“5”时</td><td>舍“5”进 1</td><td>要求小数点后只保留 2 位数时,14.3482 应修约为 14.35;28.496 应修约为 23.50</td></tr>
<tr><td rowspan="3">在拟舍弃的数字中,左起第一位数等于“5”</td><td>若“5”以后的数字不全为零</td><td>舍“5”进 1</td><td>要求把数字修约到只保留一位小数时,0.2501 应修约为 0.3</td></tr>
<tr><td rowspan="2">若“5”以后的数字全是零</td><td>“5”前一位为奇数时,则舍“5”进 1</td><td>要求把数字修约到只保留一位小数时,0.7500 应修约为 0.8</td></tr>
<tr><td>“5”前一位为偶数时,则舍“5”不进</td><td>要求把数字修约到只保留一位小数时,0.450 应修约为 0.4;2.0500 应修约为 2.0</td></tr>
<tr><td colspan="2">当所舍弃的数字为两位以上数字时</td><td>不能连续对数字进行多次修约,而只能按修约规则进行一次修约</td><td>将 17.4546 修约为整数时,应修约为 17,而不应该为:17.4546→17.455→17.46→17.5→18</td></tr>
</table>

(3) 数据的运算应按有效数字的运算规则进行(见表 2-10)

表 2-10 按有效数字的运算规则进行的数据运算

| 运算类型 | 步骤 | 实例 |
| --- | --- | --- |
| 加减运算 | (1) 对各项数字进行修约,使各数修约到比小数点后位数最少的多保留一位小数<br>(2) 进行加减运算<br>(3) 对结果进行修约,使其小数点后的位数与原各项数字中小数点后位数最少的数相同 | 13.782+64.118+22.36+1.2<br>≈13.78+64.12+22.36+1.2<br>=101.46≈101.5 |
| 乘除运算 | (1) 对各项数字进行修约,使各数修约到比有效数字位数最少的多保留一位有效数字<br>(2) 进行乘除运算<br>(3) 对结果进行修约,使其有效数字的位数与原各项数字中有效数字位数最少的数相同 | 45.86×0.92÷3.2<br>≈45.9×0.92÷3.2<br>≈42.2÷3.2≈13 |

练一练

1. 将下列数据进行舍入处理,要求保留 3 位有效数字。

| | | | |
| --- | --- | --- | --- |
| 86.3724 | 3.175 | 0.0003125 | 58350 |
| 54.79 | 210000 | 19.99 | 33.6501 |

2. 根据有效数字运算规则计算下列各式:

(1) 17.12+4.529+0.072398+3.2458

(2) 1.465+11.3+34.735+0.125004

(3) 3.9738×1.41×5.3525

## 二、拓展练习

1. 查阅测量数据用有效数字表示时需要注意的问题有哪些?

2. 查阅测量结果的有效数字位数和所用仪表有什么关系?

# 模块2 信号产生

## 情境导入

学校电子兴趣小组小王同学接到李老师送来的吉他和收音机，李老师反映吉他弹出的音调不准了，收音机可以收到的电台比以前少多了，希望同学们帮助检修一下。小王同学在老师的指导下，借助低频信号源对吉他的音调进行了校准，借助高频信号源对收音机进行了调校，顺利完成了任务。本模块介绍一种很重要的仪器——信号发生器。

在电子技术领域内，常需要波形、频率、幅度及调制特性可以调节的电信号，信号发生器就是用于产生这种电信号的电子测量仪器，它是电子测量中最基本、使用最广泛的仪器之一。

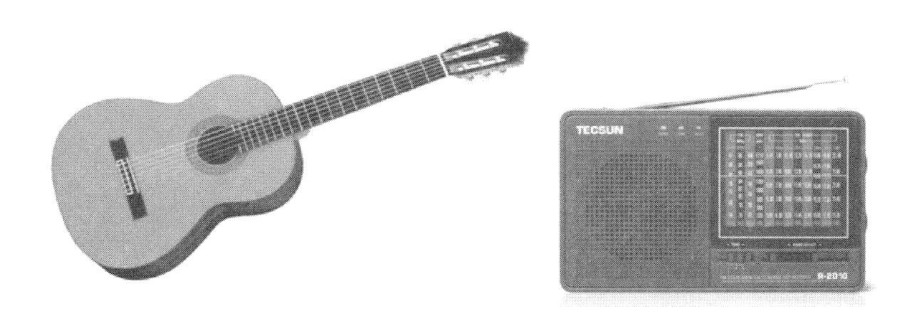


需调校的吉他和收音机

## 知识目标

- ➢ 了解信号发生器的种类。
- ➢ 了解信号发生器的面板结构。
- ➢ 理解各种信号发生器的组成及工作原理。
- ➢ 掌握信号发生器产生各种信号的方法。

## 技能目标

- 会识读各种信号发生器的说明书。
- 能够认识各种信号发生器的面板。
- 能够正确设置各种信号发生器参数,并产生各种常用的电信号。
- 能正确保养信号发生器。

# 项目 3

# 使用函数信号发生器调校吉他

## 3.1 项目任务单

信号发生器又称信号源。函数信号发生器是一种通用信号源,在电路实验和设备检测中具有十分广泛的用途,它能产生某些特定的周期性时间函数波形(正弦波、矩形波、三角波等)信号,频率范围可从几赫至几十兆赫。本项目将利用函数信号发生器产生的信号对吉他音准进行调校。

本项目任务单见表 3-1。

表 3-1 项目任务单

| 名称 | 使用函数信号源调校吉他 |
| --- | --- |
| 内容 | (1) 识读 EE1641C 型函数信号发生器的说明书<br>(2) 初步认识 EE1641C 型函数信号发生器的面板<br>(3) 调试函数信号发生器输出各类波形信号<br>(4) 使用 EE1641C 型函数信号发生器调校吉他 |
| 要求 | (1) 了解 EE1641C 型函数信号发生器的主要技术参数及组成框图<br>(2) 了解 EE1641C 型函数信号发生器面板上的各种旋钮及各开关的作用,并能调节面板主要的开关旋钮<br>(3) 能正确输出各种波形<br>(4) 能对输出信号的频率进行调节<br>(5) 对输出信号的幅度和偏移进行调节<br>(6) 能正确进行读数 |

续表

| 名称 | 使用函数信号源调校吉他 | | |
|---|---|---|---|
| 技术资料 | (1) EE1641C 型函数信号发生器使用说明书<br>(2) 稳压电源的使用说明书 | | |
| 签名 | | 备注 | |

## 3.2 知识链接

信号发生器是现代测量、测试领域应用最为广泛的仪器之一，广泛用于通信、雷达、导航、宇航等领域。它可以产生如图 3-1 所示的正弦波、矩形波、脉冲波等各种波形信号，其输出信号的幅值和频率等参数可按照实际需要进行调节。

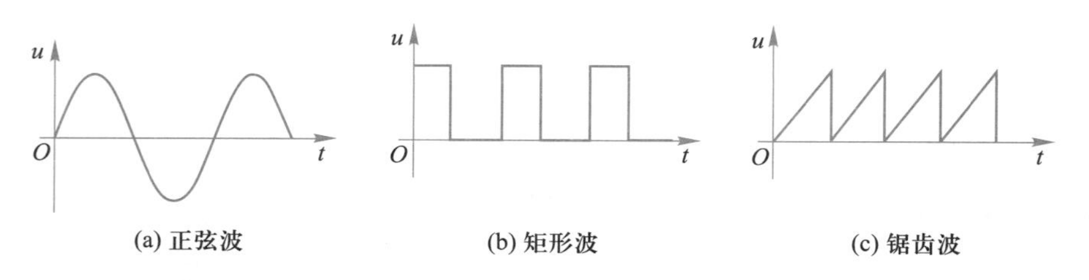


图 3-1 几种典型的信号波形

信号发生器的使用流程如图 3-2 所示。信号发生器根据波形、频率、调制需要产生电压信号，加到被测对象（被测电路）上，再用其他测量仪器观察、测量被测对象的输出响应，以分析、确定被测对象的性能参数。

图 3-2 信号发生器的使用流程

### 一、信号发生器的分类

#### 1. 按频率范围分类

这是传统的分类方法，从超低频信号到超高频频信号，跨度达 9 个数量级，见表 3-2。

表 3-2 按频率范围分类

| 分类 | 频率范围 | 应用 |
|---|---|---|
| 超低频信号发生器 | 1Hz 以下 | 地震测量，声呐、医疗、机械测量等 |
| 低频信号发生器 | 1Hz～1MHz | 音频、通信设备，家电等的测试、维修 |
| 视频信号发生器 | 20Hz～10MHz | 电视设备测试、维修 |

续表

| 分类 | 频率范围 | 应用 |
| --- | --- | --- |
| 高频信号发生器 | 300kHz～30MHz | 短波等无线通信设备、电视设备的测试、维修 |
| 甚高频信号发生器 | 30～300MHz | 超短波无线通信设备、电视设备的测试、维修 |
| 特高频信号发生器 | 300～3000MHz | 超短波、微波、卫星通信设备的测试、维修 |
| 超高频信号发生器 | 3GHz 以上 | 雷达、微波、卫星通信设备的测试、维修 |

2. 按用途分类

根据用途的不同，信号发生器可以分为通用信号发生器和专用信号发生器两类。

3. 按输出波形分类

根据输出信号波形的不同，信号发生器可分为正弦信号发生器和非正弦信号发生器，后者包括脉冲信号发生器、三角波信号发生器、扫频信号发生器和噪声信号发生器等类型。

4. 按调制方式分类

按调制方式的不同，信号发生器可分为调频、调幅、脉冲调制等类型。

5. 按性能指标分类

按性能指标的不同，信号发生器可分为一般信号发生器和标准信号发生器两类。

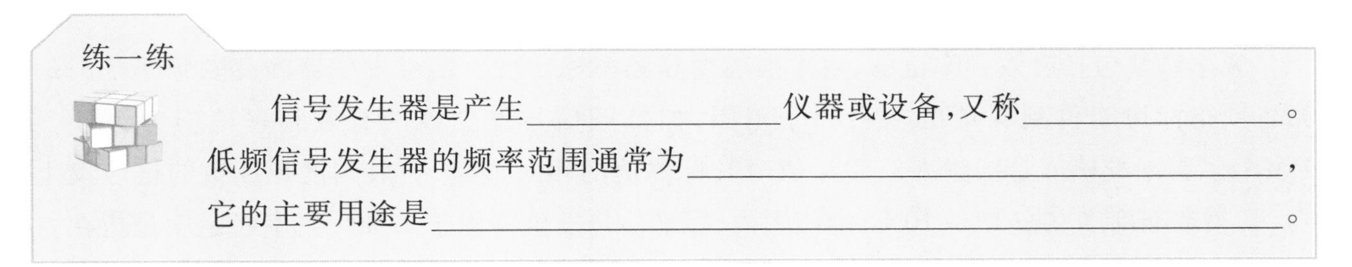

练一练

信号发生器是产生________仪器或设备，又称________。低频信号发生器的频率范围通常为________，它的主要用途是________。

## 二、信号发生器的基本组成

信号发生器的基本组成如图 3-3 所示。

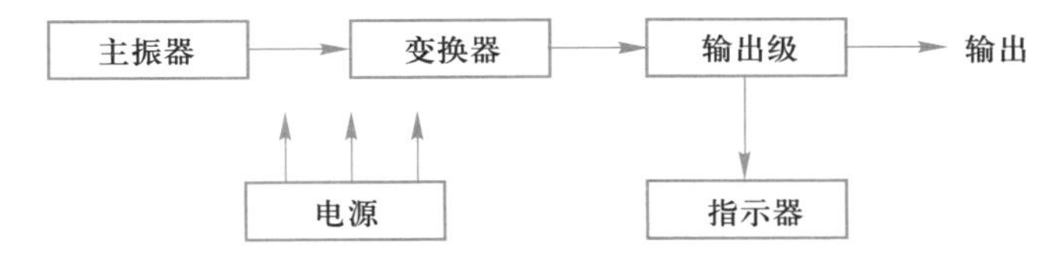


图 3-3　信号发生器的基本组成

主振器是信号发生器的核心部分，它产生各种不同频率、不同波形的信号。信号发生器的一些重要工作特性主要由主振器的工作状态决定，如工作频率范围、频率的稳定度、输出电平及其稳定度、频谱纯度和调频特性等。

变换器完成对频率信号的放大、整形和调制等任务。变换器可以是电压放大器、功率放大器或调制器等。因为主振器的输出信号都比较弱，所以需要进行放大和变换。对高频信号发生器而言，变换器还具有对正弦振荡信号进行调制的作用。

输出级的基本任务则是调节信号的输出幅度（电平）和信号发生器的输出阻抗，以提高输出电路的带负载能力，通常包括衰减器、匹配用阻抗变换器和射极跟随器等电路。

指示器是提供观测输出信号的装置，通常是电压表、功率表、频率计和调制度指示器等，可检测输出信号的电平、频率及调制度。通常指示器接在衰减器之前，但指示器本身的准确度一般不高，其值一般仅供参考。

电源供给仪器各部分所需的工作电压。通常包括交流变压器、整流和稳压电路，将 50 Hz 交流电经过变压、整流、滤波和稳压后得到。

练一练

信号发生器一般包括________、________、______、________及电源等部分。

### 三、信号发生器的主要技术特性

信号发生器的主要技术特性包括频率特性、输出特性和调制特性。

#### 1. 频率特性

频率特性包括有效频率范围、频率准确度和频率稳定度。信号发生器的有效频率范围是指各项指标均能得到保证的输出频率范围，如低频信号发生器的有效频率范围为 1 Hz～1 MHz。频率准确度是指频率的实际值对其标称值的相对偏差，一般刻度盘读数的信号发生器，其频率准确度在±(1%～10%)的范围内，标准信号发生器优于±1%。频率稳定度是指在一定的时间间隔内频率的相对变化，它表征频率源维持工作于恒定值的能力。频率稳定度很高的正弦信号发生器，可以作为标准频率用于其他各种频率的校正。

#### 2. 输出特性

输出特性主要有输出阻抗、输出电平、输出电平的平坦度。输出阻抗的高低因信号发生器类型而异。低频信号发生器一般有 50 Ω、600 Ω、5 kΩ 等几种不同的输出阻抗，而高频信号发生器通常只有一种输出阻抗，如 50 Ω 或 75 Ω。

输出电平表征信号发生器所能提供的最大和最小输出电压（或功率）的调节范围。信号发生器输出信号的幅度既可以用绝对电平（V，mV，μV）表示，也可以用相对电平（dB）表示。

输出电平的平坦度是指在有效的频率范围内，输出电平随频率变化的程度。现代信号发生器多加有自动电平 ALC 控制电路，因而平坦度可保证在±1 dB 以内。

#### 3. 调制特性

对于高频信号发生器来说，一般还具有输出一种或多种调制信号的能力，通常为调幅和调频。调制特性包括调制的种类、调幅系数(或最大频偏)以及调制线性等。信号发生器是否有调制、加什么类型的调制主要由信号发生器的使用范围决定。

练一练

信号发生器的技术特性主要包括________、________和__________。

## 四、EE1641C 型函数信号发生器

函数信号发生器是产生正弦波、方波、三角波等多种函数波形的仪器。作为一种通用信号源,函数信号发生器被广泛地应用在电子电路的研发、实验、测试和维修中。下面以 EE1641C 型函数信号发生器为例介绍函数信号发生器的使用方法。

EE1641C 型函数信号发生器外形如图 3-4 所示。

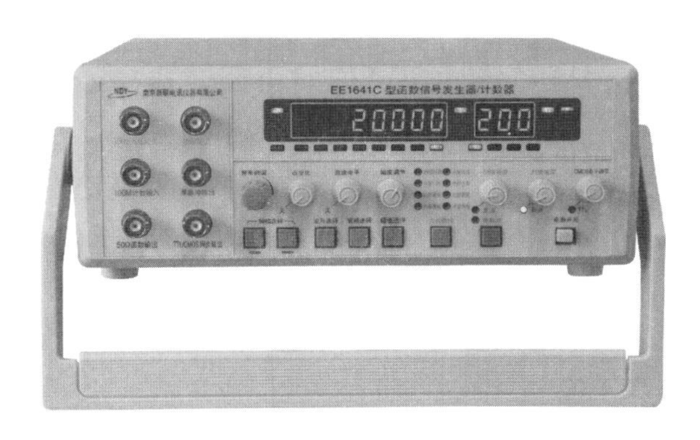


图 3-4 EE1641C 型函数信号发生器

EE1641C 型函数信号发生器具有连续信号、扫频信号、函数信号、脉冲信号等多种输出功能,并具有多种调制方式以及外部测频功能(计数器),是电子工程、电子实验室、生产线及教学、科研常用的电子设备。

1. 主要技术指标

① 输出频率:0.2 Hz~5 MHz,LED 数码显示频率(最大 8 位)。

② 输出幅度:10 V(50 Ω,峰峰值),20 V(1 MΩ,峰峰值);LED 数码显示幅度(3 位),显示单位可在峰峰值和有效值之间切换。

③ 可输出正弦波、三角波、方波、正负向锯齿波等 7 种波形。

④ 可输出单次脉冲。

⑤ 可输出 TTL/CMOS,且 CMOS 电平可调。

⑥ 多调制输出方式:调频、调幅、扫频、FSK 以及具有外部调幅、调频功能。

⑦ 正弦波失真度:≤1%;方波沿:≤20 ns,输出波形占空比可调,有直流偏置功能。

⑧ 输出信号衰减 0 dB/20 dB/40 dB/60 dB。

⑨ 数字频率计测量范围:0.2 Hz~100 MHz(8 位显示)。

⑩ 具有全功能输出保护。

2. EE1641C 型函数信号发生器的面板

EE1641C 型函数信号发生器的面板结构及其功能说明见表 3-3。

表 3-3 EE1641C 型函数信号发生器的面板结构及功能说明

| 名称 | 图示 | 功能说明 |
| --- | --- | --- |
| 频率显示窗口 | | 显示输出信号的频率或外测信号的频率 |
| 幅度显示窗口 | | 显示函数输出信号的幅度 |
| 频率微调电位器 | 频率微调 | 调节此旋钮可改变输出频率的 1 个频程 |
| 输出波形占空比调节旋钮 | 占空比<br>关 | 调节此旋钮可改变输出信号的对称性。当电位器处在中心位置或“OFF”位置时,则输出对称信号 |
| 函数输出信号直流电平调节旋钮 | 直流电平<br>关 | 调节范围:-10~+10 V(空载),-5~+5 V(50 Ω 负载),当电位器处于中心位置时,则为 0 电平 |
| 函数信号输出幅度调节旋钮 | 幅度调节 | 调节此旋钮可改变输出的幅度,调节范围 20 dB |

续表

| 名称 | 图示 | 功能说明 |
| --- | --- | --- |
| 扫描宽度/调制度调节旋钮 | 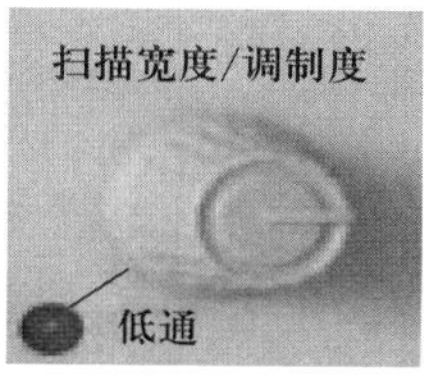 扫描宽度/调制度<br>低通 | 调节此电位器可调节扫频输出的频率宽度。在外测频率时,逆时针旋到底(绿灯亮),为外输入测量信号经过低通开关进入测量系统。调节此电位器可调节调频的频偏范围、调幅时的调制度和FSK调制时的高低频率差值,逆时针旋到底为关调制 |
| 扫描速率调节旋钮 | 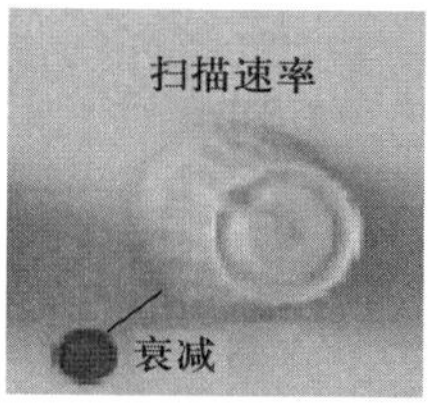 扫描速率<br>衰减 | 调节此电位器可以改变内扫描的时间长短。外测频时,逆时针旋到底(绿灯亮),为外输入测量信号经过衰减“20 dB”进入系统 |
| CMOS电平调节旋钮 | 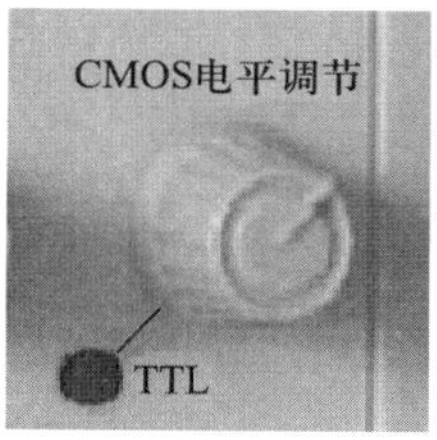 CMOS电平调节<br>TTL | 调节此电位器可以调节输出的CMOS电平。当电位器逆时针旋到底(绿灯亮)时,输出为标准的TTL电平 |
| 频挡选择按钮 | 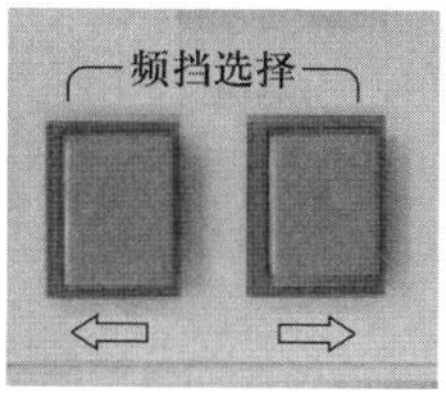 频挡选择 | 每按一次此按钮,输出频率向左或向右调整一个频段 |
| 波形选择按钮 |  波形选择 | 按此按钮可选择正弦波、三角波、脉冲波输出 |
| 衰减选择按钮 |  衰减选择 | 可选择信号输出的0 dB、20 dB、40 dB、60 dB衰减的切换 |
| 幅值选择按钮 |  幅值选择 | 可选择正弦波的幅度显示的峰峰值与有效值之间的切换 |

续表

| 名称 | 图示 | 功能说明 |
| --- | --- | --- |
| 方式选择按钮 |  方式选择 | 可选择多种扫描方式、多种内外调制方式以及外测频方式 |
| 单脉冲选择按钮 |  单脉冲 | 控制单脉冲输出，每按一次此按钮，单脉冲输出电平翻转一次 |
| 整机电源开关 |  电源开关 | 此按键按下时，机内电源接通，整机工作。此键释放为关掉整机电源 |
| 外部输入端 |  外部输入 | 当方式选择按钮选择在外部调制方式或外部计数时，外部调制控制信号或外测频信号由此输入 |
| 函数输出端 | 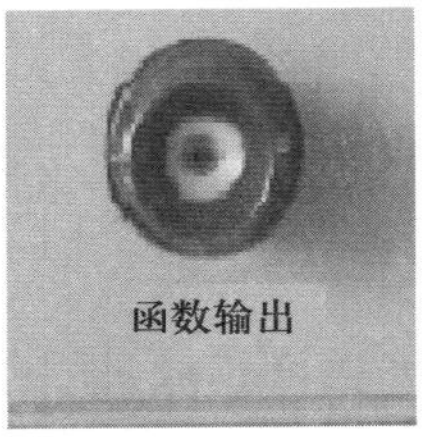 函数输出 | 输出多种波形受控的函数信号，输出幅度 20 V（空载），10 V（50 Ω 负载） |
| 同步输出端 |  同步输出 | 当 CMOS 电平调节旋钮逆时针旋到底，输出标准的 TTL 幅度的脉冲信号，输出阻抗为 600 Ω；当 CMOS 电平调节旋钮打开，则输出 CMOS 电平脉冲信号，高电平在 5~13.5 V 可调 |
| 单次脉冲输出 | 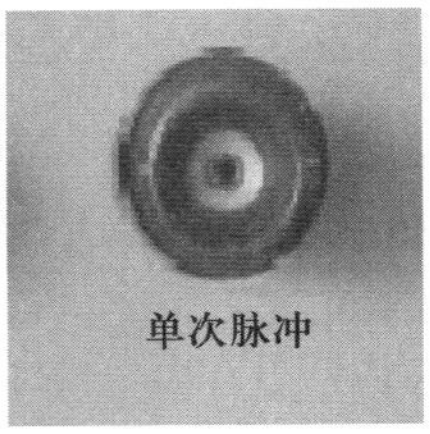 单次脉冲 | 单次脉冲输出由此端口输出，“0”电平：≤0.5 V；“1”电平：≥3 V |

## 3.3　项目实施

### 一、操作规程

1. 准备工作

先检查市电电压，确认在 220 V±10%范围内，将电源插头插入市电插座。

2. 自校检查

本仪器进行测试工作之前，可对其进行自校检查，以确定仪器工作正常与否。

按下面板上的电源按钮，电源接通。面板上所有数码管和发光二极管全部点亮 2 s 后，再闪烁显示仪器型号“EE1641C”1 s，之后根据系统功能中开机状态设置，波形显示区显示当前波形为“～”，频率显示区显示当前频率挡为“1 k”，衰减显示区显示当前衰减挡为“0 dB”；其余则保持上次关机前的状态。

注意事项：若想达到足够的频率稳定度，需使仪器提前 30 min 预热。

### 二、实训器材及仪器

实训器材及仪器见表 3-4。

做一做

准确清点和检查全套实训仪器数量和质量，发现仪器缺少、损坏，立即向指导教师汇报。一切正常，使用信号源调校吉他。

表 3-4　实训器材及仪器

| 序号 | 仪器器材 | 实物图样 | 数量 | 序号 | 仪器器材 | 实物图样 | 数量 |
|---|---|---|---|---|---|---|---|
| 1 | 双踪示波器 | XJ4318 型 | 1 台 | 2 | 吉他 | | 1 把 |

续表

| 序号 | 仪器器材 | 实物图样 | 数量 | 序号 | 仪器器材 | 实物图样 | 数量 |
|---|---|---|---|---|---|---|---|
| 3 | 函数信号发生器 | EE1641C 型函数信号发生器 | 1 台 | 5 | 有源音箱 |  | 1 个 |
| 4 | 定音笛 |  | 1 个 |  |  |  |  |

读一读

## 吉　　他

吉他，也称六弦琴。属于弹拨乐器，通常有六条弦，形状与提琴相似。吉他在流行音乐、摇滚音乐、蓝调、民歌中常被视为主要乐器。而在古典音乐的领域里，吉他常以独奏或二重奏的形式演出。

吉他的结构如图 3-5 所示，作为乐器家族中弦乐器的一员，吉他是一种通过拨弦发出声音的有弦类演奏乐器。弹奏时用一只手拨动琴弦，另一只手的手指抵在指板上，后者是覆盖在琴颈上的金属丝。弹奏出来的声音会通过吉他的共鸣箱放大。

吉他的琴弦和把位如图 3-6 所示，吉他从最细的琴弦开始依次以 1~6 弦命名，最细为 1 弦，最粗为 6 弦。音高从细到粗分别为：

1 弦：E，对应的音为 3。

2 弦：B，对应的音为 7。

3 弦：G，对应的音为 5。

4 弦：D，对应的音为 2。

5 弦：A，对应的音为 6。

6 弦：E，对应的音为 3。

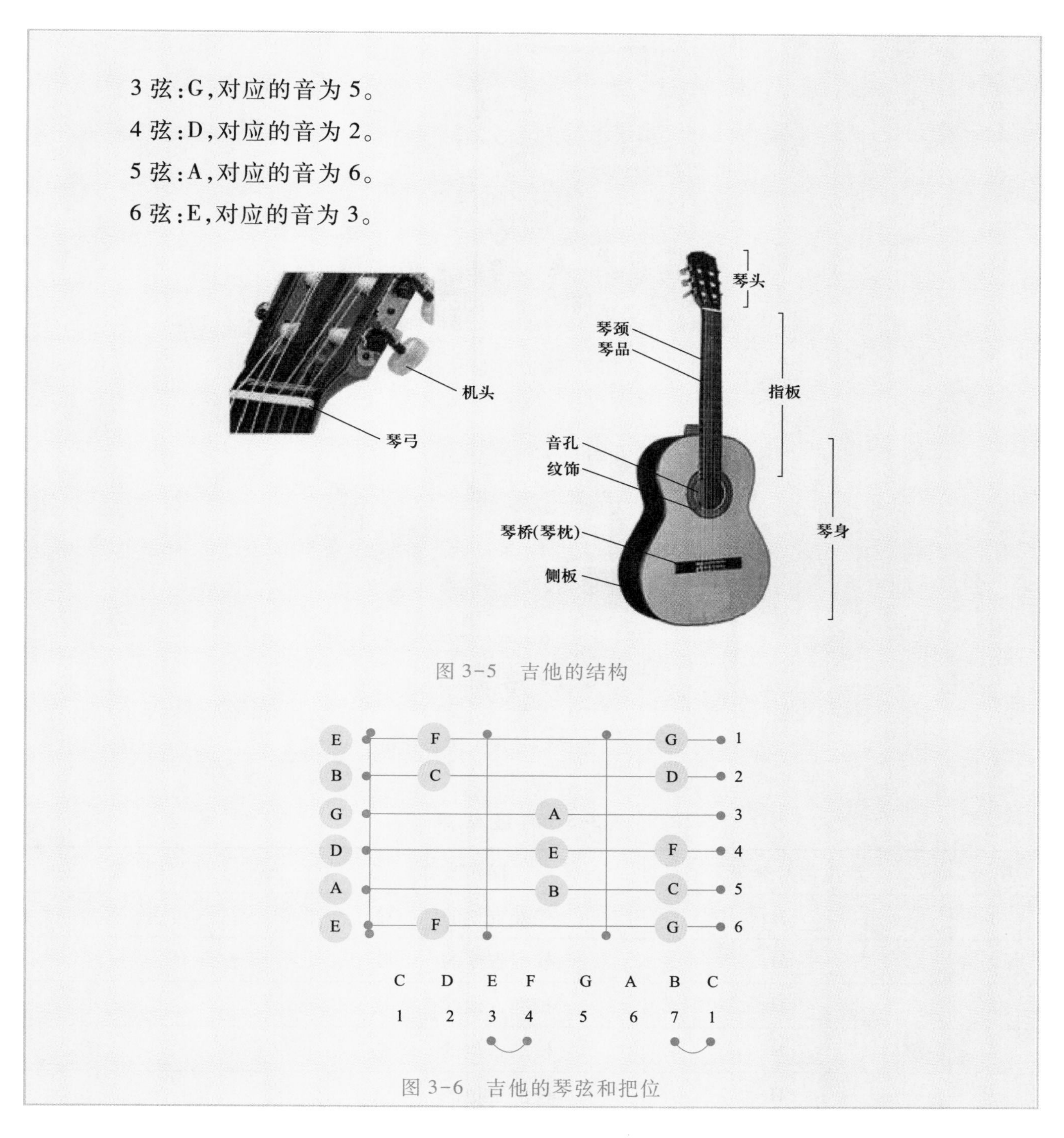


图 3-5　吉他的结构



图 3-6　吉他的琴弦和把位

## 三、实施步骤

步骤 1：用函数信号发生器产生 6 种不同频率（330 Hz、247 Hz、196 Hz、147 Hz、110 Hz、82 Hz）的信号，如图 3-7 所示。用示波器观察信号的波形以此来校准吉他的六根弦。

步骤 2：将信号发生器和有源音箱连接起来，通过函数信号发生器产生的方波来校准吉他，如图3-8所示。

步骤 3：将测量结果填入表 3-5 中。

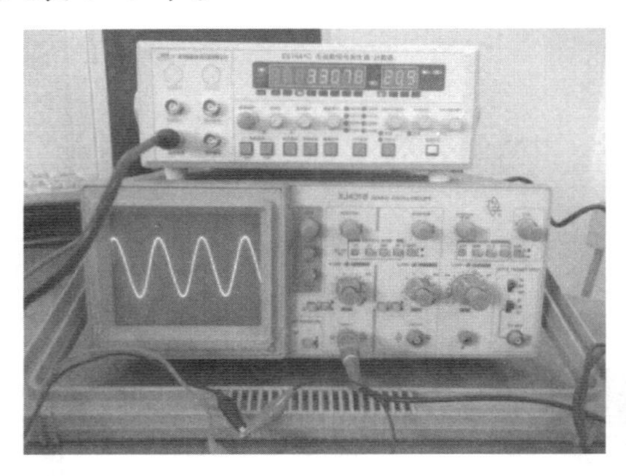

图 3-7 产生信号

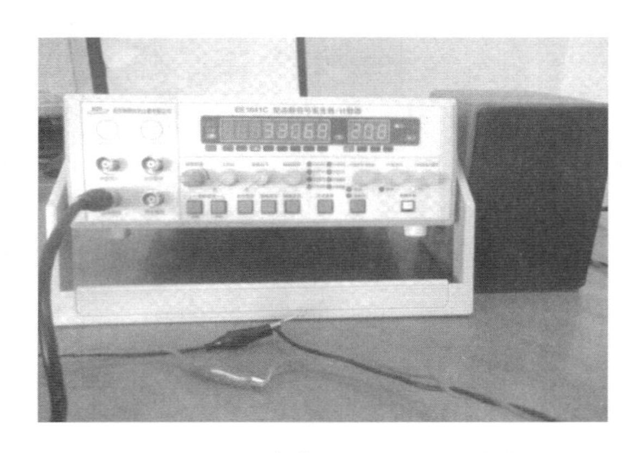

图 3-8 连接信号发生器和音箱

**表 3-5 测 量 结 果**

| 序号 | 产生信号频率 | 操作步骤 | 操作结果 |
|---|---|---|---|
| 1 | ____Hz | 校准吉他的____弦 | |
| 2 | ____Hz | 校准吉他的____弦 | |
| 3 | ____Hz | 校准吉他的____弦 | |
| 4 | ____Hz | 校准吉他的____弦 | |
| 5 | ____Hz | 校准吉他的____弦 | |
| 6 | ____Hz | 校准吉他的____弦 | |

步骤 4：定音笛校验：分别对准定音笛的 1E 口、2B 口、3G 口、4D 口、5A 口、6E 口进行吹气，吹一下定音笛，弹一下对应的空弦，直到声音和定音笛发出的声音、音高一样，就可以来校准吉他，如图 3-9 所示。

图 3-9　定音笛

议一议

1. 函数信号发生器的作用是什么?

2. 函数信号发生器能输出哪几种波形的信号?函数信号发生器一般有哪几种构成方式?

读一读

**定　音　笛**

定音笛是一种用来给乐器确定标准音高的仪器,校准的乐器不同,使用的定音笛种类也不同,如吉他定音笛、小提琴定音笛等。这是一种类似口琴的装置,由 6 片金属簧片组成,每一个金属簧片与乐器上一空弦音相对应。想为某根弦定音,就吹响所对应的簧片,把空弦音与簧片音高相比较。

定音笛按照音高从高到低吹响的顺序就是吉他上从 1 弦到 6 弦所对应的音高。在一个安静的房间里,吹响最高的那个音孔,这个音高就是吉他上 1 弦所对应的音高 E,一边吹这个音孔,一边弹奏 1 弦并慢慢地调整 1 弦,直到吉他上 1 弦的音高与定音笛上的音高相同。

## 3.4　项目评价与反馈

项目 3 的评价与反馈见表 3-6。

表 3-6 评价与反馈

| 项目 | | 配分 | 评分标准 | 自评 | 组评 | 师评 |
|---|---|---|---|---|---|---|
| 1 | 识读 EE1641C 型函数信号发生器的说明书 | 10 分 | (1) 不能说出函数信号发生器的作用,扣 3 分<br>(2) 不能说明信号发生器框图,扣 3 分<br>(3) 不能说出函数信号发生器的主要指标,扣 4 分 | | | |
| 2 | 初步认识 EE1641C 型函数信号发生器的面板 | 10 分 | (1) 不能认识函数信号发生器面板的部件,扣 5 分<br>(2) 不能说明函数信号发生器面板部件的功能,扣 5 分 | | | |
| 3 | 函数信号发生器输出波形(频率和幅度)的设置及偏移调节 | 10 分 | (1) 不能进行函数信号发生器输出波形的频率设置,扣 5 分<br>(2) 不能进行函数信号发生器输出波形的幅度设置和偏移调节,扣 5 分 | | | |
| 4 | 函数信号发生器的操作规程 | 15 分 | (1) 不能较好地掌握其操作规程,扣 5 分<br>(2) 不能正确理解函数信号发生器使用注意事项及方法,扣 10 分 | | | |
| 5 | 调节面板主要的开关、旋钮 | 15 分 | (1) 不能正确调节面板上各开关,扣 5 分<br>(2) 不能正确调节面板上各旋钮,扣 10 分 | | | |
| 6 | 测量信号发生器的输出电压 | 15 分 | (1) 不能正确连线,扣 5 分<br>(2) 不能正确读数,扣 5 分<br>(3) 不能正确分析实训结果,扣 5 分 | | | |

续表

| 项目 | | 配分 | 评分标准 | 自评 | 组评 | 师评 |
| --- | --- | --- | --- | --- | --- | --- |
| 7 | 用函数信号源校准吉他 | 15 分 | （1）不能正确连线，扣 5 分<br>（2）不能正确调试，扣 5 分<br>（3）不能正确分析实训结果，扣 5 分 | | | |
| 8 | 安全文明生产 | 10 分 | 违反安全文明生产规程，扣 5~10分 | | | |
| 签名 | | 得分 | | | | |

## 3.5　项目小结

函数信号发生器是一种多波形信号源，它能产生某些特定的周期性时间函数波形，工作频率可从几赫至几十兆赫，它能在宽阔的频率范围内替代通常使用的正弦信号发生器、脉冲信号发生器及频率计等，具有很广泛的使用场合。

## 3.6　项目拓展

### 一、拓展链接

函数信号发生器使用举例说明：

例 1：输出标准的 TTL 幅度的脉冲信号，如图 3-10 所示。

实训步骤：

（1）选择同步输出端，CMOS 电平调节旋钮逆时针方向旋到底。

（2）示波器显示读数：$U_{P-P}=2\ V/div\times2\ div=4\ V$。

例 2：输出叠加了 1 V 直流电压的正弦波（$f=2$ kHz，$U_{P-P}=5$ V），如图 3-11 所示。

实训步骤：

（1）选择正弦波形，调整频率为 2 kHz，峰峰值为 5 V。

（2）选择函数输出端，接入示波器 CH1 通道，耦合方式选择“AC”，CH2 耦合方式选择“GND”，显示地线。

（3）示波器耦合方式选择“DC”，打开直流电平旋钮，加入 1 V 直流电压，波形提升。

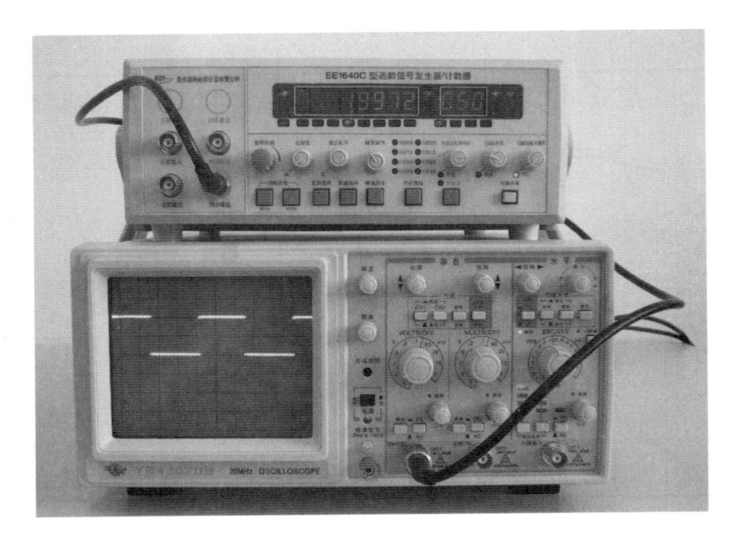


图 3-10 输出标准的 TTL 幅度的脉冲信号

注意：直流电平旋钮刚打开时，输出幅度为-10 V。

## 二、拓展练习

1. 查阅不同企业生产的函数信号发生器的特点，指出现阶段的主流产品有哪些？

2. 查阅有关资料，总结 EE1641C 型函数信号发生器的基本功能和具体的调节方法。

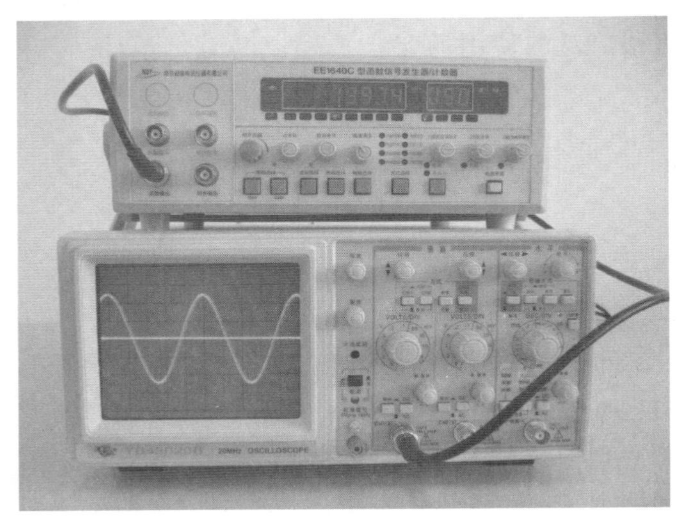


图 3-11 叠加直流电压的正弦波

# 项目 4

# 使用高频信号发生器调校调幅收音机

## 4.1 项目任务单

高频信号发生器也称射频信号发生器，高频信号发生器用于产生频段为 100 kHz～300 MHz（允许向外延伸）的正弦信号，同时还能产生不同调制系数的调幅波和调频波，它主要用来向各种高频电子设备和电路提供高频标准信号，以便测试各种无线电接收机的灵敏度、选择性等参数。

收音机是接收无线电广播发送的信号，并将其还原成声音的机器，根据无线电广播的种类不同，即调幅广播（AM）和调频广播（FM），接收信号的收音机的种类亦不同，即调频收音机和调幅收音机。有的收音机既能接收调幅广播，又能接收调频广播，称为调幅调频收音机。

高频信号发生器能产生等幅、调幅或调频的高频信号，供各种电子线路或设备进行高频性能测量、调校时使用，本项目使用高频信号发生器模拟调幅无线电台调校收音机。

本项目任务单见表 4-1。

**表 4-1　项目任务单**

| 名称 | 使用高频信号发生器模拟调幅无线电台调校收音机 |
| --- | --- |
| 内容 | （1）识读 EE1051A 型高频信号发生器的说明书<br>（2）初步认识 EE1051A 型高频信号发生器的面板<br>（3）调试高频信号发生器输出各类波形信号<br>（4）使用高频信号发生器模拟调幅无线电台调校收音机 |

续表

| 名称 | 使用高频信号发生器模拟调幅无线电台调校收音机 | | |
|---|---|---|---|
| 要求 | (1) 了解 EE1051A 型高频信号发生器的主要技术参数及组成框图<br>(2) 了解 EE1051A 型高频信号发生器面板上的各种旋钮及各开关的作用,并能调节面板上主要的开关旋钮<br>(3) 能正确输出各种频率的波形<br>(4) 能正确读数 | | |
| 技术资料 | (1) EE1051A 型高频信号发生器使用说明书<br>(2) 示波器的使用说明书 | | |
| 签名 | | 备注 | |

## 4.2 知识链接

### 一、信号的调制

为了有效地实现音频信号的无线传送,在发射端需要将信号"装载"在载波上。在接收端,需要将信号从载波上"卸载"下来。这一过程称为调制与解调。能够携带低频信号的等幅高频电磁波称为载波。载波的频率称为载频。例如,中央人民广播电台其中一个频率是 640 kHz,这个频率指的就是载频。

目前无线电广播可分为两大类,即调频广播(FM)和调幅广播(AM)。

调幅广播用高频载波信号的幅值来装载音频信号(调制信号),即用音频信号来调制高频载波信号的幅值,从而使原为等幅的高频载波信号的幅度随着调制信号的幅度的变化而变化,如图 4-1(a)、图 4-2 所示。幅值被音频信号调制过的高频载波信号称为已调幅信号,简称调幅信号。

调频广播用高频载波信号的频率来装载音频信号(调制信号),即用音频信号来调制高频载波信号的频率,从而使原为等幅的高频载波信号的频率随着调制信号的幅度的变化而变化,如图 4-1(b)所示。频率被音频信号调制过的高频载波信号称为已调频信号,简称调频信号。调幅信号和调频信号统称已调制信号,或简称已调信号。

调幅广播有长波、中波和短波三个波段,长波的频率范围为 150~415 kHz,中波为 525~1605 kHz,短波为 1.6~26.1 MHz。调频波段都在超高频波段,国际通用的调频波段为 87~108 MHz。

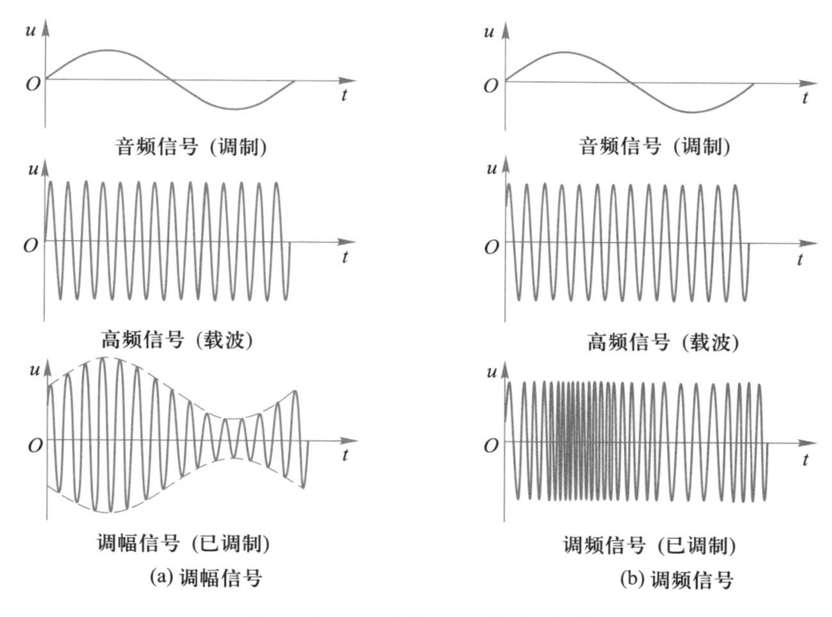


图 4-1 调幅信号和调频信号

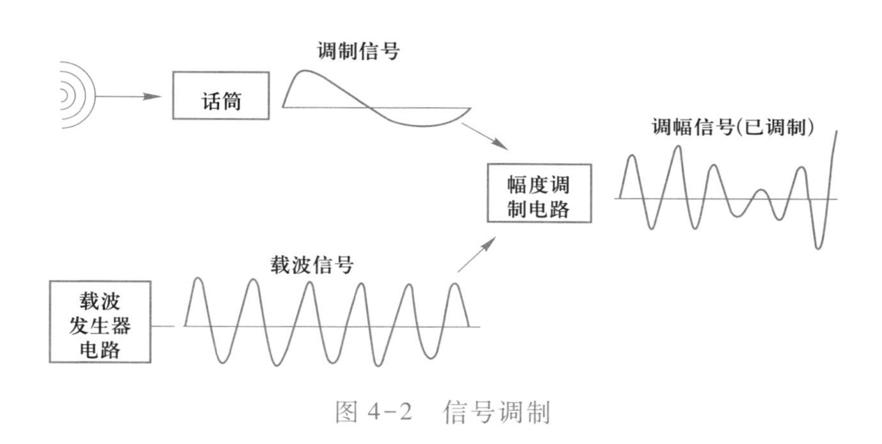


图 4-2 信号调制

从调幅和调频广播的频率范围可以看出，调幅广播所用的波长较长，其特点是传播距离远，覆盖面积大，并且用来接收此无线电波信号的接收机的电路也比较简单，价格便宜。但其缺点是所能传输的音频频带较窄，音质较差，并且其抗干扰能力差，从而不宜传输高保真音乐节目。

而调频广播所能传输的音频频带较宽，宜于传送高保真音乐节目，并且它的抗干扰能力较强。这是因为调频信号的幅值是固定不变的，可以用限幅的方法，将由干扰而产生的调频信号的幅值的变化有效地消除掉。同时，它比调幅信号的发射功率也可减小，这是因为调幅信号的幅值一般都比载波的幅值大，有效发射功率比发射机发射的功率小得多。而调频信号的幅值和载波的幅值一样大，在发射机功率与有效发射功率一样时，调频信号的有效发射功率要比调幅信号的有效发射功率大。

调频广播工作于超短波波段，其缺点是传播距离短，覆盖范围小，且易被高大建筑物等物体所阻挡。不同地区或城市可使用同一或相近的频率，而不致引起相互干扰，提高了频率利用率。

## 二、EE1051A 型高频信号发生器

EE1051A 型高频信号发生器如图 4-3 所示，频率覆盖范围为 100 kHz～150 MHz，电平连续可调，并具有调频、调幅功能。输出频率采用 4 位数显方式，提高了频率显示精度；同时输出电平采用 ALC 稳幅方式，使其输出幅度的波动减小，便于使用。本仪器使用微机控制，功能齐全、使用方便、功耗小、质量轻、可靠性高，整机平均无故障时间大于 3000 h。它在工厂生产线、学校实验室等有着广泛的用途。

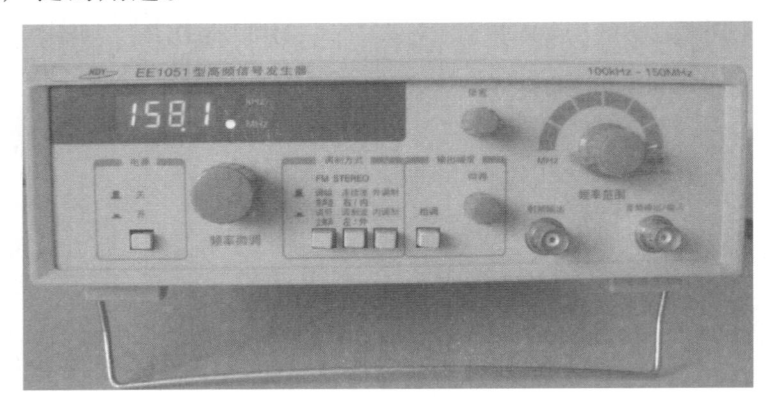


图 4-3 EE1051A 型高频信号发生器

### 1. 工作原理框图

EE1051A 型高频信号发生器工作原理框图如图 4-4 所示。

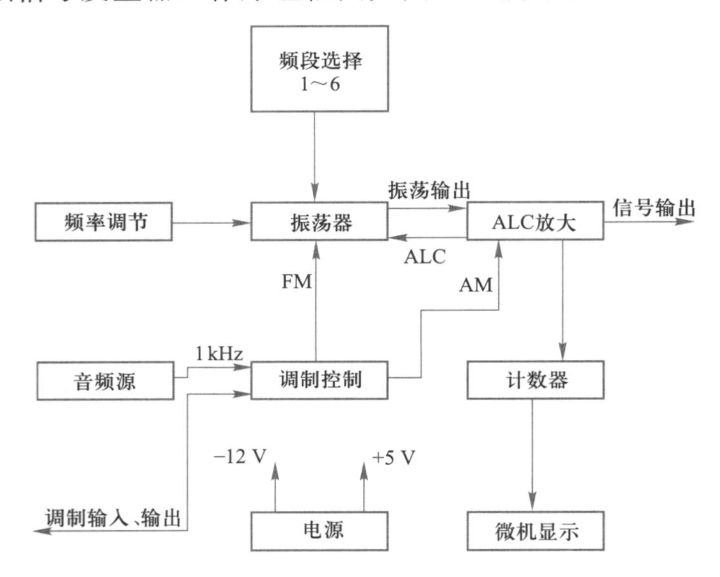


图 4-4 EE1051A 型高频信号发生器工作原理框图

### 2. 基本工作原理

EE1051A 型高频信号发生器主要由电源、振荡器、ALC 放大器、音频发生器、计数器、显示器等单元组成。频率范围选择开关和频率微调旋钮使振荡器产生所需频率的振荡，振荡器的输出信号经 ALC 放大电路进行稳幅放大，一路由计数器计数后送微机单元显示，另一路通过衰减网络至前面板输出。内部音频发生器产生 1 kHz 的音频信号，内、外调制由开关控制，选出的信号一路至振荡器进行调频，另一路至 ALC 放大器进行调幅。

3. 主要技术参数

（1）信号频率

① 频率范围：100 kHz～150（谐波 450）MHz，分 6 个频段（见表 4-2）。

**表 4-2　分 6 个频段**

| 频段 | 频率范围 |
|---|---|
| 1 | 100 kHz～0.32 MHz |
| 2 | 0.32～1 MHz |
| 3 | 1～3.2 MHz |
| 4 | 3.2～10 MHz |
| 5 | 10～35 MHz |
| 6 | 35～150（谐波 450）MHz |

② 频率显示：4 位。

（2）信号幅度

有效值不小于 60 mV，有高低电平控制，并可连续可调。

（3）调制

调频、调幅。

① 内调制：1 kHz 正弦波。

② 外调制：50 Hz～20 kHz。

（4）音频信号

① 工作频率：1 kHz±20%。

② 失真度：<3%。

③ 输出幅度：有效值不小于 1.5 V。

（5）电源与功耗

① 电源电压：220 V±10%。

② 电源频率:50 Hz±5%。

③ 功率:不大于 10 W。

(6) 环境要求

环境要求符合 GB/T 6587—2012 规定的环境组别Ⅱ组的要求及运输流通条件 3 级的要求。

工作温度:0~+40 ℃。

**想一想**

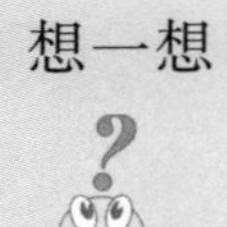

EE1051A 型高频信号发生器由哪些部分组成?主要技术指标有哪些?

4. EE1051A 型高频信号发生器的面板

EE1051A 型高频信号发生器面板结构如图 4-1 所示,面板功能见表 4-3。

表 4-3 面板功能

| 名称 | 图示 | 功能说明 |
| --- | --- | --- |
| 电源开关 | | 当按下电源开关时,仪器开始通电 |
| 频率显示单元 | | 输出信号的频率由 4 位数码管显示,频率显示单位“kHz”和“MHz”之间会自动切换 |
| 射频输出 | | 插座为输出载频信号端口 |
| 音频输出/输入 | | 插座为音频信号的输入、输出端口 |

续表

| 名称 | 图示 | 功能说明 |
| --- | --- | --- |
| 频率调节 | | 频率输出分为 6 个频挡，Ⅰ:100 kHz～0.32 MHz; Ⅱ:0.32～1 MHz; Ⅲ:1～3.2 MHz; Ⅳ:3.2～10 MHz; Ⅴ:10～35 MHz; Ⅵ:35～150 MHz。根据所需要的频率选择频挡，输出信号频率连续可调 |
| 频率微调 | | 旋钮可在所选的频段内对输出信号频率进行连续调节 |
| 幅度调节 | | 粗调按键可调整输出信号的电平高低，当按下此按键时信号输出为高电平，当按键弹出则为低电平输出。注意：当输出频率小于32 MHz时，约有 20 dB 的衰减量。微调旋钮则可在一定范围内调节输出信号幅度的大小。用户可以根据自己的需要利用两个按键调节信号的输出幅度 |

想一想

高频信号发生器面板上各旋钮的作用是什么？

## 4.3　项目实施

### 一、使用说明

1. 开机检查

开机电源电压正常为 AC220 V。

2. 面板操作

(1) 电源开关

当按下电源开关时，仪器开始通电。

（2）显示

输出信号的频率由 4 位数码管显示，显示单位“kHz”“MHz”自动切换。

（3）输入、输出端口

前面板“射频输出”插座为输出信号端口；“音频输出/输入”插座为音频信号的输入、输出端口。

（4）频率调节

① 频率范围旋钮选择输出信号频率连续调节范围，分为 6 挡。

Ⅰ：100 kHz～0.32 MHz；　　Ⅱ：0.32～1 MHz；

Ⅲ：1～3.2 MHz；　　Ⅳ：3.2～10 MHz；

Ⅴ：10～35 MHz；　　Ⅵ：35～150 MHz。

② 频率微调旋钮可在所选的频段内对输出信号频率连续调节。

（5）幅度调节

① 粗调按钮可调整输出信号的电平高低，当按下按键时为高电平输出，当按键弹出时为低电平输出，在频率小于 32 MHz 时，约有 20 dB 的衰减量。

② 微调旋钮可在一定范围内调节输出信号幅度的大小。

（6）调制控制

调制控制包括调频/调幅按键、调制波/连续波按键、内调制/外调制按键、带宽调节旋钮。如需输出希望的调制信号，应对相应的按键或旋钮进行调节。

① 调制波/连续波按键可打开或关闭调制功能。

② 内调制/外调制按键可对音频调制信号进行选择，当按键弹出时为外部调制，调制信号从前面板“音频输出/输入”端口输入；当按下按键时为内部 1 kHz 调制，同时 1 kHz 音频信号可从前面板“音频输出/输入”端口输出。

③ 调频/调幅按键可控制调制方式，当按下按键时，输出调幅信号；当按键弹出时为调频信号，调频频偏可以通过带宽调节旋钮进行调整。

注意事项：

① 仪器使用 220 V、50 Hz 交流电源。

② 若要达到足够的频率稳定度，必须使仪器提前 30 min 预热。

## 二、实训器材及仪器

实训器材及仪器见表 4-4。

表 4-4　实训器材及仪器

| 序号 | 仪器器材 | 实物图样 | 数量 | 序号 | 仪器器材 | 实物图样 | 数量 |
|---|---|---|---|---|---|---|---|
| 1 | 高频信号发生器 | EE1051A 型 | 1台 | 3 | 函数信号发生器 | EE1641C 型 | 1台 |
| 2 | 收音机 | | 1台 | 4 | 双踪示波器 | XJ4318 型 | 1台 |

做一做

准确清点和检查全套实训仪器数量和质量，发现仪器损坏，立即向老师汇报。一切正常，进行高频信号发生器组成调幅无线电台调校收音机实训。

## 三、实施步骤

1. 观察 465 kHz 等幅正弦波信号

如图 4-5 所示，将高频电缆的一头连在高频信号源“射频输出”插座，另一头连在示波器的输入通道 CH1 插座。将高频信号源的“调频/调幅”按键弹出，将“调制波/连续波”按键弹出。

（1）按下电源开关，仪器开始工作。

（2）将频率范围旋钮放在波段Ⅱ（0.32~1 MHz）上。

（3）调节频率微调旋钮使 4 位数码管显示 465 kHz。

（4）幅度调节粗调按钮弹出，细调旋钮放在中间位置。

（5）调节示波器的水平扫速度开关及垂直衰减开关，观察示波器显示的波形。

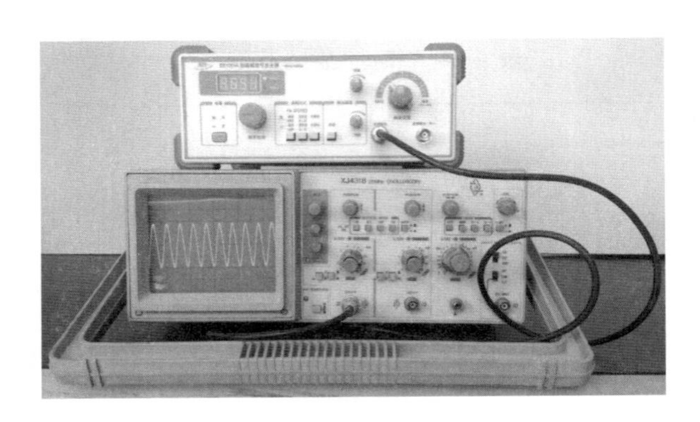

图 4-5 输出 465 kHz 等幅正弦波信号

2. 观察 465 kHz 调幅正弦波信号

如图 4-6 所示，将高频信号源的“调频/调幅”按键弹出，按下“调制波/连续波”按键，按下“内调制/外调制”按键。其他操作步骤与“观察 465 kHz 等幅正弦波信号”一样。

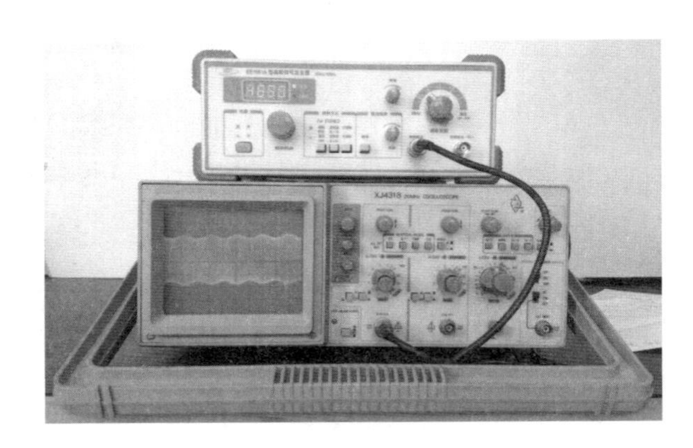

图 4-6 输出 465 kHz 调幅波信号

3. 收音机的测试

用函数信号发生器产生 400 Hz 的正弦波信号去调制高频信号发生器产生的 535～1605 kHz频率范围（中波）的等幅信号，用调幅收音机接收，应能听到 400 Hz 的声音。

电路连接如图 4-7 所示，函数信号发生器输出端与高频信号发生器音频输入端相连，从高频信号发生器的“射频输出”插座引出电缆，电缆的两个夹子分别连在环形天线的两端。

（1）调节函数信号发生器，使其输出 400 Hz、300 mV 的正弦波信号。

（2）将高频信号发生器的“调频/调幅”按键弹出，按下“调制波/连续波”按键，“内调制/外调制”按键弹出。

① 按下电源开关，仪器开始工作。

② 将频率范围旋钮放在波段 Ⅱ（0.32～1 MHz）上。

③ 调节频率微调旋钮使 4 位数码管显示 600 kHz。

④ 幅度调节粗调按钮弹出,细调旋钮放在中间位置。

⑤ 打开收音机电源,旋转调谐旋钮,在 600 kHz 处应能收听到“叽叽”的声音。

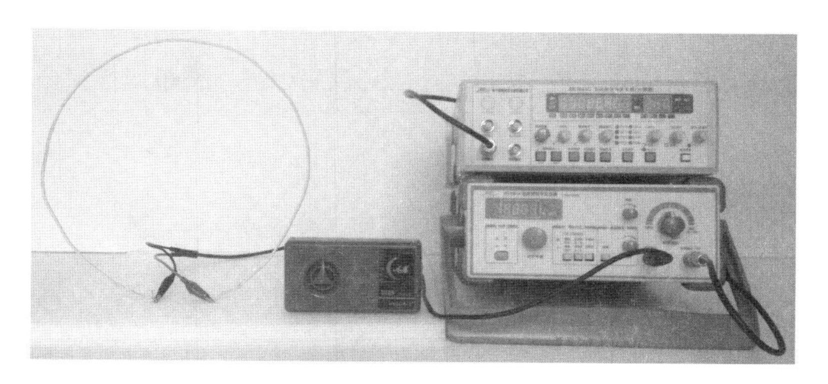

图 4-7　收音机的测试

在波段Ⅱ(0.32~1 MHz)、波段Ⅲ(1~3.2 MHz)上,分别调节频率微调旋钮使 4 位数码管显示 1000 kHz、1400 kHz,用收音机接收发射信号,应能听到两个频点的“叽叽”声音。

4. 组成电台,收音机接收信号

电路连接如图 4-8 所示,手机(或 MP3)的音频输出接口与高频信号发生器音频输入端相连,从高频信号发生器的“射频输出”插座引出电缆,电缆的两个夹子分别连在环形天线的两端。

把高频信号发生器载波调到中波中频段(1000 kHz),用手机(或 MP3)放一段歌曲,用它来调制载波输出一个调幅波,通过天线发射,用收音机应能接收到音乐。

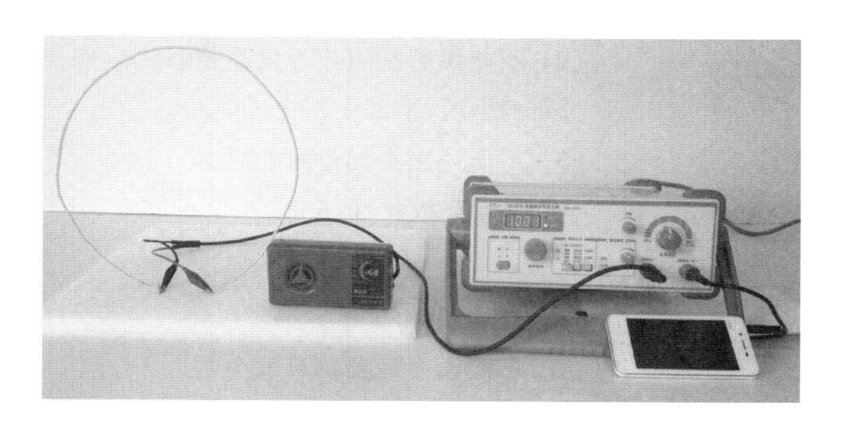

图 4-8　接收音乐信号

## 四、数据记录与分析

根据要求完成表 4-5。

表 4-5 数据记录

| 测量项目 | 高频信号发生器的旋钮按键位置 | | | | | |
|---|---|---|---|---|---|---|
| | “调频/调幅”按键 | “调制波/连续波”按键 | “内调制/外调制”按键 | 幅度调节粗调按钮 | 幅度细调旋钮 | 频率范围旋钮 |
| 465 kHz 等幅正弦波 | | | | | | |
| 465 kHz 调幅正弦波 | | | | | | |
| 收音机的测试 | | | | | | |
| 组成电台 | | | | | | |

## 4.4 项目评价与反馈

项目 4 的评价与反馈见表 4-6。

表 4-6 评价与反馈

| 项目 | | 配分 | 评分标准 | 自评 | 组评 | 师评 |
|---|---|---|---|---|---|---|
| 1 | 识读 EE1051A 型高频信号发生器的说明书 | 10 分 | (1) 不能说出高频信号发生器的作用，扣 3 分<br>(2) 不能说明高频信号发生器的框图，扣 3 分<br>(3) 不能说出高频信号发生器的主要指标，扣 4 分 | | | |
| 2 | 初步认识 EE1051A 型高频信号发生器的面板 | 10 分 | (1) 不认识高频信号发生器面板部件，扣 5 分<br>(2) 不能说明高频信号发生器面板部件的功能，扣 5 分 | | | |
| 3 | 高频信号发生器的各种输出波形及调节 | 10 分 | (1) 不能进行高频信号发生器输出波形的频率设置，扣 5 分<br>(2) 不能进行函数信号发生器输出波形的幅度设置和偏移调节，扣 5 分 | | | |

续表

| 项目 | | 配分 | 评分标准 | 自评 | 组评 | 师评 |
|---|---|---|---|---|---|---|
| 4 | 高频信号发生器的操作规程 | 10分 | (1) 不能较好地掌握其操作规程,扣5分<br>(2) 不能正确理解高频信号发生器使用注意事项及方法,扣5分 | | | |
| 5 | 调节面板上的主要开关、旋钮 | 15分 | (1) 不能正确调节面板上各开关,扣5分<br>(2) 不能正确调节面板上各旋钮,扣10分 | | | |
| 6 | 收音机接收频率范围测试 | 15分 | (1) 不能正确连接电路,扣5分<br>(2) 不能正确调试,扣5分<br>(3) 不能正确分析实训结果,扣5分 | | | |
| 7 | 收音机中频频率测试和灵敏度测试 | 20分 | (1) 不能正确连接电路,扣5分<br>(2) 不能正确调试,扣10分<br>(3) 不能正确分析实训结果,扣5分 | | | |
| 8 | 安全文明生产 | 10分 | 违反安全文明生产规程,扣5~10分 | | | |
| 签名 | | 得分 | | | | |

## 4.5　项目小结

信号发生器是电子实训中常用的实训设备,高频信号发生器通常作为接收机测试和调节以及其他场合的高频信号源使用,如对调幅广播接收机(收音机)的中频频率进行调整时,465 kHz的中频信号(我国收音机的中频频率规定为465 kHz)可由高频信号发生器提供。

## 4.6 项目拓展

### 一、拓展链接

1. 彩色电视信号发生器的使用

彩色电视信号发生器具有常用的视频测试图像信号和音频测试信号，为待测电视机提供了一个标准的电视信号，供使用者进行观察、检查和调试，是无线电维修人员的必备工具。下面以 868-2 型彩色电视信号发生器为例进行介绍。

2. 认识 868-2 型彩色电视信号发生器

868-2 型彩色电视信号发生器的外形如图 4-9 所示，其面板介绍见表 4-7。该机输出的电视信号为 PAL 制式，可以输出棋盘、点、方格、竖条、横条、灰度、大圆、红色场、蓝色场、白色场等标准图像信号。

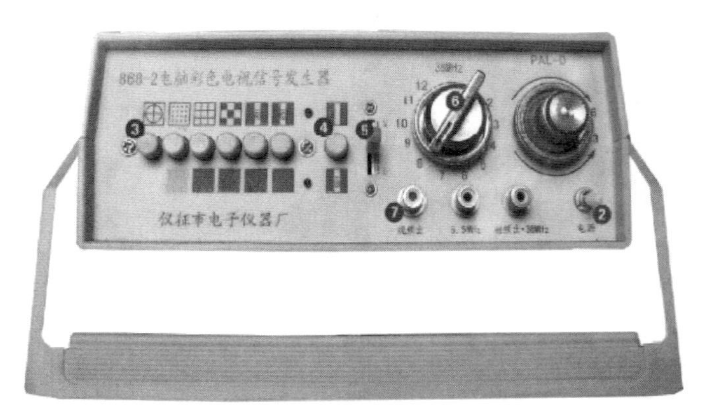


图 4-9 868-2 型彩色电视信号发生器的外形

表 4-7 面 板 介 绍

| 图中标号 | 名称 | 图示 | 说明 |
| --- | --- | --- | --- |
| ① | 电源线 | | 位于机箱背面，接 AC220 V 电源 |
| ② | 电源<br>开关 | 电源 | 向上扳动接通电源，向下扳动关闭电源 |

续表

| 图中标号 | 名称 | 图示 | 说明 |
| --- | --- | --- | --- |
| ③ | 电视测试图形选择按键 |  | 向电视机提供不同的测试图形。6个控制按键,每个按键根据“上/下挡键”的不同又有两种选择,分为线条栏和色板栏 |
| ④ | 上挡图形/下挡图形转换按键 |  | 此键为带自锁按键。按一下,上面的LED亮,表示选择上挡图形;再按一下,下面的LED亮,表示选择下挡图形 |
| ⑤ | 甚高频/超高频波段转换开关 |  | 将开关向上推至V处,表示信号发生器的工作频段为甚高频(VHF)段;将开关向下推至U处,表示信号发生器的工作频段为超高频(UHF)段 |
| ⑥ | 频道选择旋钮 |  | 左边是VHF频道选择旋钮,其结构是13挡鼓形开关,根据需要有12个频道和一个38 MHz中频可供选择。右边是UHF频段选择旋钮,它由两部分组成,中间是调整旋钮,外圈为指示轮,两部分通过行星减速机构构成。快速调整中间的细钮时,外圈指示轮将随之平滑而缓慢地旋转,通过外轮上的标识就可以知道大致的频道 |
| ⑦ | 专用信号端口 |  | 视频出:AM调制,幅度为1 V(峰峰值)视频;<br>6.5 MHz:伴音中频信号,FM调制、电子音乐伴音;<br>射频出:射频阻抗为75 W |
| — | 本机天线 |  | 本机天线位于机箱上部,是射频电视信号的开放式输出形式,一般是在综合测试电视机时使用。若电视机工作正常,通过本机天线向空中辐射无线电视信号,电视机与电视信号发生器之间无需任何连线,在1 m范围内,可以接收到标准电视测试信号 |

练一练

下列选项中,关于信号发生器的说法描述正确的是(　　)。

A. 信号发生器就是可以产生各种信号的设备,通常是为检测电子产品和电路专门设计的仪表

B. 低频信号发生器可以产生频率和幅度可调的正弦波

C. 高频信号发生器是主要用来产生高频信号(包括调制信号)的仪器

D. 低频信号发生器可用于测量放大电路的灵敏度、频率响应、频率补偿、音调控制等

## 二、拓展练习

1. 上网查阅有关资料,详细掌握 868-2 型彩色电视信号发生器面板的结构和各开关旋钮的调节。

2. 掌握 868-2 型彩色电视信号发生器输出信号调试电视机的方法及注意事项。

# 模块3　电压测量

## 情境导入

学校电子技术兴趣小组小王同学接到李老师送来的音响设备，反映声音比以前小多了，希望帮助检修一下。兴趣小组的小周同学这两天也接到学校广播站的报修，说是扩音机不响了。两位同学在兴趣小组指导教师的指导下，用信号源输入音频信号，用毫伏表测量放大器各级电压，终于找到并排除了故障。本模块介绍一种很重要的仪器——电子电压表。

音响设备

## 知识目标

- 了解电压测量对仪器的基本要求。
- 了解电子电压表的分类。
- 理解模拟、数字电子电压表的组成、工作原理。
- 理解数字万用表的组成、工作原理。

## 技能目标

- 会识读各种电子电压表的说明书。
- 能认识电子电压表的面板。
- 能使用电子电压表进行电压测量。
- 会选用电子电压表。

# 项目 5

# 使用模拟电子电压表测量稳压电源的纹波电压

## 5.1 项目任务单

在电子技术中,电压是非常重要的量,电压具有特殊性,需要专门的电子电压表来测量,电子电压表如图 5-1 所示。模拟电子电压表结构简单,价格便宜,在电子技术中得到广泛应用。

本项目任务单见表 5-1。

表 5-1 项目任务单

<table>
<tr><td>名称</td><td colspan="3">使用模拟电子电压表测量稳压电源的纹波电压</td></tr>
<tr><td>内容</td><td colspan="3">(1) 识读 SX2172 型低频毫伏表的说明书<br>(2) 初步认识 SX2172 型毫伏表的面板<br>(3) 测量信号源交流电压<br>(4) 测量稳压电源的纹波电压</td></tr>
<tr><td>要求</td><td colspan="3">(1) 了解 SX2172 型低频毫伏表的主要技术参数及组成框图<br>(2) 了解毫伏表的表头及刻度、零点调节旋钮、输入端子和量程开关的作用<br>(3) 能进行机械调零和电气调零<br>(4) 能对低频毫伏表进行连线,拆线<br>(5) 能调节面板主要的开关旋钮<br>(6) 能正确进行读数</td></tr>
<tr><td>技术资料</td><td colspan="3">(1) SX2172 型低频毫伏表使用说明书<br>(2) 稳压电源的使用说明书</td></tr>
<tr><td>签名</td><td></td><td>备注</td><td></td></tr>
</table>

(a) 模拟电子电压表

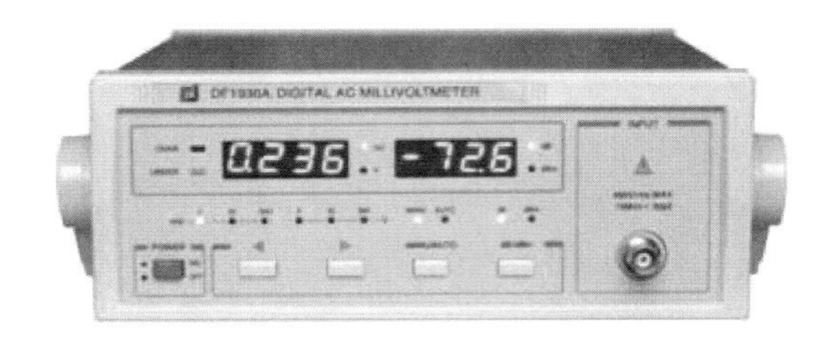


(b) 数字电子电压表

图 5-1 电子电压表

## 5.2 知识链接

### 一、电压测量

电压测量是采用电压表对正弦电压的稳态值及其他典型的周期性非正弦电压参数进行测量。由于电子技术中很多量是电压的派生量,通过电压测量可获得其量值。因此,电压测量是电子测量中最基本、最常见和最重要的内容之一。

1. 电压测量的要求

电子技术中电压信号具有频率范围宽、幅度差别大、波形多样化等特点,因此,对于测量电压时所采用的电压表也提出了相应的要求,一般采用电子电压表进行测量,图 5-1 所示为某型号的电子电压表。电子电压表与万用表相比具有测量灵敏度高、电压量程广、频率范围宽(万用表测量信号的频率为 45 Hz~1 kHz)、输入阻抗高等优点。因此,万用表不能替代电子电压表来测量所有的电压信号。电压测量对仪器的基本要求见表 5-2。

表 5-2 电压测量对仪器的基本要求

| 序号 | 基本要求 | 范围说明 |
| --- | --- | --- |
| 1 | 仪器应有足够宽的频率范围 | 仪器测量的电压信号频率可从直流到 $10^9$ Hz 的范围 |
| 2 | 仪器应有足够宽的电压测量范围 | 被测电压的下限在 0.1 μV 至几毫伏,上限可达几十千伏 |
| 3 | 仪器应有足够高的测量精确度 | 一般直流数字电压表的精确度可达 $10^{-6}$ 量级,交流数字电压表只能达 $10^{-2}$~$10^{-4}$ 量级,而一般的模拟电压表的精确度在 $10^{-2}$ 量级以下 |
| 4 | 仪器应具有足够高的输入阻抗 | 示波器输入阻抗的一个典型值为 1 MΩ∥15 pF |

续表

| 序号 | 基本要求 | 范围说明 |
| --- | --- | --- |
| 5 | 仪器应适应被测信号波形类型的多样化 | 正弦波;失真的正弦波;交直流并存的电压信号 |
| 6 | 仪器应具有较高的抗干扰能力 | 高灵敏度的电压表应具有较高的抗干扰能力 |

练一练

在电压测量中,频率测量范围最大值与最小值的比为________,电压测量范围最大值与最小值的比为________。(频率最小值取 1 Hz)

2. 电子电压表的分类

按测量结果的显示方式,电子电压表的分类见表 5-3。

表 5-3　电子电压表的分类

| | | |
| --- | --- | --- |
| 电子电压表(按显示方式分类) | 模拟电压表(按检波方式分类) | 均值电压表(低频毫伏表) |
| | | 有效值电压表(低、高频毫伏表) |
| | | 峰值电压表(高频毫伏表) |
| | 数字电压表(根据 A/D 转换原理分类) | 比较型数字电压表 |
| | | 积分型数字电压表 |
| | | 复合型数字电压表 |

3. 电子电压表的主要技术指标

(1) 电压测量范围

电压表所能测量的最小电压到最大电压的范围。一般从几毫伏至几十伏。

(2) 被测电压频率范围

不同的电子电压表适用测量电压频率范围不同。一般低频毫伏表范围在几兆赫以内,高频毫伏表为 100 kHz~1000 MHz。

(3) 基本误差

电压表在各量程的测量误差的大小。

(4) 频率响应误差

一般以 100 kHz 作为标准,其他频段的频率响应所带来的附加误差。

(5) 输入阻抗

电压表测量时，对被测量电路来说是负载，它的大小是以输入阻抗来描述的。

4. 电子电压表的组成

电子电压表在测量交流电压时，先把交流电转换成直流电，承担这一任务的是检波器。电子电压表内部检波方式有均值检波、峰值检波和有效值检波，但无论哪种检波方式，一般情况下，均以有效值显示。

## 二、SX2172 型低频毫伏表介绍

图 5-2 所示的 SX2172 型毫伏表是单通道交流毫伏表，主要用于测量频率为 5 Hz～2 MHz、电压为 100 μV～300 V 的正弦波电压。该表测量电压范围广，频率范围宽，测量准确，具有输入端保护功能，带有 1 V 交流输出，自动复零，且高阻抗，高灵敏度，低噪声，自动校正，量程转换不需要调零。它广泛应用于工厂和学校实验室。

图 5-2　SX2172 型低频毫伏表

1. 组成

SX2172 型毫伏表由输入衰减器、放大器及表电路组成，如图 5-3 所示。

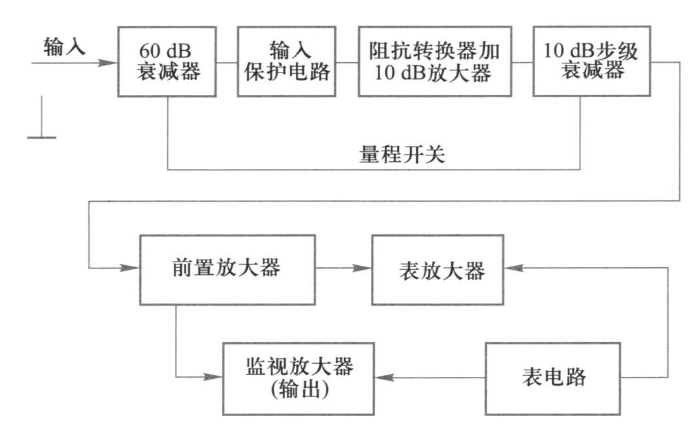


图 5-3　SX2172 型低频毫伏表组成框图

2. 技术指标

测量电压范围:100 μV~300 V。

测量电压的频率范围:5 Hz~2 MHz。

测量电压的固有误差:±2%。

输入电阻:10 MΩ。

输入电容:35 pF。

3. 面板

仪器面板的部件功能见表5-4。

表5-4　面板的部件功能

| 序号 | 部件 | 图示 | 说明 |
| --- | --- | --- | --- |
| 1 | 刻度盘 | SX2172 交流毫伏表<br>AC VOLTS | 表盘有4条刻度线:上面两条是电压测量指示,下面两条是电平测量指示 |
| 2 | 机械调零钮 | 0dB = 1V<br>0dBm = 1mW 600Ω | 没有通电前,指针不指示在零点,就需要调节塑料螺钉 |
| 3 | 电压量程开关 | 量程<br>dB mV V dB<br>-10 300 1 0<br>-20 100 3 +10<br>-30 30 10 +20<br>-40 10 30 +30<br>-50 3 100 +40<br>-60 1 300 +50 | 量程从1 mV~300 V,共分12个挡位,每个挡位还对应电平的测量。12个挡位为:1 mV、3 mV、10 mV、30 mV、100 mV、300 mV、1 V、3 V、10 V、30 V、100 V、300 V |
| 4 | 被测电压输入端 | 输入 | 接信号输入电缆,红色鳄鱼夹接电缆芯线,黑色鳄鱼夹接电缆地线 |

续表

| 序号 | 部件 | 图示 | 说明 |
|---|---|---|---|
| 5 | 电源开关 | 开 | 向上拨动，打开毫伏表电源，毫伏表工作 |
| 6 | 电源指示灯 |  | 指示毫伏表工作的情况 |
| 7 | 监视输出端 | 输 出 | 毫伏表作为一个放大器时的信号输出端。无论量程开关在什么挡位，只要输入的信号能让指针指在该挡位满刻度“1.0”位置时，输出电压的有效值就为1 V |

## 5.3 项目实施

### 一、操作规范

1. 操作步骤

(1) 选择量程

根据被测信号的大约数值，选择适当的量程。在不知道被测电压大约数值的情况下，可先选择大量程进行测试，在了解被测电压大约数值之后，再确定要选择的量程。

(2) 连接电路

电压表连接到被测量电路时，应先接上低端（接地接线柱，即两个电缆的黑夹子），然后再接高端（即两个电缆的红夹子）。测试完毕拆线时，应先断开高端，然后断开接地接线柱，以避免在较高灵敏度挡级（mV挡）时，因人体触及输入高端而使表头指针打针。

(3) 读数

根据量程选择开关的位置，按相对应的刻度线读数。由于表头是按正弦电压的有效值刻度的，所以只能直接测读正弦信号电压的有效值。读数时，指针与其在镜子里的像要重合（有的毫伏表没有镜子），如图 5-4 所示。

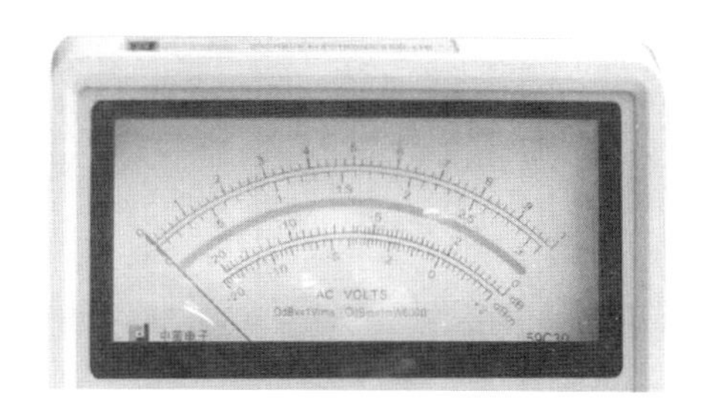


图 5-4　读数时指针与其镜像重合

2. 注意事项

① 输入量程转换时，由于电容的放电过程，指针可能有所晃动，需待指针稳定后读取数值。

② 有效测量值保留到小数后一位。

③ 测量完毕时，应将量程开关转至最大电压挡。

④ 测量 30 V 以上的电压时，需注意安全。

⑤ 被测电压应为正弦交流信号电压，若电压波形有严重失真，会引起测量结果不准确。

⑥ 测量纹波时，电阻上功率较大，防止烫伤。

## 二、实训器材及仪器

实训器材及仪器见表 5-5。

表 5-5　实训器材及仪器

| 序号 | 仪器器材 | 实物图样 | 数量 | 序号 | 仪器器材 | 实物图样 | 数量 |
| --- | --- | --- | --- | --- | --- | --- | --- |
| 1 | 低频毫伏表 | SX2172 型 | 1 台 | 2 | 直流稳压电源 | YB1731A2A 型 | 1 台 |

续表

| 序号 | 仪器器材 | 实物图样 | 数量 | 序号 | 仪器器材 | 实物图样 | 数量 |
|---|---|---|---|---|---|---|---|
| 3 | 函数信号发生器 | EE1641B 型 | 1 台 | 5 | 负载电阻 | 51 Ω/3 W | 1 个 |
| 4 | 万用表 | MF47 型 | 1 个 | 6 | 电容器 | 100 μF/25V | |

做一做

准确清点和检查全套实训仪器数量和质量，进行元器件的识别与检测。发现仪器、元器件缺少、损坏，立即向指导教师汇报。

## 三、实施步骤

### 1. 机械调零

仪器应垂直放置在水平工作台上。通电前检查 SX2172 型电子电压表的指针是否对准刻度线零位，若不是则要调节表头的机械调零螺钉，使指针准确指在零位，如图 5-5 所示。

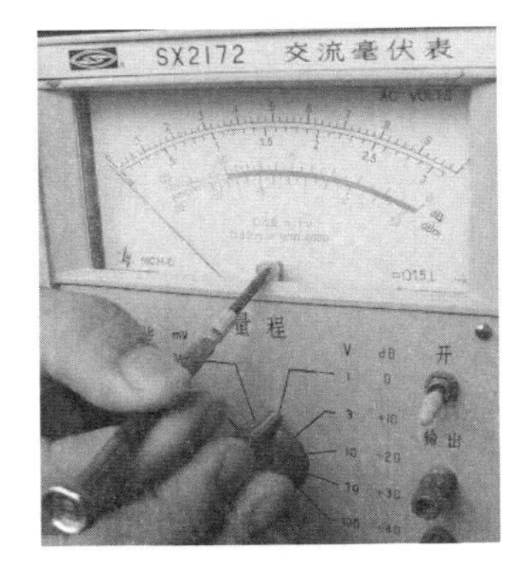


图 5-5 机械调零

2. 信号源交流电压的测量

（1）连接电路

测量连接电路如图5-6所示，将信号源的输出电缆的红、黑端分别与电子电压表的红、黑端相连。

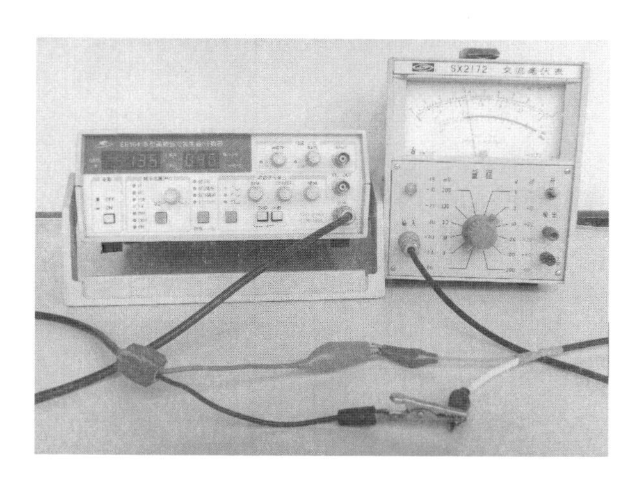


图5-6　测量连接电路

（2）预热仪器

打开函数信号源、电子电压表的电源，预热几分钟。各仪器根据信号幅度及频率置于合适挡位，即信号源输出正弦波信号，幅度为2 V（峰峰值），频率为100 kHz，电子电压表置于1 V挡位。

（3）测量数据

调节函数信号源输出指定频率值的正弦波信号，并保证其输出电压始终为1 V（等幅波）。分别用SX2172型电子电压表、万用表对信号发生器的输出电压进行测量，并记录测量结果。

（4）分析结果

根据测量数据分析测量的结果。

练一练

信号源输出正弦波信号时，其面板显示频率为100 kHz，峰峰值为2 V，那么正弦波信号的最大值为________V，有效值为________V。

3. 稳压电源输出纹波电压的测量

（1）连接电路

测量连接电路如图5-7所示，将稳压电源的一组输出端的红、黑线分别与电子电压表的红、黑端相连。

（2）预热仪器

打开稳压电源、电子电压表的电源，预热几分钟。各仪器根据要求置于合适挡位，即稳压电源的输出直流电压为 1 V，电子电压表置于 100 mV 挡位。

（3）测量数据

调节稳压电源输出指定电压值的直流电压，分别用 SX2172 型电子电压表对稳压电源的输出进行测量，并将测量结果填入表中。

（4）分析结果

根据测量数据，计算出纹波电压的平均值，分析测量结果。

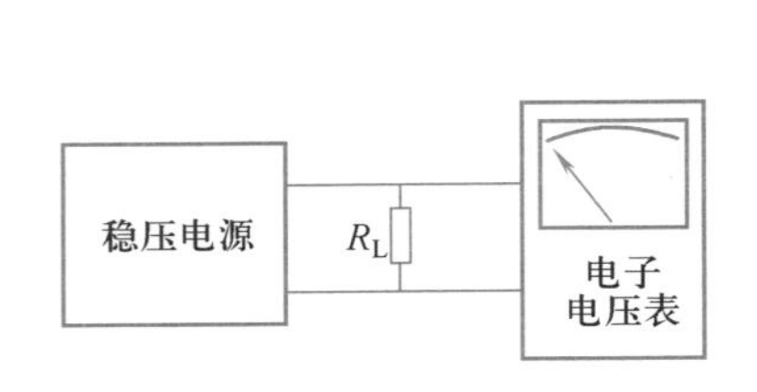


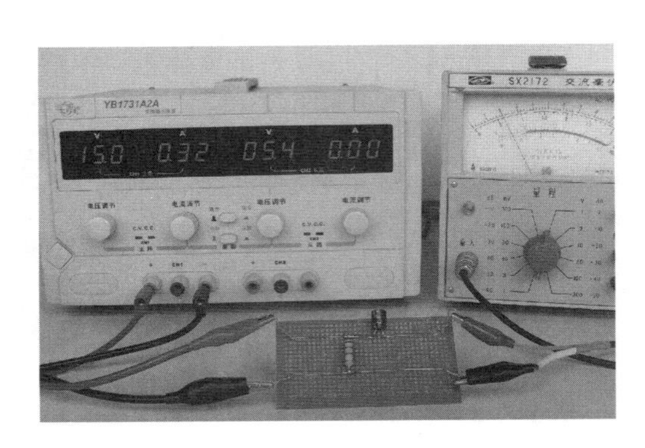


图 5-7 测量连接电路

读一读

**纹 波 电 压**

电源电路的输出纹波电压是指在电源电路的直流输出电压上所叠加的交流分量。具体是指交流电源电压（220 V、50 Hz）不变时，在一定负载电流下，输出端纹波电压的绝对值大小。

## 四、数据记录与分析

1. 信号源交流电压的测量

将信号源输出正弦交流电压的测量数据填入表 5-6。

表 5-6 数据记录

| 频率 | 100 kHz | 400 kHz | 1 MHz | 1.5 MHz | 2 MHz |
| --- | --- | --- | --- | --- | --- |
| SX2172 型低频毫伏表 | | | | | |
| 万用表 | | | | | |

分析测量结果，写实训结论：________________________________________________

______________________________________________________________________

结论参考：万用表在设计时，没有考虑信号的频率，所以其测量的值要小于毫伏表的测量值，并随频率升高而情况严重。

议一议

为什么万用表不能替代电子电压表？

2. 稳压电源输出纹波电压的测量

将稳压电源输出纹波电压的测量数据填入表 5-7。

表 5-7　数据记录

| 直流输出电压/V | 纹波电压/mV | 纹波电压平均值 | 参考值 |
| --- | --- | --- | --- |
| 1 | | | 几毫伏～几十毫伏 |
| 2 | | | |
| 5 | | | |
| 10 | | | |
| 20 | | | |

结论参考：各种不同的直流稳压源的纹波电压是不同的，一般几毫伏至几十毫伏均认为是正常的。

议一议

稳压电源输出电压高还是低时，纹波电压大？为什么？

## 5.4　项目评价与反馈

项目 5 的评价与反馈见表 5-8。

表 5-8 评价与反馈

| 序号 | 项目 | 配分 | 评分标准 | 自评 | 组评 | 师评 |
|---|---|---|---|---|---|---|
| 1 | 识读 SX2172 型低频毫伏表的说明书 | 10 分 | (1) 不能指出毫伏表的作用，扣 3 分<br>(2) 不能说明毫伏表框图，扣 3 分<br>(3) 不能说出毫伏表的三个主要指标，扣 4 分 | | | |
| 2 | 初步认识 SX2172 型毫伏表的面板 | 10 分 | (1) 不认识毫伏表面板部件，扣 5 分<br>(2) 不能说明毫伏表面板部件功能，扣 5 分 | | | |
| 3 | 能调节面板主要的开关旋钮 | 10 分 | (1) 不能进行机械调零，扣 5 分<br>(2) 不能根据实际需要选择量程，扣 5 分 | | | |
| 4 | 能理解毫伏表使用及维护方法 | 15 分 | (1) 测量完毕时，量程开关不在最大电压挡，扣 10 分<br>(2) 接线、拆线顺序不正确，扣 10 分 | | | |
| 5 | 能正确进行读数 | 15 分 | (1) 读数不能保留到有效测量值小数后一位，扣 10 分<br>(2) 未等指针稳定读数，扣 5 分 | | | |
| 6 | 能测量信号源的输出电压 | 15 分 | (1) 不能正确连线，扣 5 分<br>(2) 不能正确读数，扣 5 分<br>(3) 不能正确分析实训结果，扣 5 分 | | | |
| 7 | 能测量稳压电源的纹波电压 | 15 分 | (1) 不能正确连线，扣 5 分<br>(2) 不能正确读数，扣 5 分<br>(3) 不能正确分析实训结果，扣 5 分 | | | |

续表

| 序号 | 项目 | 配分 | 评分标准 | 自评 | 组评 | 师评 |
|---|---|---|---|---|---|---|
| 8 | 安全文明生产 | 10分 | 违反安全文明生产规程,扣5~10分 | | | |
| 签名 | | 得分 | | | | |

## 5.5　项目小结

由于结构限制,在测量电子电压时万用表有时不能胜任。电子电压表无论频率还是电压范围都要优于万用表。按检波方式分类,模拟电子电压表有均值电压表、峰值电压表和有效值电压表三种。模拟电子电压表在测量时需要机械调零,正确连接电路和读数。

## 5.6　项目拓展

### 一、拓展链接

1. 交流电压的基本参数

在电子测量中,测试的波形是各种各样的,常见电压波形如图5-8所示。交流电压的峰值、平均值和有效值是交流电压的基本参数,一个交流电压的幅度特性可用峰值、平均值、有效值和与其基本参数相关的波形因数、波峰因数五个参数来表征。图5-9所示交变电压$u(t)$的峰值、平均值和有效值三个基本参数见表5-9。

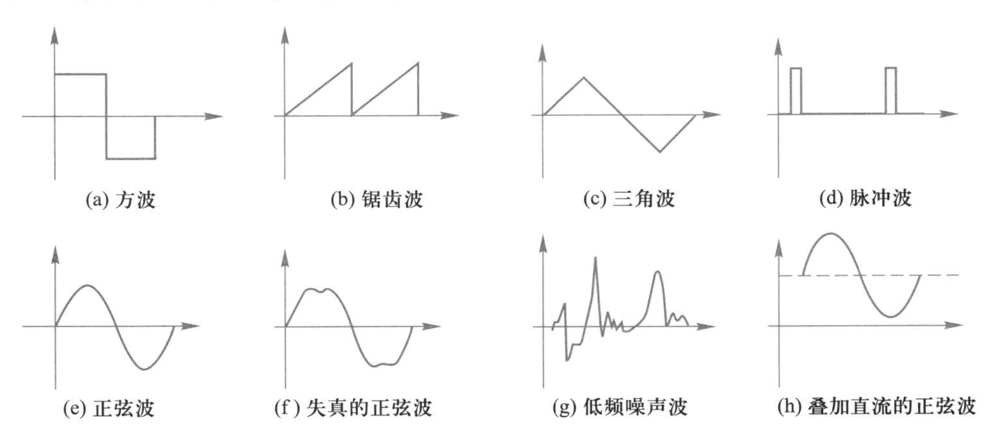


图5-8　常见电压波形

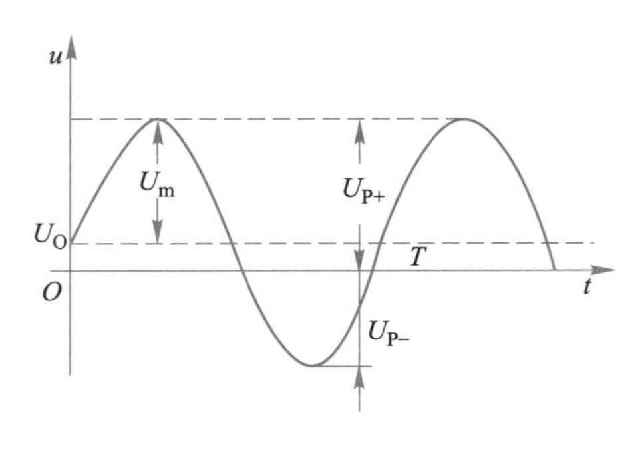


图 5-9 交变电压

**表 5-9 交变电压的基本参数**

<table>
<tr><th>基本参数</th><th>符号</th><th>定义</th><th>备注</th></tr>
<tr><td>峰值</td><td>$U_P$</td><td>周期性交变电压 $u(t)$ 在一个周期内偏离零电平的最大值</td><td rowspan="3">正、负峰值不等时，分别用 $U_{P+}$ 和 $U_{P-}$ 表示</td></tr>
<tr><td>振幅值</td><td>$U_m$</td><td>$u(t)$ 在一个周期内偏离直流分量 $U_0$ 的最大值</td></tr>
<tr><td>平均值</td><td>$\bar{U}$</td><td>在电子测量中，通常用全波检波后的波形的平均值来表征正弦信号的幅度特性</td></tr>
<tr><td>有效值</td><td>$U$ 或 $U_{rms}$</td><td>在电子测量中，交流电压 $u(t)$ 在一个周期内施加于一纯电阻负载上所产生的热量与一个直流电压在同样情况下产生的热量相等时，这个直流电压就是交流电压的有效值</td><td>正、负振幅值不等时，分别用 $U_{m+}$ 和 $U_{m-}$ 表示</td></tr>
</table>

**议一议**

交变电压的峰值与振幅值都是相同的吗？如不是，在什么情况下一样？举例说明。

为了表征同一信号的峰值、有效值及平均值的关系，引入波形因数和波峰因数，见表5-10。

**表 5-10 波形因数和波峰因数**

| 参数 | 符号 | 定义 | 公式 | 意义 | 关系 |
|---|---|---|---|---|---|
| 波形因数 | $K_F$ | 交流电压的有效值与平均值之比 | $K_F=\dfrac{U}{\bar{U}}$ | 反映波形的平滑程度，$K_F$ 越大，波形越平滑。<br>正弦波信号：$K_F=1.11$；<br>三角波信号：$K_F=\dfrac{2}{\sqrt{3}}$；<br>方波信号：$K_F=1$ | $K_PK_F=\dfrac{U_P}{\bar{U}}$ |

续表

| 参数 | 符号 | 定义 | 公式 | 意义 | 关系 |
|---|---|---|---|---|---|
| 波峰因数 | $K_P$ | 交流电压的峰值与有效值之比 | $K_P=\dfrac{U_P}{U}$ | 反映波形的脉动程度，$K_P$ 越大，波形脉动越大。<br>正弦波信号：$K_P=\sqrt{2}$；<br>三角波信号：$K_P=\sqrt{3}$；<br>方波信号：$K_P=1$ | $K_P K_F=\dfrac{U_P}{\overline{U}}$ |

练一练

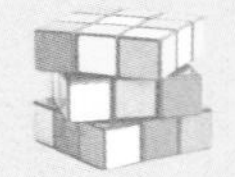

1. 波形因数、波峰因数的意义是什么？

2. 幅度为 10 V 的正弦波、方波和三角波的平均值分别为________、________和________。

3. 已知方波的波形因数为 1，波峰因数为 1，若其峰值为 10 V，则平均值为(　　)V。

A. 7.07　　B. 10　　C. 14.1　　D. 17.3

2. 电子电压表

电子电压表按内部检波方式可分为均值电压表、峰值电压表和有效值电压表。表 5-11 列出了它们的组成、工作原理及特点。

## 二、拓展练习

1. 查阅不同企业毫伏表的特点，指出现阶段的主流产品有哪些？

2. SX2172 型低频毫伏表是哪种检波方式的模拟电压表？

表 5-11　均值电压表、峰值电压表和有效值电压表比较

| | 均值电压表 | 峰值电压表 | 有效值电压表 |
| --- | --- | --- | --- |
| 组成框图 | $u_x$ 交流放大电路 检波电路 指示电路（直流微安表） | $u_x$ 检波电路 直流放大电路 指示电路（直流微安表） | 有分段逼近式、热电转换式和计算式三种有效值电压表 |
| 各部分的作用 | 可变量程分压器：改变加至后级放大器的电压量值，以提高电压表测量量程的上限；<br>宽带交流放大器：放大被测交流电压，保证电压表具有足够的测量灵敏度，使量程下限可达毫伏级；<br>检波器：将放大了的被测交流电压变换成直流信号，以驱动微安表头指示 | 检波器：将被测交流电压变换成直流信号；<br>直流放大器：放大检波后的直流电压，保证电压表有足够的测量灵敏度，使量程下限可达毫伏级 | 分压器：提高电压表测量量程上限<br>宽带放大器：保证电压表具有足够的灵敏度<br>检波器：输出的直流信号与输入交流信号有效值成正比 |
| 工作原理 | 对输入的被测信号先进行放大后再进行检波，最后推动微安表指示。检波器多采用平均值检波器 | 对输入的被测信号先进行放大后再进行检波，最后推动微安表指示，多采用平均值检波器 | |
| 特点 | 电路简单，使用方便，灵敏度高，性能稳定，波形失真小，但工作频率范围窄 | 工作频率范围宽，输入阻抗高，灵敏度较高，性能不够稳定，对波形失真敏感 | 电压表刻度总为被测电压的有效值，而与被测电压波形无关，但灵敏度不高 |
| 适用范围 | 适用测量低频、视频电压信号，即所谓低频毫伏表和视频毫伏表 | 适用测量高频电压信号，即所谓高频毫伏表和超高频毫伏表 | 适用于测量高、低频电压信号 |
| 存在问题 | 如果被测电压不是正弦波时，直接将电压表示值作为被测电压的有效值，必然产生一定的误差，称为波形误差 | | |
| | 若测量的是三角波、方波、则误差分别为-3.5%、10% | 若测量的是三角波、方波、则误差分别为 18%、-41% | |

# 项目 6

# 使用数字电子电压表测量低频功率放大器的参数

## 6.1　项目任务单

数字电压表(DVM)以其高准确度、高可靠性、高分辨力、高性价比等优良特性备受青睐，越来越得到普遍应用。

本项目任务单见表 6-1。

表 6-1　项目任务单

<table>
<tr><td>名称</td><td colspan="3">使用数字电子电压表测量低频功率放大器</td></tr>
<tr><td>内容</td><td colspan="3">(1) 识读 TC1911 型数字交流毫伏表的说明书<br>(2) 初步认识 TC1911 型数字交流毫伏表的面板<br>(3) 测量低频功率放大器的频率特性及输入灵敏度</td></tr>
<tr><td>要求</td><td colspan="3">(1) 了解 TC1911 型数字交流毫伏表的主要技术参数及组成框图<br>(2) 了解毫伏表的表头及刻度、输入端子和量程开关的作用<br>(3) 对低频毫伏表能正确地连线、拆线<br>(4) 能正确读数</td></tr>
<tr><td>技术资料</td><td colspan="3">(1) TC1911 型数字交流毫伏表使用说明书<br>(2) 放大器的输出功率计算<br>(3) 放大器的频率特性曲线</td></tr>
<tr><td>签名</td><td></td><td>备注</td><td></td></tr>
</table>

## 6.2 知识链接

### 一、数字电压表的分类

A/D 转换器是数字电压表的核心。根据 A/D 转换器的转换原理不同,数字电压表的分类见表 6-2。

表 6-2 数字电压表的分类

| | | |
|---|---|---|
| 数字电压表分类 | 比较型数字电压表 | 测量精确度高、速度快,但抗干扰能力差 |
| | 积分型数字电压表 | 测量精确度高、抗干扰能力强、成本低,但测量速度慢 |
| | 复合型数字电压表 | 具有以上两表的优点,适用于高精度测量 |

读一读

**A/D 转换器**

由于现实工作中的实际对象往往都是一些模拟量(如温度、压力、位移、图像等),要使计算机或数字仪表能识别,处理这些信号,必须首先将这些模拟信号转换成数字信号,而后经计算、分析、执行。将模拟信号转换成数字信号的电路,就是模数转换器(简称 A/D 转换器或 ADC)。

### 二、数字电子电压表的主要技术指标

1. 测量范围

(1) 量程

指电压表所能测量的最小和最大电压范围。基本量程不经过放大和衰减,因此测量误差很小。

(2) 位数

表示数字电压表精密程度的参数。

(3) 超量程能力

指数字电压表所能测量的最大电压超过量程值的能力。

2. 分辨力

指数字电压表显示输入电压最小变化值的能力。例如,$3\frac{1}{2}$位数字电压表在 2 V 挡时的分辨力为:1.999 V 的最后一个 9 处于 $10^{-3}$ V 位,故分辨力为 $10^{-3}$ V = 1.0 mV。

3. 测量误差

固有误差是指在基准条件下的误差，常用公式为：

$$\Delta U_x = \pm(\alpha\% U_x + \beta\% U_m)$$

式中：$U_x$——被测电压读数；$U_m$——该量程的满度值；$\alpha$——误差的相对项系数；$\alpha\% U_x$——读数误差，随被测电压变化；$\beta$——误差的固定项系数；$\beta\% U_m$——满度误差，对于给定的量程，$\beta\% U_m$是不变的。满度误差的$\pm n$个字表示，在某量程上末位跳$n$个单位时的电压值恰好等于$\beta\% U_m$。

4. 抗干扰特性

5. 测量速率

积分型数字电压表测量速率低，而比较型数字电压表测量速率快。一般规律是测量速率越高的仪表，测量误差也越大。

## 三、TC1911 型数字交流毫伏表

如图 6-1 所示，TC1911 型数字交流毫伏表主要用于测量频率范围为 10 Hz~2 MHz，电压为 100 μV~400 V 的正弦交流电压的有效值。该仪器具有噪声低，线性刻度，测量精度高，测量电压频率范围宽，以及输入阻抗高等优点。同时仪器使用方便，换量程不用调零，4 位数显，显示清晰度高，且具有输入端保护功能和超量程报警功能。

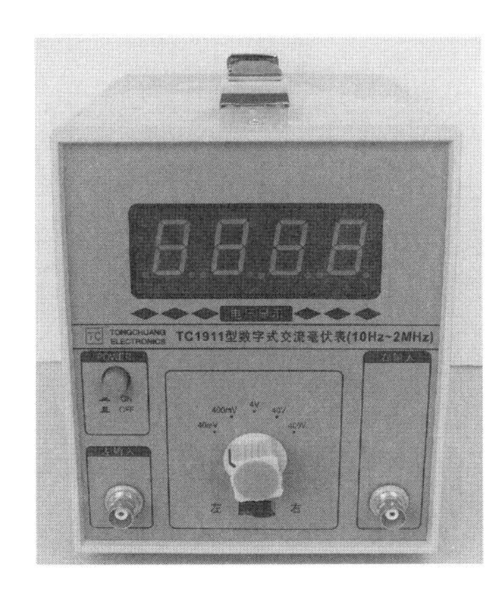

图 6-1　TC1911 型数字交流毫伏表

1. 组成

TC1911 型数字交流毫伏表由输入衰减器、放大器、表电路及数字显示电路组成，如图 6-2 所示。

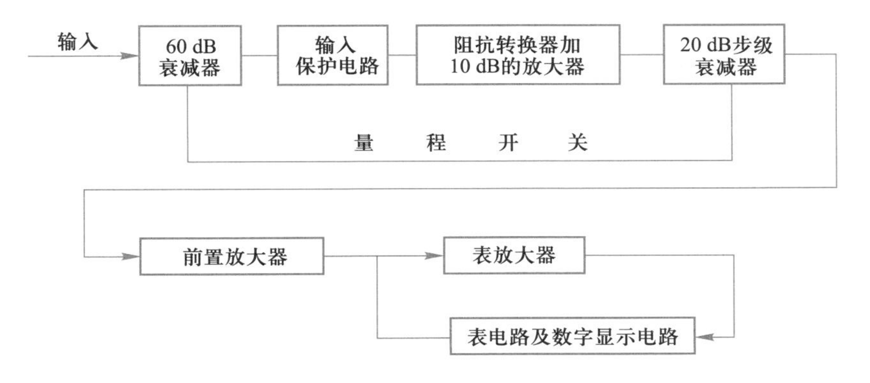


图 6-2　TC1911 型数字交流毫伏表组成框图

2. 技术指标

交流电压测量范围：100 μV~400 V，分五个量程（40 mV、400 mV、4 V、40 V、400 V）。

测量电压的频率范围：10 Hz~2 MHz。

电压的固有误差：±0.5%；读数：±6 个字（1 kHz 为基准）。

输入电阻:1 MΩ±10%。

输入电容:40～400 mV,≤45 pF;4～400 V,≤30 pF。

最高分辨力:10 μV。

3. 面板

仪器面板的部件功能见表 6-3。

表 6-3 面板的部件功能

| 序号 | 部件 | 图示 | 说明 |
| --- | --- | --- | --- |
| 1 | LED 显示 | | 4 位 LED 数字显示,自动切换小数点 |
| 2 | 电压量程开关 | | 量程为 100 μV～400 V,共分 5 个挡位。5 个挡位为:40 mV、400 mV、4 V、40 V、400 V |
| 3 | 被测电压输入端 | | 接信号输入电缆,红色鳄鱼夹接电缆芯线,黑色鳄鱼夹接电缆地线 |
| 4 | 电源开关 | | 打开毫伏表电源,毫伏表工作 |

## 6.3 项目实施

### 一、操作规范

① 当电源开关置于“ON”时,仪表大约有 5 s 不规则的数字跳动,这是开机的正常现象,不表明它有故障。

② 大约 5 s 后仪器将稳定,输入短路有大约 15 个字以下的噪声,这不影响测试的精确度,可以开始使用。

③ 数字仪表输入阻抗很高,容易受到各类干扰。

### 二、实训器材及仪器

实训器材及仪器见表 6-4。

表 6-4　实训器材及仪器

| 序号 | 仪器器材 | 实物图样 | 数量 | 序号 | 仪器器材 | 实物图样 | 数量 |
|---|---|---|---|---|---|---|---|
| 1 | 低频毫伏表 | TC1911 型 | 1 台 | 4 | 万用表 | MF47 型 | 1 个 |
| 2 | 直流稳压电源 | YB1731A2A 型 | 1 台 | 5 | 负载电阻 | 8.2Ω/5W | 1 个 |
| 3 | 函数信号发生器 | EE1641B 型 | 1 台 | 6 | OTL 功放板 |  | 1 块 |

做一做

准确清点和检查全套实训仪器的数量和质量,进行元器件的识别与检测。发现仪器、元器件缺少、损坏,立即向指导教师汇报。

## 三、实施步骤

### 1. 测放大器频率响应曲线

测试线路如图 6-3 所示,实物连接如图 6-4 所示。可用 8.2 Ω/5 W 电阻(假负载)代替扬

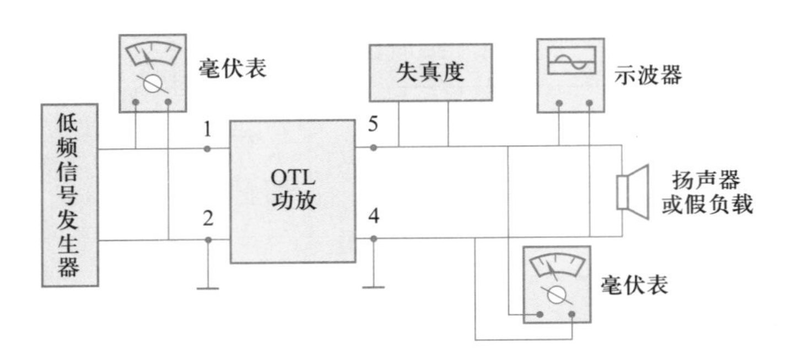


图 6-3 测试线路

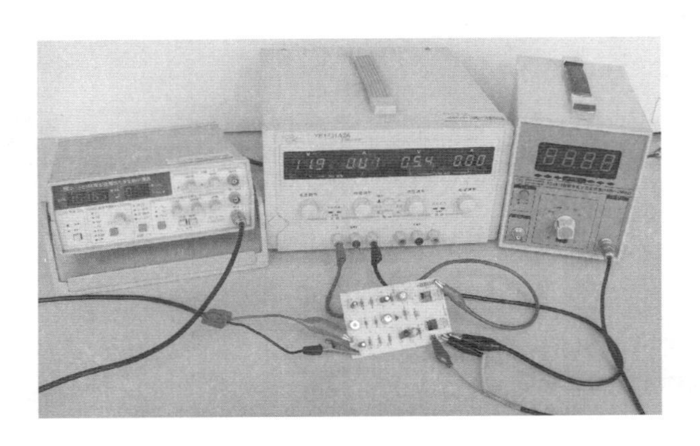

图 6-4 实物连接

声器(因为扬声器是感性负载,会影响测量准确性,同时也是为了保护扬声器)。

(1) 连接电路

将信号源的输出电缆的红、黑端分别与 OTL 功放板的输入端正、负极相连,电子电压表的红、黑输入端分别与 OTL 功放板的输出端正、负极相连。

(2) 预热仪器

打开稳压电源、函数信号源、电子电压表的电源,预热几分钟。调节电源电压为 18V,调节函数信号发生器,输出 1 kHz、150 mV 的正弦波音频信号,电子电压表置于 3 V 挡位。

(3) 测量数据

在函数信号发生器输出 1 kHz、150 mV 的正弦波音频信号时,读出电子电压表的读数,记录在表 6-5 中。

保持输入电压不变(150 mV),按表 6-5 中的要求,改变函数信号发生器输出信号频率,分别测出此时的输出电压值,记录在表 6-5 中。

(4) 分析结果

根据测量数据,计算出电压放大倍数。在坐标纸上画出频率响应曲线,分析测量结果。

读一读

**假　负　载**

替代终端在某一电路(如放大器)或电器输出端口,接收电功率的元器件、部件或装置称为假负载。对假负载最基本的要求是阻抗匹配和能承受输出功率。假负载可以分为阻性负载、感性负载和容性负载等。

在本项目的测试中,假负载实际上是模拟扬声器特性的纯电阻,阻抗是 8.2 Ω,接近扬声器的阻抗,额定功率是 5 W,超过了电路输出的最大功率。

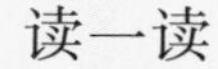

读一读

**放大器的频率响应**

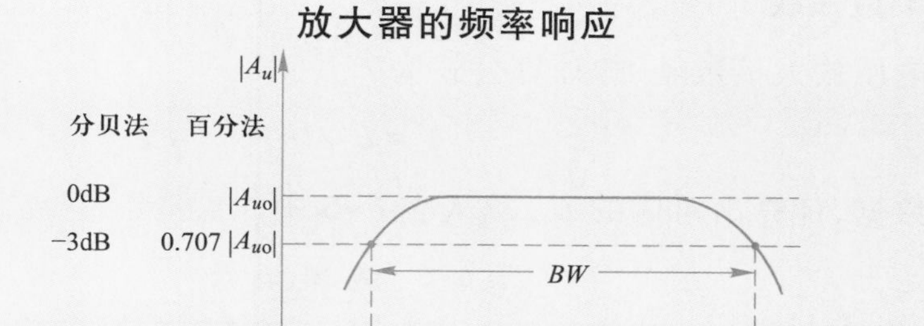


图 6-5　放大器的频率响应曲线

实际的放大器对不同频率的信号具有不同的放大倍数,它对高频段、中频段、低频段的信号不能“一视同仁”地放大。一般对中频段信号放大倍数大,对低频段、高频段信号的放大倍数小。

放大器的放大倍数是信号频率的函数,这个函数关系即为频率响应。这个函数的图像可用频率响应曲线来表示,如图 6-5 所示。

功率放大器的频率响应曲线越平坦,音质越好。

2. 测放大器灵敏度

保持电路连接不变,调节函数信号发生器输出正弦波信号,频率为 1 kHz,使其幅度从 10 mV逐渐增大。当放大器的输出电压为 2 V(有效值)时,此时放大器的输出功率达到额定值(假定的),再用毫伏表测出输入信号的大小即为输入灵敏度。

读一读

**功率放大器的灵敏度**

当功放输入的信号电压达到某个电压值时(如 0.775 V),功放输出功率达到额定输出功率值,那么此时的输入信号的电压值(如 0.775 V)就是此功放的输入灵敏度电压值。灵敏度越高,只需要输入比较小的信号就可以达到比较大的输出功率。对于高灵敏度(数值小)功放,功放电压放大倍数高,对前级设备的驱动能力要求较低,但信噪比相对低,失真相对大一些。

## 四、数据记录与分析

1. 测频率响应曲线

放大器的电压放大倍数 $A_u$ 的计算公式为

$$A_u = U_o / U_i$$

根据表中数据,计算出对应的 $A_u$,填入表 6-5 中。

表 6-5 数据记录

| $f$/Hz | 20 | 40 | 60 | 80 | 100 | 130 | 160 | 200 | 400 | 600 | 800 |
|---|---|---|---|---|---|---|---|---|---|---|---|
| $U_o$/V | | | | | | | | | | | |
| $A_u$ | | | | | | | | | | | |
| $f$/Hz | 1000 | 1300 | 1600 | 2000 | 4000 | 6000 | 8000 | 10000 | 13000 | 16000 | 20000 |
| $U_o$/V | | | | | | | | | | | |
| $A_u$ | | | | | | | | | | | |

根据表格中数据,在坐标纸上画出放大器的频率响应曲线。

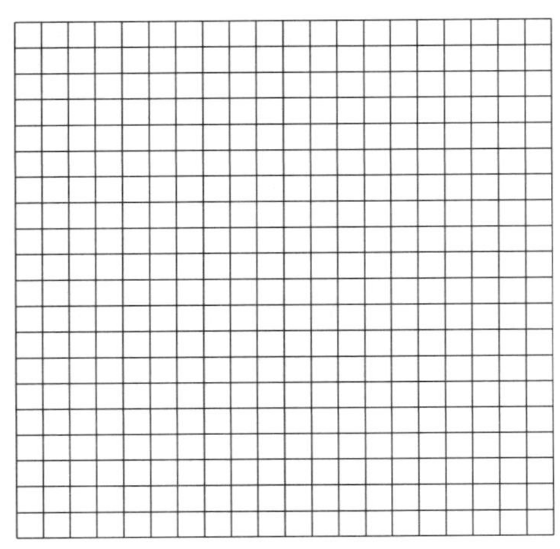

结论参考：频率响应曲线是一个中间频率时，放大倍数大；低频、高频时，放大倍数小的曲线。

2. 测放大器灵敏度

输入电压 $U_i$ =________ V，信号频率 $f$=________ Hz，电压放大倍数 $A_u$ =________。

结论参考：小信号放大器的灵敏度较高，一般为几毫伏至几十毫伏；功率放大器的灵敏度较低，一般为几百毫伏。

议一议

为什么功率放大器的电压放大倍数比较小？

## 6.4　项目评价与反馈

项目 6 的评价与反馈见表 6-6。

表 6-6　评价与反馈

| 项目 | | 配分 | 评分标准 | 自评 | 组评 | 师评 |
|---|---|---|---|---|---|---|
| 1 | 识读 TC1911 型数字交流毫伏表的说明书 | 10 分 | （1）不能指出毫伏表的特点，扣 3 分<br>（2）不能说明毫伏表框图，扣 3 分<br>（3）不能说出毫伏表三个主要指标，扣 4 分 | | | |
| 2 | 初步认识 TC1911 型数字交流毫伏表的面板 | 10 分 | （1）不认识毫伏表面板部件，扣 5 分<br>（2）不能说明毫伏表面板部件功能，扣 5 分 | | | |
| 3 | 能调节面板主要的开关旋钮 | 10 分 | （1）不能选择左右挡位，扣 5 分<br>（2）不能根据实际需要选择量程，扣 5 分 | | | |
| 4 | 能理解毫伏表使用及维护方法 | 15 分 | （1）测量完毕时，量程开关不在最大电压挡，扣 10 分<br>（2）接线、拆线顺序不正确，扣 10 分 | | | |
| 5 | 能正确进行读数 | 15 分 | （1）读数不能估计有效数值，扣 10 分<br>（2）未等数字稳定就读数，扣 5 分 | | | |

续表

| 项目 | | 配分 | 评分标准 | 自评 | 组评 | 师评 |
|---|---|---|---|---|---|---|
| 6 | 测频率响应曲线 | 15 分 | (1) 不能正确连线,扣 5 分<br>(2) 不能正确读数,扣 5 分<br>(3) 不能正确分析实训结果,扣 5 分 | | | |
| 7 | 测放大器灵敏度 | 15 分 | (1) 不能正确连线,扣 5 分<br>(2) 不能正确读数,扣 5 分<br>(3) 不能正确分析实训结果,扣 5 分 | | | |
| 8 | 安全文明生产 | 10 分 | 违反安全文明生产规程,扣 5~10 分 | | | |
| 签名 | | 得分 | | | | |

## 6.5 项目小结

仪表数字化是电子测量的发展趋势。本项目介绍了 TC1911 型数字式交流毫伏表的技术指标、结构组成、使用方法以及注意事项。通过测试放大器的频率响应曲线和灵敏度,进一步巩固了 TC1911 型数字式交流毫伏表的使用方法。

## 6.6 项目拓展

### 一、拓展链接

**数字电压表的超量程能力**

数字电压表能够显示 0~9 这 10 个数码的位称为完整位。能显示 0~1 这两个数码的位称为$\frac{1}{2}$位,能显示 0~5 这 6 个数码的位称为$\frac{3}{4}$位。表 6-7 列出了几种表及其显示的位数。

表 6-7 数字电压表的位数

| 举例 | 最大显示数字 | 位数 |
|---|---|---|
| 4 位表 | 9 999 | 4 |

续表

| 举例 | 最大显示数字 | 位数 |
| --- | --- | --- |
| $4\frac{1}{2}$位表 | 19 999 | $4\frac{1}{2}$ |
| $4\frac{3}{4}$位表 | 59 999 | $4\frac{3}{4}$ |

各种类型表超量程能力总结见表 6-8 所示。

表 6-8　数字电压表的超量程能力

| 数字电压表 | | 超量程能力 | 超量程百分比 | 举例 |
| --- | --- | --- | --- | --- |
| 完全位 | | 无 | 0 | 4 位表 |
| 带$\frac{1}{2}$位 | 按 2 V、20 V、200 V 分挡 | 无 | 0 | $4\frac{1}{2}$位表(按 2 V、20 V、200 V 分挡) |
| | 按 1 V、10 V、100 V 分挡 | 有 | 100% | $4\frac{1}{2}$位表(按 1 V、10 V、100 V 分挡) |
| 带$\frac{3}{4}$位 | 按 5 V、50 V、500 V 分挡 | 有 | 20% | $4\frac{3}{4}$位表(按 5 V、50 V、500 V 分挡) |

练一练

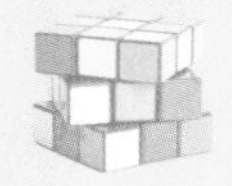

1. 最大显示位数是 1999 的数字电压表是几位数字电压表?
2. $5\frac{1}{2}$位的数字电压表的 200 V 挡的分辨力为多少?
3. 对于 $4\frac{1}{2}$位数字电压表,能显示的最大位数为(　　)。

A. 99999　　B. 1999　　C. 9999　　D. 19999

## 二、拓展练习

1. 数字电压表中 A/D 转换器有几种?是如何工作的?
2. 模拟万用表和数字万用表都有红、黑表笔,在使用时须注意什么?

# 项目 7

# 使用数字万用表测量电压等参量

## 7.1 项目任务单

数字万用表不仅能测量直流电压、交流电压、交直流电流、电阻,还能测量信号频率、电容器容量及电路的通断,在电子技术中得到广泛的应用。

本项目任务单见表 7-1。

表 7-1 项目任务单

| 名称 | 使用数字万用表测量电压等参量 | | |
|---|---|---|---|
| 内容 | (1) 识读 MY-65 型数字万用表的说明书<br>(2) 初步认识 MY-65 型数字万用表的面板<br>(3) 用万用表测量:直流电压、电流;交流电压、电流;电阻器,电容器,二极管,三极管等 | | |
| 要求 | (1) 了解 MY-65 型数字万用表的主要技术参数<br>(2) 了解数字万用表的表盘、电源开关、输入端子和量程开关的作用<br>(3) 能正确连接被测元器件及电路<br>(4) 能正确对测量数据读数<br>(5) 操作结束,能按要求整理工作台 | | |
| 技术资料 | (1) MY-65 型数字万用表使用说明书<br>(2) 稳压电源的使用说明书 | | |
| 签名 | | 备注 | |

## 7.2 知识链接

### 一、数字万用表的特点

数字万用表准确度高、数字显示、读数迅速准确、分辨力高、输入阻抗高、能自动调零、自动转换量程、自动转换和显示极性。且体积小，可靠性高，测量功能齐全，操作简便，有比较完善的保护电路，过载能力强。但它不能反映被测量连续变化的过程和趋势，价格偏高，适用于低频电路，目前还不能完全取代模拟万用表。

练一练

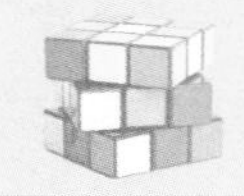

万用表根据所应用的测量原理和测量结果显示方式可分为哪两大类？

### 二、MY-65 型数字万用表

MY-65 型数字万用表整机电路设计以大规模集成电路、A/D 转换器为核心，并配以全功能的过载保护，可以测量直流电压和电流、交流电压和电流、电阻、电容、二极管正向压降、晶体管 $h_{FE}$参数及电路通断等。它是 $4\frac{1}{2}$位表，可显示十进制数、小数和极性，其最大显示值为 19999。当显示器在左边显示“1”，表示超出测量范围，可重新选择量程，如图 7-1 所示。

图 7-1 MY-65 型数字万用表

1. 组成

由 LCD 显示屏、电源开关、挡位开关和表笔插孔等组成。

2. 技术指标

(1) 特色：自动关机，带蜂鸣器通断测试。

（2）显示器:30 mm×60 mm LCD,最大显示值为 19999。

（3）量程:MY-65 型数字万用表的测量项目、量程及误差见表 7-2。

表 7-2 MY-65 型数字万用表的测量项目、量程及误差

| 序号 | 测量项目 | 量程范围及误差 |
| --- | --- | --- |
| 1 | 直流电压 | 200 mV±0.05%,2 V/20 V/200 V±0.1%,1000 V±0.15% |
| 2 | 交流电压 | 2 V±0.5%,20 V/200 V±0.6%,700 V±0.8% |
| 3 | 直流电流 | 2 mA/20 mA±0.5%,200 mA/2 A±0.8%,20 A±2.0% |
| 4 | 交流电流 | 2 mA/20 mA±0.8%,200 mA/2 A±1.2%,20 A±2.5% |
| 5 | 电阻 | 200 Ω±0.5%,2 kΩ/20 kΩ/200 kΩ/2 MΩ±0.3%,20 MΩ±0.5%,200 MΩ±5.0% |
| 6 | 电容 | 2000 pF/20 nF/200 nF/2 μF/20 μF±4.0% |
| 7 | 频率测试 | 20 kHz±1.5% |
| 8 | 二极管测试 | 正向直流电流约为 1 mA,反向直流电压约为 2.8 V |
| 9 | 三极管 $h_{FE}$测试 | 1~1000 |
| 10 | 电源 | 6F22(9 V) 1 块 |

3. 面板

仪器面板的部件功能见表 7-3。

表 7-3 面板的部件功能

| 序号 | 部件 | 图示 | 说明 |
| --- | --- | --- | --- |
| 1 | LCD 显示 | 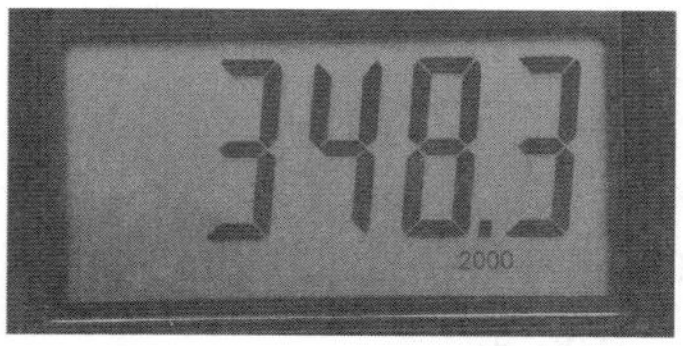  | 4 位 LED 数字显示,自动切换小数点 |
| 2 | 电源开关 | 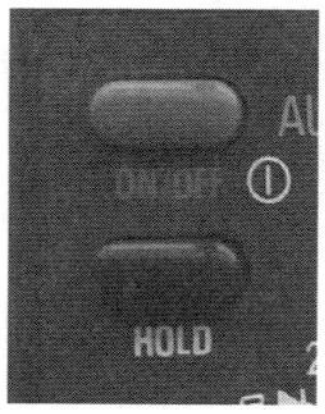  | 接通电源开关,万用表工作 |
| 3 | 三极管插孔 |   | 三极管放大系数 $h_{FE}(\beta)$ 测量的插孔<br>$h_{FE}$:0~1000 |

续表

| 序号 | 部件 | 图示 | 说明 |
|---|---|---|---|
| 4 | 挡位开关 |  | 可以测量交、直流电压，交、直流电流，电阻，电容，频率，二极管，三极管 $h_{FE}$ |
| 5 | 表笔插孔 |  | 测量输入插孔。黑表笔始终插在“COM”插孔，红表笔一般插在万用表的“V/Ω”插孔（若测量电流，需插在 mA、10 A 孔）。另外，还有一个电容器测量插孔“$C_x$” |

## 7.3　项目实施

### 一、操作规范

数字万用表在电阻挡，检测二极管和检查线路通、断时，红表笔接“VΩ”插孔，带正电，黑表笔接“COM”插孔，带负电，这与模拟万用表正好相反。

① 表笔测试插孔的选择要与所测的参数相对应。

② 每次测量时，应确认量程是否正确。

③ 测试结束后，立即将电源开关断开。

④ 当显示屏上显示电池符号时，需要及时更换电池，否则影响测量结果。

⑤ 数字万用表的交流电压挡只能直接测量低频正弦波信号电压。

### 二、实训器材及仪器

实训器材及仪器见表 7-4。

做一做

准确清点和检查全套实训仪器的数量和质量，进行元器件的识别与检测。发现仪器、元器件缺少、损坏，立即向指导教师汇报。

表 7-4 实训器材及仪器

| 序号 | 仪器器材 | 实物图样 | 数量 | 序号 | 仪器器材 | 实物图样 | 数量 |
| --- | --- | --- | --- | --- | --- | --- | --- |
| 1 | 数字万用表 | MY-65 型 | 1 个 | 5 | 电容器 | 0.01 μF/100 V,1 μF/25 V,100 μF/25 V | 1 个 |
| 2 | 直流稳压电源 | YB1731A2A 型 | 1 台 | 6 | 二极管 | 2AP9,1N4148 | 各1个 |
| 3 | 变压器 | 220 V/12 V | 1 个 | 7 | 三极管 | 9011,9012 | 各1个 |
| 4 | 电阻器 | 5.1 kΩ,10 kΩ,2 MΩ | 各1个 | 8 | 电池 | 9 V | 1 节 |

## 三、实施步骤

MY-65 型数字万用表测量电压、电流、电阻、电容、二极管、三极管的步骤见表 7-5。

表7-5 测量步骤

| 序号 | 测量项目 | 连接图 | 操作步骤 |
| --- | --- | --- | --- |
| 1 | 测量直流电压 | 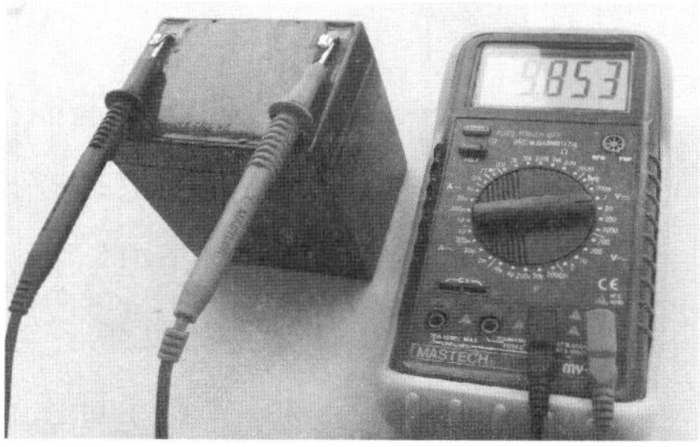  | (1) 将红表笔插在万用表“V/Ω”插孔,黑表笔插在万用表的“COM”插孔<br>(2) 选择在直流电压挡,选择适当量程<br>(3) 将红、黑表笔分别接电池两端<br>(4) 从显示屏上读出电压值;如首位前出现“-”,则表明测量的电压相对于表笔是负的 |
| 2 | 测量交流电压 |   | (1) 将红表笔插在万用表“V/Ω”插孔,黑表笔插在万用表的“COM”插孔<br>(2) 选择交流电压挡,选择适当量程<br>(3) 将红、黑表笔分别插入市电插座相线、中性线<br>(4) 从显示屏上读出电压值 |
| 3 | 测量直流电流 |   | (1) 将红表笔插在万用表“10 A”插孔,黑表笔插在万用表的“COM”插孔<br>(2) 选择在直流电流挡,选择适当量程<br>(3) 将红、黑表笔串接在电路中<br>(4) 从显示屏上读出电流值;如首位前出现“-”,则测量的电流相对于表笔是负的 |

续表

| 序号 | 测量项目 | 连接图 | 操作步骤 |
| --- | --- | --- | --- |
| 4 | 测量<br>电阻器 | 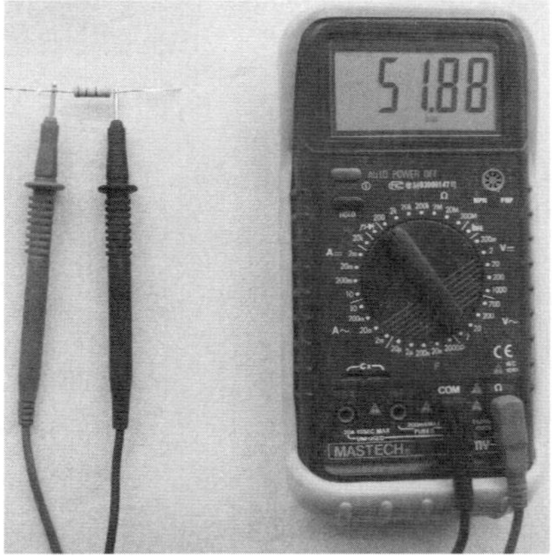 | (1) 将红表笔插在万用表“VΩ”插孔，黑表笔插在万用表的“COM”插孔<br>(2) 选择电阻挡，选择适当量程<br>(3) 将红、黑表笔分别接电阻器两端<br>(4) 从显示屏上读出电阻值 |
| 5 | 测量<br>电容器 |  | (1) 将红表笔、黑表笔断开<br>(2) 选择“F”挡，选择适当量程<br>(3) 将电容器的正负极短路放电<br>(4) 把电容器插入“$C_x$”测试孔<br>(5) 从显示屏上读出电容值 |
| 6 | 测量<br>二极管 | 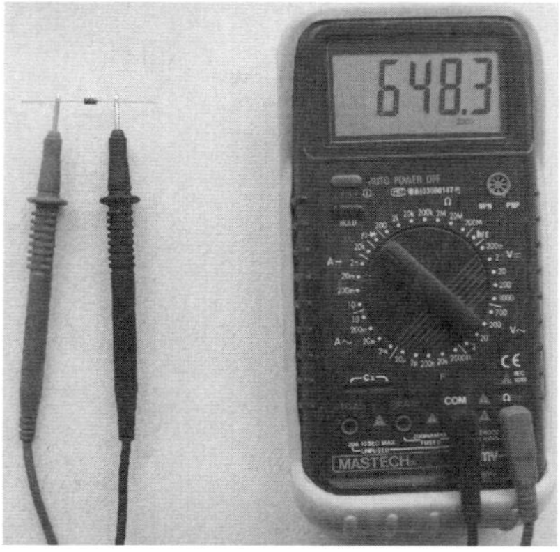 | (1) 将红表笔插在万用表“VΩ”插孔，黑表笔插在万用表的“COM”插孔<br>(2) 量程选择在“♫—▷|—”挡<br>(3) 将红、黑表笔分别接二极管两端<br>(4) 从显示屏上读出二极管的导通压降 |

续表

| 序号 | 测量项目 | 连接图 | 操作步骤 |
| --- | --- | --- | --- |
| 7 | 测量三极管 |  | (1) 将红表笔、黑表笔断开<br>(2) 选择“$h_{FE}$”挡,选择适当量程<br>(3) 把三极管插入“NPN/PNP”测试孔<br>(4) 从显示屏上读出三极管的 $\beta$ 值 |

## 四、数据记录与分析

1. 电压、电流的测量

将电压、电流的测量数据填入表 7-6。

表 7-6　电压、电流的测量数据

| 测量项目 | 量程选择 | 测量值 | 备注 |
| --- | --- | --- | --- |
| 直流电压 |  |  |  |
| 交流电压 |  |  |  |
| 直流电流 |  |  |  |

结论参考:蓄电池的电压约为 12 V;市电电压值约为 220 V;直流电流值约为 100 mA。

练一练

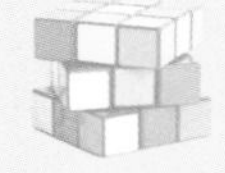

1. 使用数字万用表测量直流电压时,若表笔极性接反,对仪表有哪些影响?为什么?

2. 用数字万用表的 200 V 量程挡测量 3.6 V 的手机电池是否合适?应采用哪一个量程挡来测量较合适?

2. 电阻的测量

先根据电阻的色标,读出标称值和偏差,填入表 7-7 中。再用万用表进行测量,把测量的结果填入表 7-7 中。

表 7-7 数据记录

| 电阻器 | 色码 | 标称值 | 偏差 | 量程选择 | 电阻中心值 | 测量值 | 备注 |
|---|---|---|---|---|---|---|---|
| 1 | | | | | | | |
| 2 | | | | | | | |
| 3 | | | | | | | |

结论参考：三个电阻器的标称值分别为 5.1 kΩ，10 kΩ，2 MΩ。

练一练

1. 用 $3\frac{1}{2}$位数字万用表测量一个 10 kΩ 的电阻，挡位为 2k，结果表上显示值为“1”，表示出现了什么情况？

2. 数字万用表量程开关转至标有二极管符号的位置，测量二极管，当显示电压值为 0.7 V 时，其半导体材料及二极管的极性分别为（　　）。

A. 硅材料，红表笔接正极　　B. 硅材料，黑表笔接正极

C. 锗材料，红表笔接正极　　D. 锗材料，黑表笔接正极

3. 电容器的测量

先根据电容器的标注，读出标称值和耐压值，填入表 7-8 中。再用万用表进行容量测量，把测量好的结果填入表 7-8 中。

表 7-8 数据记录

| 电容器 | 标称值 | 耐压值 | 量程选择 | 测量值 | 备注 |
|---|---|---|---|---|---|
| 1 | | | | | |
| 2 | | | | | |
| 3 | | | | | |

结论参考：三个电容器的标称值分别为 0.01 μF/100 V，1 μF/25 V，100 μF/25 V。

4. 二极管的测量

先用万用表判别二极管的正、负极，再测量二极管的正、反向电阻，判别质量好坏，填入表 7-9中。

表 7-9 数据记录

| 二极管编号 | 外形 | 正、反向电阻 | | 质量好坏 | | 导通压降 |
|---|---|---|---|---|---|---|
| | | 正向 | 反向 | 好 | 坏 | |
| 1 | | | | | | |
| 2 | | | | | | |

结论参考：两个二极管分别为锗管（2AP9）和硅管（1N4148）。锗管 2AP9 的正向电阻为几十千欧，导通压降为 200～300 mV；硅管 1N4148 的正向电阻为十几千欧，导通压降为 600～700 mV。

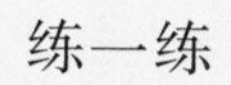
练一练

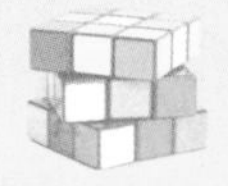

数字万用表测量二极管正向电阻时，应________表笔接二极管的正极，________表笔接二极管的负极。

5. 三极管的测量

先判别三极管的基极，再用万用表测量三极管的集电极、发射极，同时判别其极性，最后测量其 $\beta$ 值，填入表 7-10 中。

表 7-10　数据记录

| 三极管编号 | 外形及各引脚图 | $\beta$ 值 |
| --- | --- | --- |
| 1 | | |
| 2 | | |

结论参考：两种三极管分别为 NPN 型（9011）和 PNP 型（9012），它们的基极都是中间的引脚，一般 $\beta$ 值为几十～300。

## 7.4　项目评价与反馈

项目 7 的评价与反馈见表 7-11。

表 7-11　评价与反馈

| 项目 | | 配分 | 评分标准 | 自评 | 组评 | 师评 |
| --- | --- | --- | --- | --- | --- | --- |
| 1 | 电压、电流的测量 | 20 分 | （1）挡位正确，选错一次扣 5 分<br>（2）量程合理，偏大、偏小扣 5 分<br>（3）读数准确，误差大扣 5 分 | | | |
| 2 | 电阻的测量 | 15 分 | （1）色标判别正确，不会扣 5 分<br>（2）电阻挡位适中，不合适扣 5 分<br>（3）读数准确，误差大扣 5 分 | | | |

续表

| 项目 | | 配分 | 评分标准 | 自评 | 组评 | 师评 |
|---|---|---|---|---|---|---|
| 3 | 电容器的测量 | 15 分 | (1) 测量前没有放电,扣 5 分<br>(2) 挡位适中,不合适扣 5 分<br>(3) 读数准确,误差大扣 5 分 | | | |
| 4 | 二极管的测量 | 20 分 | (1) 正、负极判别正确,不会扣 5 分<br>(2) 正反向电阻测量准确,不准确扣 5 分<br>(3) 不能根据正反阻值判别好坏扣 10 分 | | | |
| 5 | 三极管的测量 | 20 分 | (1) 不能判别基极,扣 5 分<br>(2) 正确判别管型,不会扣 5 分<br>(3) 正确判别各引脚,不会扣 5 分<br>(4) 正确测量 $\beta$ 值,不会扣 5 分 | | | |
| 6 | 安全文明生产 | 10 分 | 违反安全文明生产规程扣 5~10 分 | | | |
| 签名 | | 得分 | | | | |

## 7.5 项目小结

本项目主要介绍了数字万用表的组成和工作原理。以 MY-65 型万用表为例,通过实训,掌握了数字万用表测量直流电压和电流、交流电压和电流、电阻器、电容器、二极管、三极管等的方法。

## 7.6 项目拓展

### 一、拓展链接

数字万用表的组成

典型的数字万用表的组成框图如图 7-2 所示。

数字万用表由信号调节器、A/D 转换器、逻辑控制器、计数器、显示电路、电源和其他电路组成,见表 7-12。

表 7-12　数字万用表的组成及作用

| 组成 | 作用 |
| --- | --- |
| 信号调节器 | 将交流电压(或电流)、电阻、电容、信号频率和直流电流转换成直流电压,同时与外接被测直流电压一起送入分压器进行衰减,成为合适大小的电压 |
| A/D 转换器 | 将信号调节器送来的直流电压转换成数字量 |
| 计数器、显示电路 | 对 A/D 转换器送来的数字量进行计数、寄存、译码,并驱动显示元器件将测量结果的数字、极性符号和单位字型显示出来 |
| 逻辑控制电路 | 产生 *CP* 脉冲,并送出整机协调工作的各种控制信号 |
| 电源 | 提供整机用电 |
| 其他电路 | 各种型号数字万用表的特色电路,如蜂鸣器可判断电路的通断 |

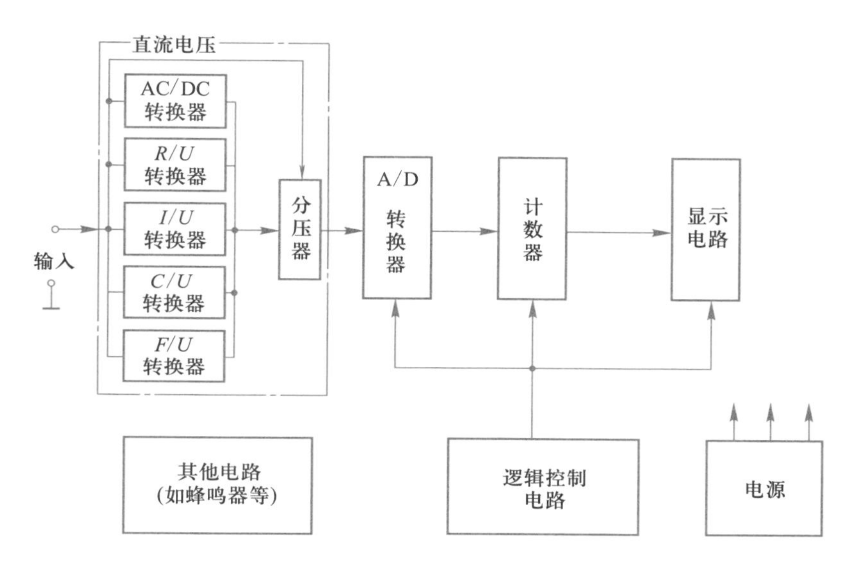


图 7-2　数字万用表的组成框图

## 二、拓展练习

① 上网查阅有关资料,学习使用数字万用表测量 LED 的方法。

② 上网查阅有关资料,学习使用数字万用表测量光电耦合器的方法。

# 模块 4　时域及时间测量

## 情境导入

东山小学开展科技活动，组织同学组装趣味电子琴。同学们很快焊接好，但 7 个琴键的音准很难调整。东山小学的李老师向我校求援，电子技术兴趣小组小王同学接待了李老师。小王同学在老师的指导下，用示波器、电子计数器校准了趣味电子琴。本模块介绍两个很重要的仪器——示波器和电子计数器。

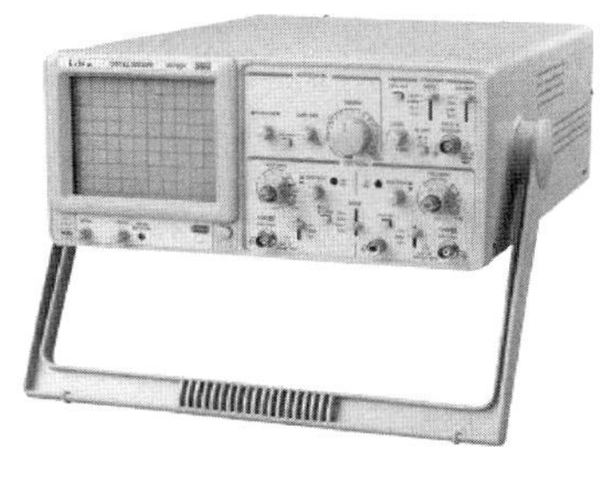

(a) 示波器

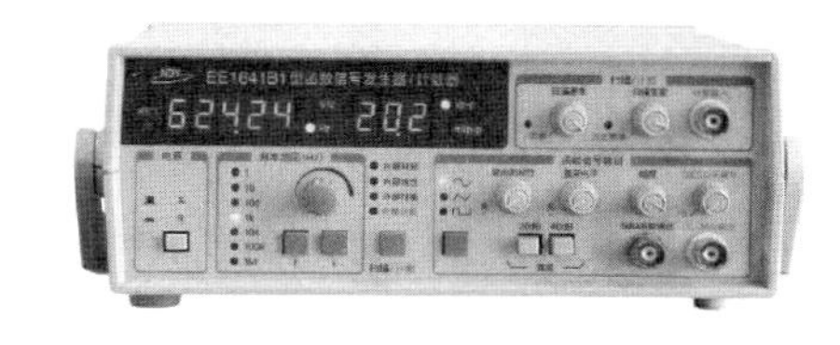

(b) 电子计数器

仪器设备

## 知识目标

➢ 了解电子示波器的特点和分类。
➢ 理解电子示波器的波形显示原理；了解示波器的基本组成框图。
➢ 掌握电子示波器的使用要点。
➢ 了解电子计数器的特点和分类。
➢ 了解电子计数器的基本组成框图；了解电子计数器的基本工作原理。
➢ 掌握电子计数器测量频率、周期、时间及自校的工作原理。

## 技能目标

- 会识读模拟、数字示波器的说明书；能认识示波器的面板。
- 能使用示波器进行电压、周期（频率）、脉冲宽度、正弦波、相位差等的测量。
- 会选用通用示波器。
- 会识读电子计数器的说明书；能认识电子计数器的面板。
- 能使用电子计数器测量频率、周期、时间等。

# 项目 8

# 使用示波器测试信号的基本参数

## 8.1 项目任务单

测量随时间变化的信号的特性称为时域测量，这时被测信号是一个时间函数。最典型的时域信号是正弦信号，如图 8-1 所示。对于正弦信号，要掌握其幅值、周期（频率）及相位等参数。示波器就是一种能显示时域信号，并对其参数进行测量的重要仪器。

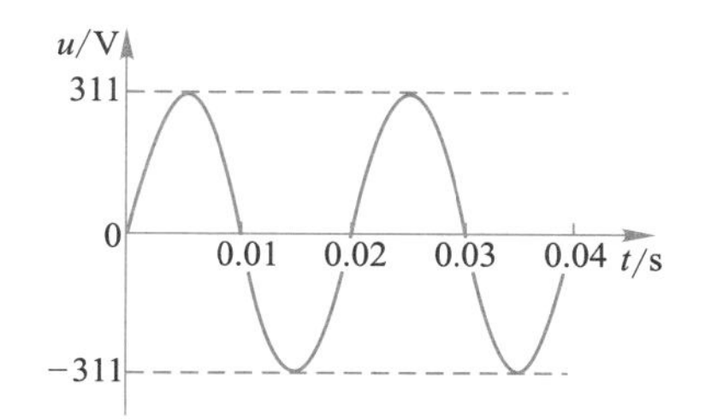


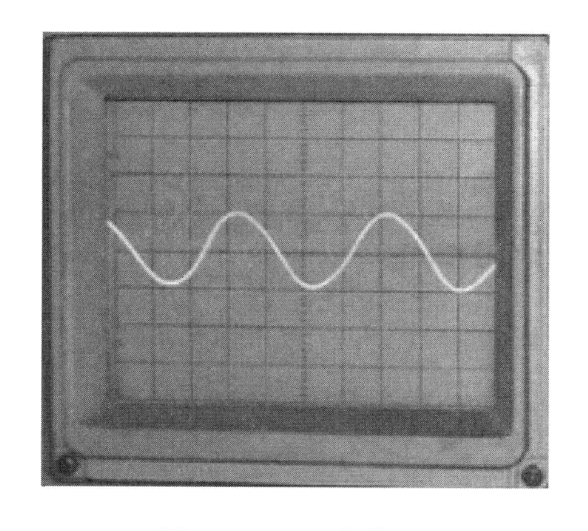

图 8-1　正弦信号

本项目任务单见表 8-1。

表 8-1 项目任务单

<table>
<tr><td>名称</td><td colspan="3">使用示波器测试信号的基本参数</td></tr>
<tr><td>内容</td><td colspan="3">(1) 识读 XJ4318 型模拟示波器的说明书<br>(2) 识读 DS5022M 型数字示波器的说明书<br>(3) 初步认识两种示波器的面板<br>(4) 用模拟示波器测量简易信号源的信号<br>(5) 用数字示波器测量函数信号源的信号</td></tr>
<tr><td>要求</td><td colspan="3">(1) 了解示波器的主要技术参数及组成框图<br>(2) 了解示波器面板上开关、按钮的作用<br>(3) 能校准示波器<br>(4) 能正确连线、拆线<br>(5) 能调节面板主要的开关、旋钮,获取稳定的测量波形<br>(6) 能正确进行读数</td></tr>
<tr><td>技术资料</td><td colspan="3">(1) XJ4318 型、DS5022M 型示波器使用说明书<br>(2) 简易信号源、函数信号源的使用说明书</td></tr>
<tr><td>签名</td><td></td><td>备注</td><td></td></tr>
</table>

## 8.2 知识链接

### 一、示波器概述

1. 电子示波器的用途

通用示波器的用途有两个方面:

① 时域分析仪:用于观测被测信号随时间变化的波形,它可以测量被测信号的电压、频率、周期、相位差等。

② $X-Y$ 图示仪:用来反映互相关联的两个信号之间的函数关系,如显示李沙育图形。

2. 电子示波器的分类

电子示波器的分类标准很多,按采用的电路可分为:模拟示波器和数字示波器,如图 8-2 所示。

3. 电子示波器的特点

① 具有良好的直观性,可直接显示信号波形,也可测量信号的瞬时值。

② 灵敏度高,工作频带宽,速度快,对观测瞬变信号的细节带来了很大的便利。

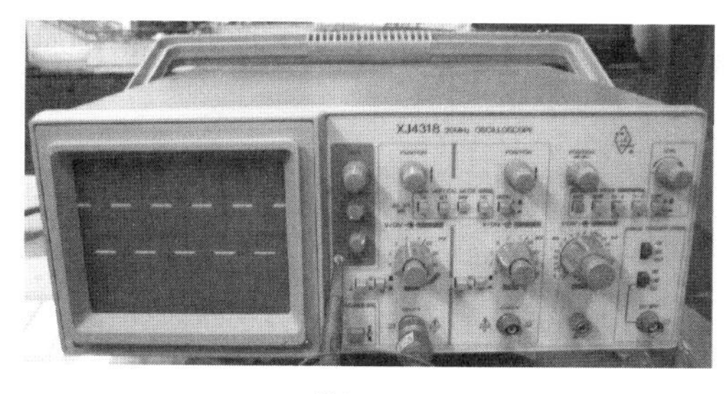

(a) 模拟示波器

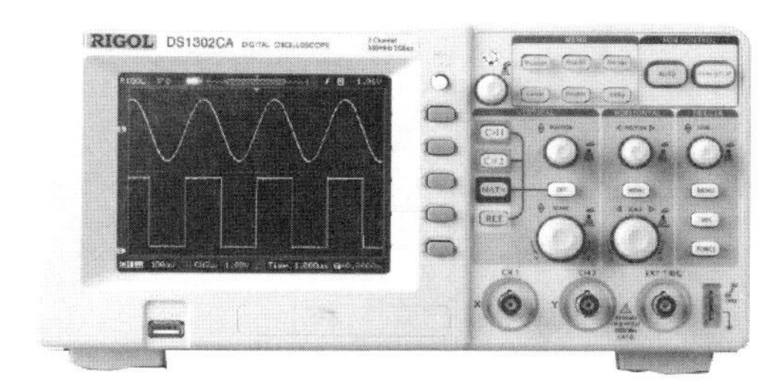

(b) 数字示波器

图 8-2　电子示波器

③ 输入阻抗高(兆欧级),对被测电路的影响小。

④ 是一种良好的信号比较器,可显示和分析任意两个量之间的函数关系。

⑤ 能方便地扩展测量功能，配以变换器,还可以测量各种非电量。

## 二、示波器的波形显示原理

模拟示波器的工作原理具有代表性,现以模拟示波器为例介绍波形显示的原理。

### 1. 示波管

示波器的心脏部分是阴极射线示波管(CRT),它能将被测电信号转变成光信号。示波管由电子枪、偏转系统和荧光屏三部分组成,如图 8-3 所示。

(a) 示波管

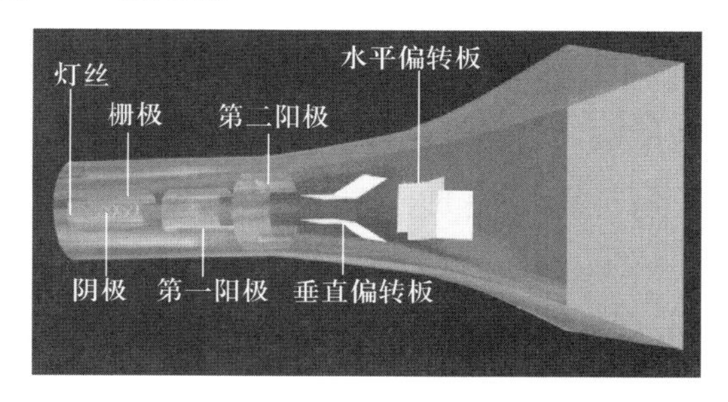

(b) 示波管结构

图 8-3　示波管

电子枪通电后发射出的电子流被加速后射向荧光屏,轰击荧光屏后显示一个很小的亮点。

偏转系统控制电子束在垂直方向和水平方向的偏转,由垂直偏转极板和水平偏转极板组成。

### 2. 波形显示原理

(1) 仅在垂直极板上施加正弦电压

当只在垂直偏转极板上加一个随时间作周期性变化的被测信号电压时,则电子束沿垂直方向运动,其轨迹为一条垂直线段,如图 8-4 所示。

(2) 仅在水平极板上施加锯齿波电压

当只在水平偏转极板上加周期性变化的锯齿波电压时,则电子束沿水平方向运动，其轨

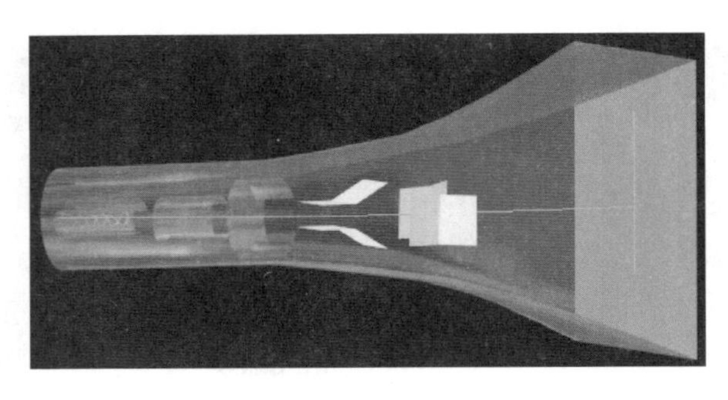
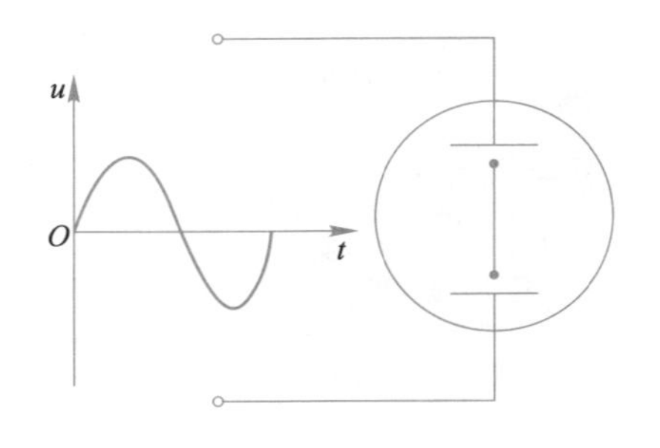


图 8-4　只加垂直信号显示的波形

迹为一条水平线段，如图 8-5 所示。

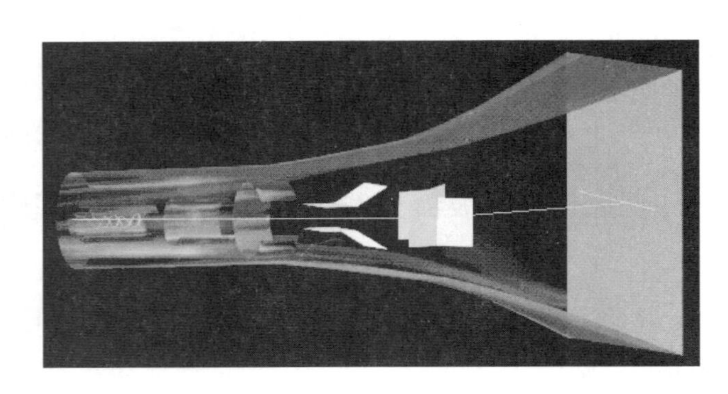
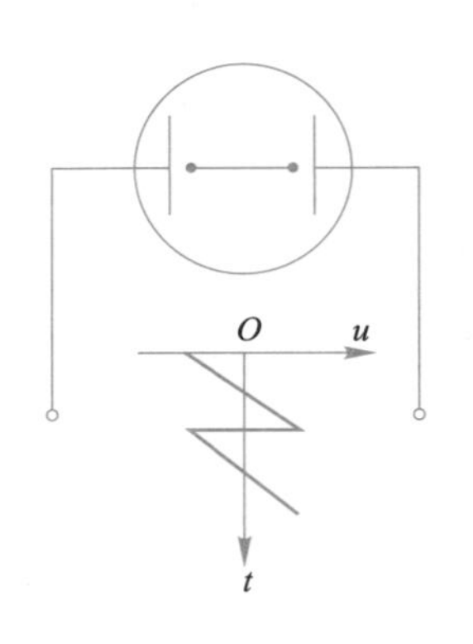


图 8-5　只加水平信号显示的波形

（3）垂直偏转极板上施加正弦波电压，水平偏转极板上施加锯齿波电压

当垂直偏转极板上加正弦波被测信号电压，水平偏转极板上加锯齿波电压时，则屏幕上的光点在垂直和水平坐标分别与这一瞬间的信号电压和锯齿波电压成正比。由于锯齿波电压与时间成正比，故荧光屏上所描绘的就是被测电压随时间变化的波形，如图 8-6 所示。

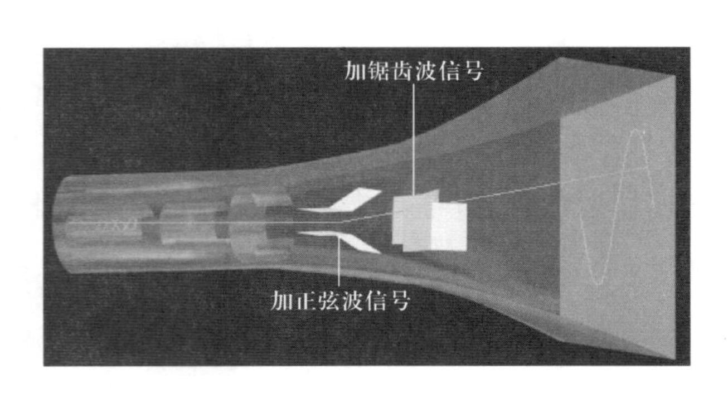

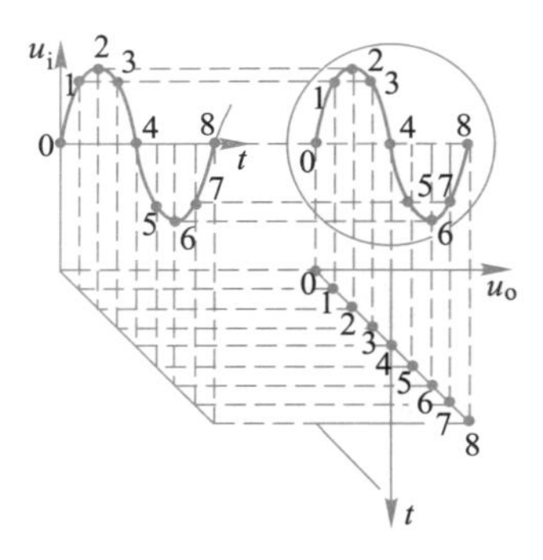


图 8-6　同时加垂直、水平信号显示的波形

## 三、通用示波器的组成和工作原理

模拟示波器的工作原理具有代表性，仍以模拟示波器为例来介绍。

### 1. 基本组成

通用示波器由垂直系统（*Y* 通道）、水平系统（*X* 通道）、主机系统（*Z* 通道）组成，见表 8-2。

表 8-2 通用示波器组成及作用

| 组成 | 作用 | 部件 |
| --- | --- | --- |
| 垂直系统 | 对被测信号进行放大延时并将放大后的信号加至示波管的垂直偏转极板电路 | 输入电路、$Y$ 前置放大电路、延迟线、$Y$ 后置放大电路、内触发放大电路 |
| 水平系统 | 产生、放大一个随时间作线性变化的扫描锯齿波电压,并加至示波管的水平偏转极板上的电路 | 触发电路、扫描电路、水平放大器 |
| 主机系统 | 为使示波管和其他电路正常工作,提供所需的各种直流电压及某些附加功能的电路 | 高、低压电源、显示电路、$Z$ 轴电路、校准信号发生器 |

通用示波器组成框图如图 8-7 所示。

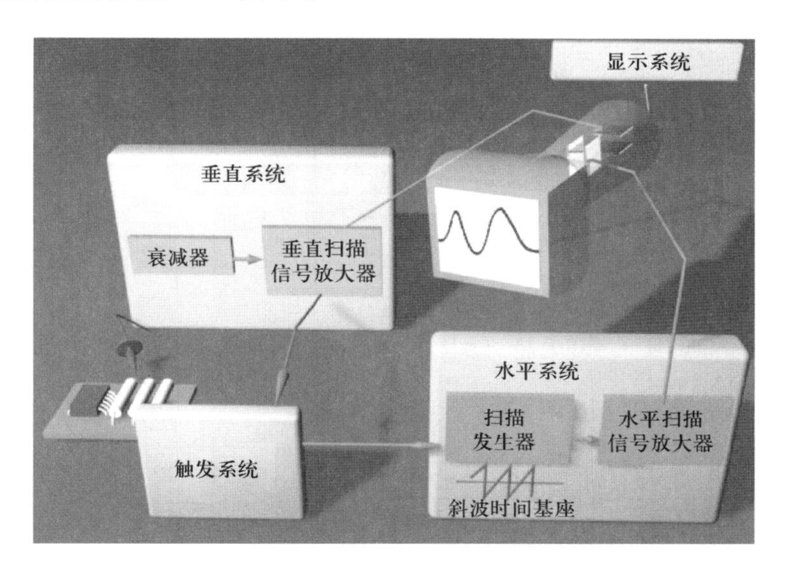


图 8-7 通用示波器组成框图

2. 工作原理

被测信号(如正弦波信号)由探头从外引入到示波器垂直系统的输入电路,经阻抗变换、电压变换再输入 $Y$ 前置放大电路放大,此时信号分两路传输。一路信号经延迟线延迟,最后由 $Y$ 后置放大电路加至示波管的垂直偏转极板,产生 $Y$ 轴偏转。另一路信号经触发电路产生脉冲启动扫描电路工作,扫描电路产生随时间作线性变化的扫描锯齿波电压,再经水平放大器放大加在示波管的水平偏转极板,产生 $X$ 轴偏转。

垂直偏转极板上被测信号经延迟与水平偏转极板上锯齿信号共同作用,就能在荧光屏上显示出被测信号。

## 四、XJ4318 型双踪示波器

如图 8-8 所示,XJ4318 型双踪示波器是一种便携式通用示波器。它具有两个独立的 $Y$ 通道,可测量两路信号。$Y$ 放大器频率宽度为 0~20 MHz,偏转因数为 5 mV/div,扩展×5 后偏转因数可达 1 mV/div。扫描时间系统最高扫速为 0.2 μs/div，扩展×10 后可达扫速为 20 ns/div。同步系统具有 TV 同步功能，能方便测量全电视信号。扫描系统具有触发锁定功能，能自动同步各种波形，无需再调节电平，从而简化操作。仪器内附有 1 kHz、0.5 V(峰峰值)的探针调整信号，可供仪器内部校准。

XJ4318A 型示波器具有电路新颖、操作方便、性价比高等特点，适用于院校、工厂生产线等场合。

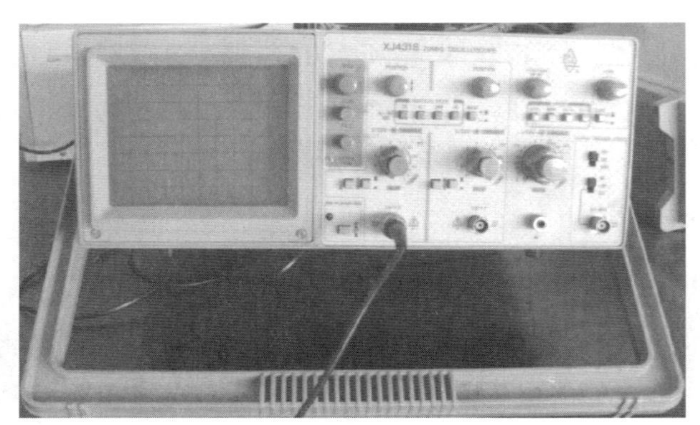

图 8-8 XJ4318 型双踪示波器

1. 组成

XJ4318 型双踪示波器由 $Y$ 通道、$X$ 通道及主机系统组成，如图 8-9 所示。

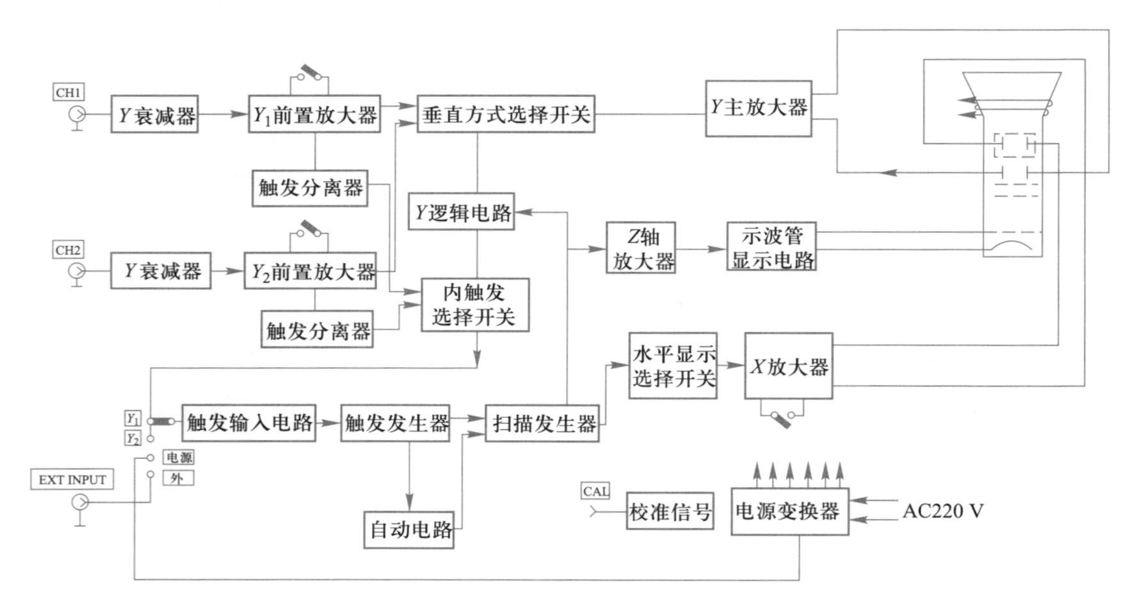


图 8-9 XJ4318 型双踪示波器组成框图

2. 技术指标

(1) 垂直系统

频带宽度 DC～20 MHz

上升时间　≤17.5 ns

偏转系数　5 mV/div～5 V/div，分 10 挡

扩展　×5

工作方式　$Y_1$、$Y_2$、交替、断续、$Y_1+Y_2$

（2）水平系统

偏转系数　0.2 μs/div～0.5 s/div，分 19 挡

扩展　×10

扫描方式　扫描、$X-Y$、外

触发电平锁定　能自动同步波形，无需再调节电平

触发方式　选择 $Y_1$、$Y_2$、VERT

（3）一般性能

有效显示面　8 div×10 div（1div＝1cm），采用进口高亮度 CRT

使用电源　AC 220 V，50 Hz

外形尺寸　330 mm×130 mm×440 mm

质量　6.5 kg

3. 面板

仪器面板的部件功能见表 8-3、表 8-4 和表 8-5。

表 8-3　面板（公共部分）的部件功能

| 序号 | 部件 | 图示 | 说明 |
|---|---|---|---|
| 1 | 荧光屏 | 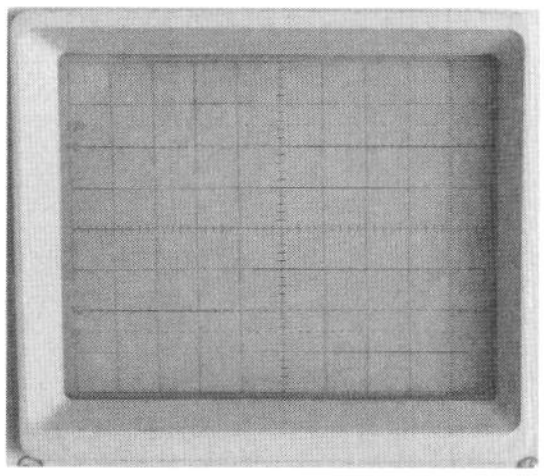  | 显示图像，其上有内刻度坐标线 |
| 2 | 辉度旋钮 | 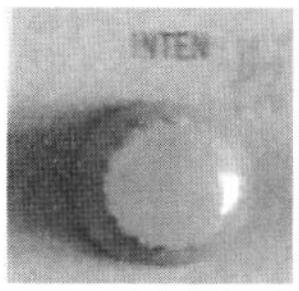 INTEN | 控制荧光屏上光迹的明暗程度 |
| 3 | 标尺亮度旋钮 | 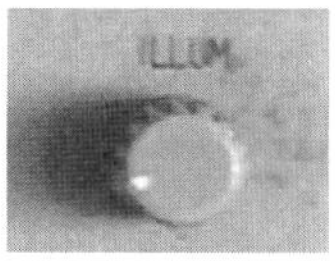 ILLUM | 控制坐标标尺的亮度 |

续表

| 序号 | 部件 | 图示 | 说明 |
| --- | --- | --- | --- |
| 4 | 聚焦旋钮 | 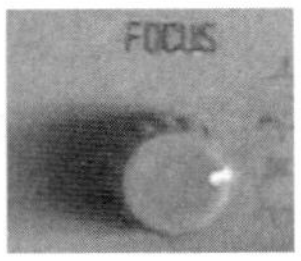 FOCUS | 调节聚焦可使光点圆而小，使波形清晰 |
| 5 | 校准信号 CAL |  0.5Vp-p 1KHz | 输出1 kHz、0.5 V(峰峰值)的方波信号，供探针校准 |
| 6 | 电源 |  POWER ON OFF | 通断电源及指示状态 |
| 7 | 光迹旋转 |   | 由于大地对示波管的电磁场影响，使扫描线和示波管的刻度略有倾斜，可调节光迹旋转使扫描线和刻度水平线保持平行 |

表8-4 面板(垂直系统部分)的部件功能

| 序号 | 部件 | 图示 | 说明 |
| --- | --- | --- | --- |
| 1 | *Y*位移 | 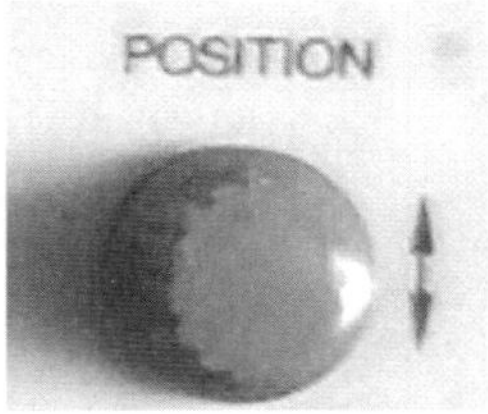 POSITION | 控制显示光迹在荧光屏上*Y*轴方向的位置 |
| 2 | 偏转因数开关(V/div) | 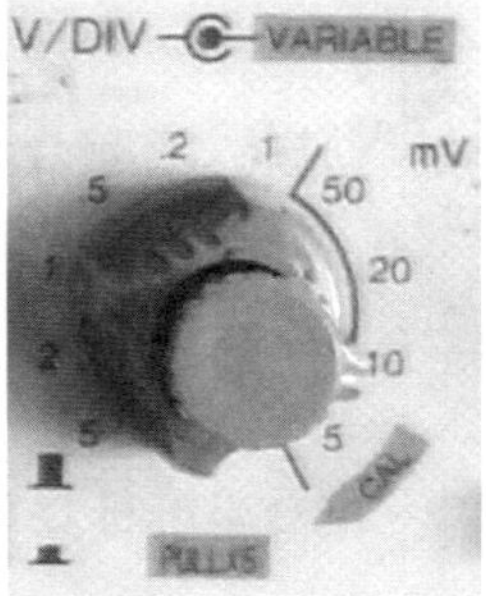 V/DIV VARIABLE 2 1 mV 5 50 20 10 5 CAL PULLX5 | 旋转大圈改变输入偏转因数(5 mV/div~5 V/div)，按1-2-5进制共10挡级<br>拔出小旋钮(PULL×5)，使偏转灵敏度提高5倍 |

续表

| 序号 | 部件 | 图示 | 说明 |
| --- | --- | --- | --- |
| 3 | *Y* 输入耦合开关 | 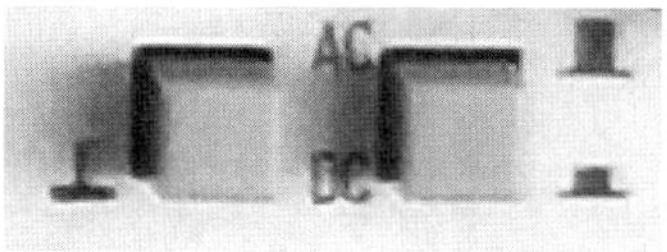  | AC:交流耦合 *Y* 输入信号<br>DC:直流耦合 *Y* 输入信号<br>⊥:*Y* 输入信号接地 |
| 4 | 垂直方式开关 | 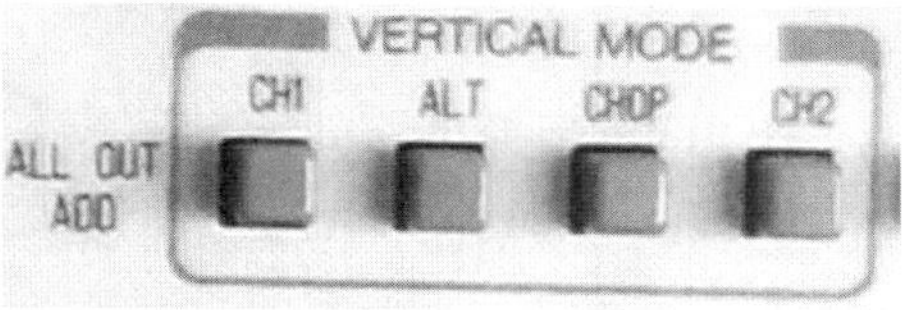  | 五位按钮开关,选择五种垂直放大系统的工作方式。<br>CH1:显示通道 CH1 输入信号;<br>ALT:交替显示 CH1、CH2 的输入信号;<br>CHOP:断续显示 CH1、CH2 的输入信号,转换频率为 500 kHz;<br>CH2:显示通道 CH2 输入信号;<br>ALL OUT ADD:使 CH1 信号与 CH2 信号相加(CH2 极性“+”)或相减(CH2 极性“−”) |
| 5 | CH2 极性按钮 | 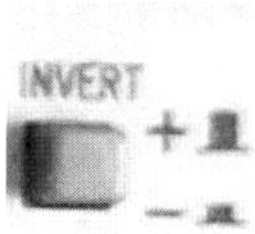  | 控制 CH2 在荧光屏上显示波形的极性为“+”或“−” |
| 6 | *Y* 信号输入端 | 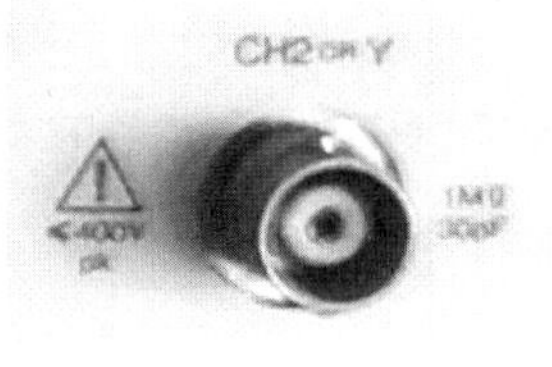  | 引入垂直被测信号,有两个输入通道:CH1、CH2 |

表 8-5　面板(水平系统部分)的部件功能

| 序号 | 部件 | 图示 | 说明 |
| --- | --- | --- | --- |
| 1 | *Y* 位移 | 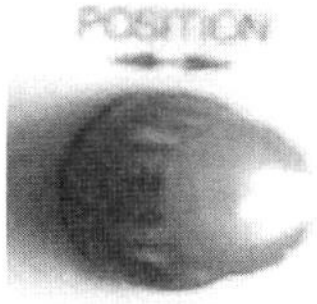  | 控制显示光迹在荧光屏上 *X* 轴方向的位置 |

续表

| 序号 | 部件 | 图示 | 说明 |
| --- | --- | --- | --- |
| 2 | 扫描时间因数开关 | 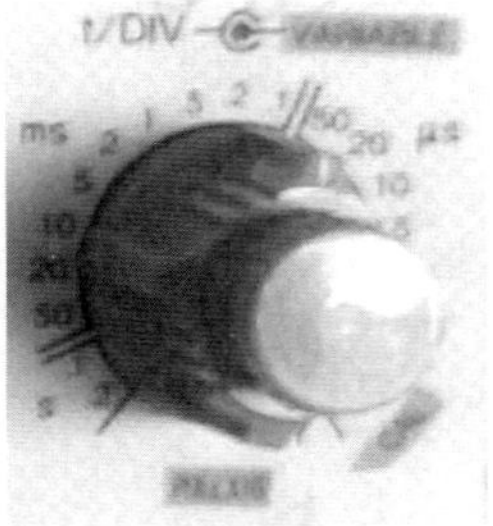  | 旋转大圈改变水平扫描时间（0.2 μs/div ~ 0.5 s/div），按 1-2-5 进制共 19 挡级。<br>旋转小旋钮连续微调扫描速度。顺时针方向旋到底时，处于 $X$ 方向校准位。<br>拔出小旋钮（PULL×10），使扫描速度提高 10 倍 |
| 3 | 触发方式开关 | 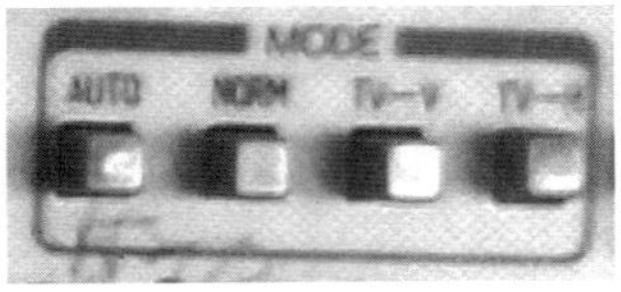  | 四位按钮开关，选择四种垂直放大系统的工作方式。<br>AUTO：扫描电路处于自激状态；<br>NORM：扫描电路处于触发状态；<br>TV-V：电路处于电视场同步；<br>TV-H：电路处于电视行同步 |
| 4 | 触发电平锁定按钮 | 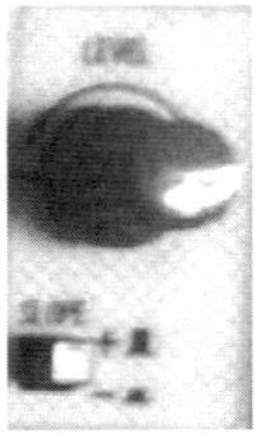  | 旋钮：调节和确定触发点在触发信号上的位置，使波形稳定。<br>按钮：选择信号扫描触发的极性 |
| 5 | 触发源 | 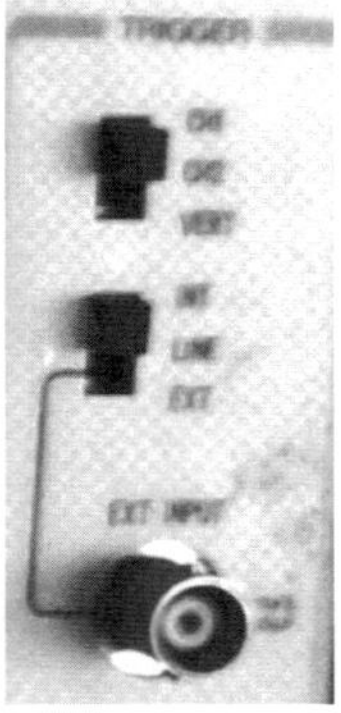  | 内触发选择开关：选择扫描内触发信号源。<br>CH1：加到 CH1 输入端的信号为触发源；<br>CH2：加到 CH2 输入端的信号为触发源；<br>VERT：垂直方式内触发源取自垂直方式开关所选择的信号。<br><br>触发源开关：选择触发信号的来源。<br>IN：内触发。触发信号来自 $Y$ 放大器；<br>EXT：外触发。触发信号来自外触发输入；<br>LINE：电源触发。触发信号来自电源波形 |

4. 测量方法

（1）电压测量

进行电压测量之前，应把示波器的灵敏度开关“V/div”的“微调”旋钮顺时针方向转至“校准”位置。电压的测量见表 8-6。

表 8-6　电压的测量

<table>
<tr><td colspan="2">直流电压的测量</td></tr>
<tr><td>测量方法</td><td>将触发方式开关置于“自动”状态，调节有关旋钮使屏幕上显示出水平的时基线。将 $Y$ 轴输入耦合开关“DC-⊥-AC”置于“⊥”处，此时，屏幕上时基线的位置即为零电平参考基准线的位置。<br>将“DC-⊥-AC”置于“DC”处，记下此时的时基线与零电平参考基准线之间的距离 $h$。读取“V/div”开关所示值 $Dy$</td></tr>
<tr><td>测量公式</td><td>$U=h\times Dy\times k\div ky$<br>式中：$h$——被测直流信号线的电压偏离零电平线的高度；$Dy$——示波器的垂直灵敏度；$k$——探针衰减系数；$ky$——$Y$ 轴扩展倍数</td></tr>
<tr><td>参数读取</td><td> 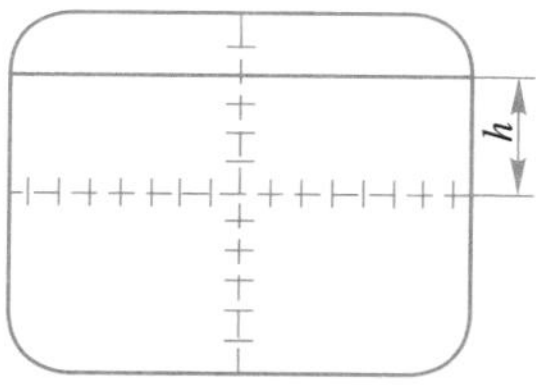h<br>0.5　250　1　100　2　50　5　V　mV　25　10　5　V/div<br>(a) 波形图 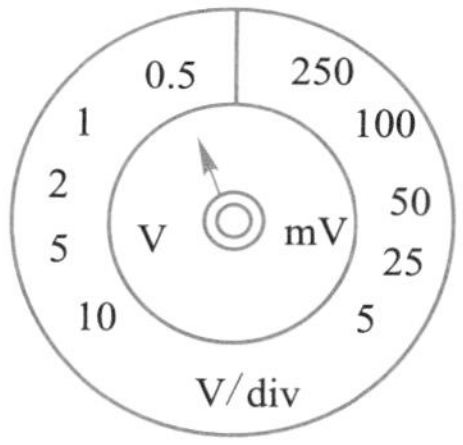　(b) 垂直灵敏度开关示意图</td></tr>
<tr><td>举例</td><td>如上图所示，$h=3$ div，$Y$ 偏转因数开关置于 0.5 V /div，探头的衰减系数为 10，$Y$ 轴扩展为 5，则被测电压极性为正，其大小为：<br>$U=h\times Dy\times k\div ky$<br>$=3\times 0.5\times 10\div 5\ \text{V}=3\ \text{V}$</td></tr>
<tr><td colspan="2">交流电压的测量</td></tr>
<tr><td>测量方法</td><td>将触发方式开关置于“自动”状态，调节有关旋钮使屏幕上显示出水平的时基线，然后将“DC-⊥-AC”置于“AC”处。<br>将被测波形移至屏幕的中心位置，读出整个波形所占 $Y$ 轴方向的高度 $h$。读取“V/div”开关所示值 $Dy$</td></tr>
<tr><td>测量公式</td><td>$U_{P-P}=h\times Dy\times k\div ky$<br>式中：$h$——被测信号波峰、波谷之间的偏转距离；$Dy$——示波器的垂直灵敏度；$k$——探针衰减系数；$ky$——$Y$ 轴扩展倍数。<br>被测电压的峰值及有效值：$U_P=U_{P-P}/2$，$U=U_P/\sqrt{2}$</td></tr>
<tr><td>参数读取</td><td> 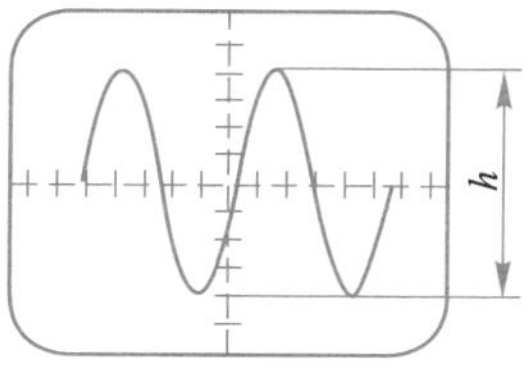h<br>0.5　250　1　100　2　50　5　V　mV　25　10　5　V/div<br>(a) 波形图 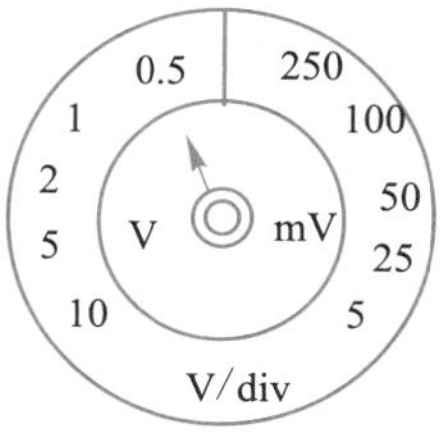　(b) 垂直灵敏度开关示意图</td></tr>
</table>

续表

| 交流电压的测量 | |
| --- | --- |
| 举例 | 如上图所示，$h=4$ div，$Y$ 偏转因数开关置于 0.5 V /div，探头的衰减系数为 10，$Y$ 轴扩展为 5，则被测电压为：<br>$U_{P-P}=h\times Dy\times k\div ky$<br>$=4\times0.5\times10\div5\ \text{V}=4\ \text{V}$<br>$U_P=U_{P-P}/2=4\div2\text{V}=2\ \text{V}$，$U=U_P/\sqrt{2}=2\div\sqrt{2}\ \text{V}\approx1.41\ \text{V}$ |

（2）周期和频率测量

进行电压测量之前，应把示波器的扫描时间开关的“微调”旋钮顺时针方向转至“校准”位置。

对于周期性信号，周期和频率互为倒数，只要测出其中一个，另一个可通过公式 $f=1/T$ 求得。周期和频率的测量见表 8-7。

表 8-7　周期和频率的测量

| 周期和频率的测量 | |
| --- | --- |
| 测量方法 | 将触发方式开关置于“自动”状态，调节有关旋钮使屏幕上显示出水平的时基线。<br>将“DC-⊥-AC”置于“AC”处，调节扫描速度开关，使显示的波形稳定，并记录 $Dx$ 值。读出被测交流信号的一个周期在荧光屏水平方向所占距离 $x$ |
| 测量公式 | $T=x\times Dx\div kx$<br>式中：$x$——一个周期的信号在水平轴上所占的距离；$Dx$——示波器的水平扫描因数；$kx$——$X$ 轴扩展倍数 |
| 参数读取 | (a) 波形图　(b) 扫描速度开关示意图 |
| 举例 | 如上图所示，测量某正弦波的周期，已知 $x=8$ div，$Dx=10$ ms/div，扫描扩展 $kx=10$，则被测信号周期：<br>$T=x\times Dx\div kx=8\times10\div10\ \text{ms}=8\ \text{ms}$<br>$f=1/T=1\div8\ \text{kHz}=125\ \text{Hz}$ |

续表

| 时间测量 | |
|---|---|
| 测量方法 | 将触发方式开关置于“自动”状态，调节有关旋钮使屏幕上显示出水平的时基线。将“DC-⊥-AC”置于“AC”处，调节扫描速度开关，使显示的波形稳定，并记录 $Dx$ 值。读出被测交流信号的一个周期在荧光屏水平方向所占距离 $x$ |
| 测量公式 | $T=x_{\text{A-B}}\times Dx\div kx$<br>式中：$x_{\text{A-B}}$——同一信号中任意两点A与B的时间间隔；$Dx$——示波器的水平扫描因数；$kx$——$X$ 轴扩展倍数 |
| 参数读取 | 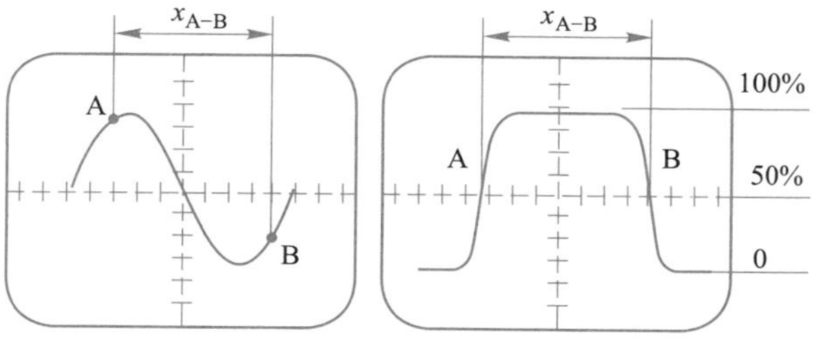 (a) A与B的时间间隔　(b) 脉冲宽度的测量 |
| 举例 | 如上图(b)所示，$x_{\text{A-B}}=1.5$ div，水平扫描因数开关置于2 μs/div，扫描扩展没有拉出，则被测脉冲电压宽度为：<br>$T_{\text{p}}=x_{\text{A-B}}\times Dx=1.5\times2\ \mu\text{s}=3\ \mu\text{s}$ |
| 正弦波的相位差测量 | |
| 测量方法 | 使用双踪示波器，将被测信号分别输入 $Y$ 系统的两个通道，在屏幕上显示出两信号。适当调整 $Y$ 位移，使两个信号重叠起来。先利用荧光屏上的坐标测出信号的一个周期在水平方向上所占的长度 $x_T$，然后再测量两波形上对应点（如过零点、峰值点等）之间的水平距离 $x$ |
| 测量公式 | 相位差：$\Delta\varphi=\dfrac{x}{x_T}\times360$<br>式中：$x$——两路正弦信号中相邻同相位两点的时间间隔；$x_T$——正弦信号的周期 |
| 参数读取 | 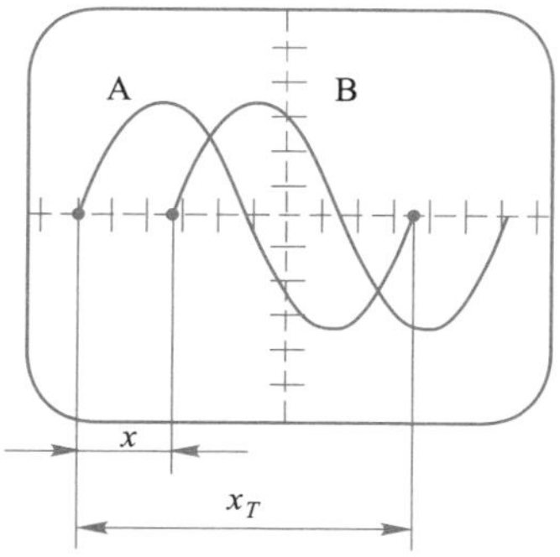 |

续表

| 正弦波的相位差测量 | |
|---|---|
| 举例 | 如上图所示,已知水平扫描因数为 0.2 ms/div,$x=1$ div,$x_T=8$ div,则被测两正弦波信号的相位差:<br>$\Delta\varphi=\frac{x}{x_T}\times360°=360°\div8=45°$ |

## 8.3 项目实施

### 一、操作规范

1. 操作准备

(1) 扫描基线的调整

用探头分别接到 CH1 输入端和校准信号输出端,衰减比为×1。示波器控制部件见表8-8。打开电源开关,经预热后调节“辉度”“聚焦”旋钮,使亮度适中、聚焦最佳。

表 8-8 示波器控制部件

| 面板控制件 | 作用位置 | 面板控制件 | 作用位置 |
|---|---|---|---|
| 垂直方式 | CH1 | 扫描方式 | 自动 |
| AC ⊥ DC | AC 或 DC | 触发源 | CH1 |
| V/div | 10 mV/div | 极性 | 十 |
| $X$、$Y$ 微调 | 校准 | $t$/div | 1 ms/div |
| $X$、$Y$ 位移 | 居中 | | |

调整好面板开关旋钮后,荧光屏上将会出现一条水平亮线,如图 8-10 所示。检查扫描线与水平刻度线是否平行,若不平行,可用螺丝刀调整“光迹旋转”旋钮。

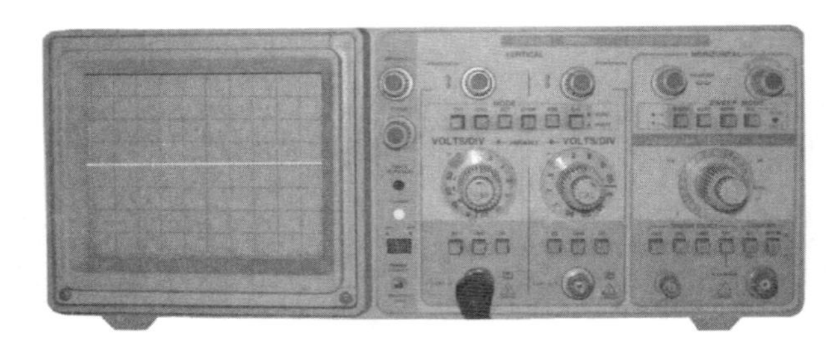

图 8-10 扫描基线的调整

（2）校准信号的调整

在调整出水平基线之后，再利用仪器内设校准信号对仪器进行自测，如图 8-11 所示，步骤如下：

① 调节“V/div”旋钮，使显示波形幅度合适，再调节“触发电平”，使波形同步，此时应显示 10 个周期信号。将 $X$ 扩展拉出，此时 10 格显示一个周期。

② 调节垂直移位与水平移位旋钮，显示幅度和校准信号幅度相同（0.5 V（峰峰值）幅度方波）。

③ 同理，重复以上两个步骤，检查 CH2 系统。

符合以上结果，说明仪器工作基本正常。

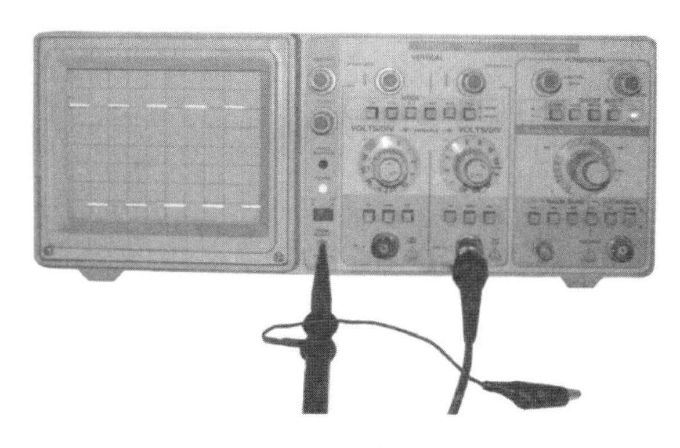

图 8-11　校准信号的调整

2. 探针的调整

探针的作用是便于直接探测被测信号，提供示波器的高输入阻抗，减小波形失真及展宽示波器的工作频带，分有源探针及无源探针。无源探针与示波器 $Y$ 通道输入阻抗组成脉冲分压器，分压系数一般为 10 和 1，如图 8-12 所示。

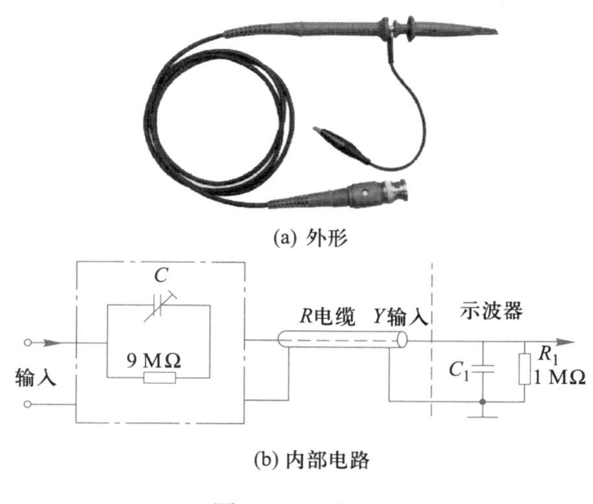


(a) 外形

(b) 内部电路

图 8-12　探针

示波器在使用前必须进行探针的校准，如图 8-13 所示。由探针输入示波校准信号，调节探针上的可变电容进行频率补偿。当荧光屏上出现如图 8-14(a)所示波形时为最佳补偿，若荧光屏上出现图 8-14(b)、(c)所示的波形时，可用微调器调至最佳。

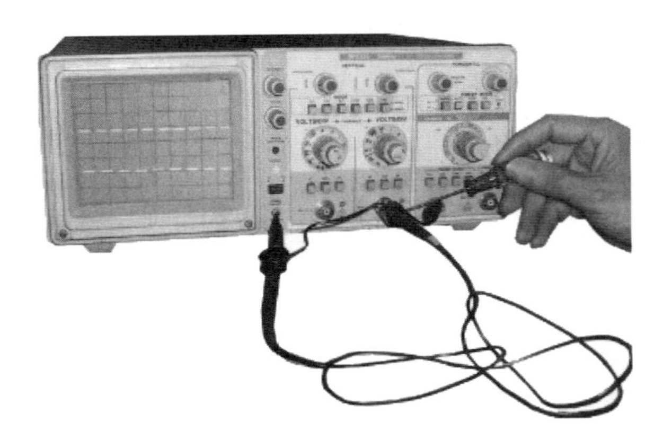

图 8-13 探针的校准

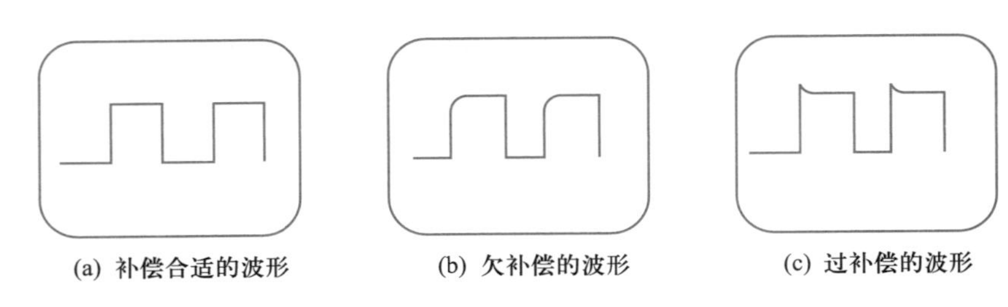

(a) 补偿合适的波形　　(b) 欠补偿的波形　　(c) 过补偿的波形

图 8-14 探针的三种补偿

3. 注意事项

① 示波器要用三相插头良好接地，避免波形受外界干扰。

② 探针地线只能接电路板或仪器的地线，不可以接电源的正负极。交流或直流供电一般都接大地，探针的接地端也是经示波器接大地，所以二者相连，会导致短路，烧坏示波器或被测仪器电路板。

③ 信号幅度不要超过探针和示波器的安全幅度，以免损坏仪器。

④ 探针地线不要悬空。探针地线悬空时，引入较大的地线交流噪声，测量波形不稳定，晃动厉害，影响测量。使用时避免手接触探针。手触碰探针时，会增大探针的噪声，使波形不稳定，干扰测量。

⑤ 探针应就近接被测物体信号引脚。在同一条 PCB 走线上，信号存在反射、滤波、串扰等因素影响，器件直接起作用的信号是器件输入引脚和器件地之间的信号。因此，测量输入信号时，尽量靠近芯片的引脚。

⑥ 在观察荧屏上的波形时，光点不宜过亮，以免损坏屏幕。示波器要避免频繁开机、关机，以免影响其寿命。

## 二、实训器材及仪器

实训器材及仪器见表8-9。

做一做

准确清点和检查全套实训仪器的数量和质量,发现仪器、元器件缺少、损坏,立即向老师汇报。一切正常,使用示波器测试信号源信号的基本参数实训。

表8-9　实训器材及仪器

| 序号 | 仪器器材 | 实物图样 | 数量 | 序号 | 仪器器材 | 实物图样 | 数量 |
|---|---|---|---|---|---|---|---|
| 1 | 示波器 | XJ4138型 | 1台 | 4 | 探针 |  | 1组 |
| 2 | 函数信号发生器 | EE1641B型 | 1台 | 5 | 稳压电源 |  | 1台 |
| 3 | 数字万用表 | MY-65型 | 1块 |  |  |  |  |

## 三、实施步骤

本项目由函数信号发生器输出正弦波信号、矩形波信号,用示波器测量正弦波信号的幅度、周期、频率,测量矩形波信号的占空比、脉冲宽度等。

1. 示波器校准

按图8-11所示连接电路,利用示波器自身的标准方波信号校准示波器。记录数据,并对数据进行分析。

2. 稳压源的直流电压的测量

（1）连接电路

将示波器的探针及夹子分别与稳压源的红、黑输出端相连。

（2）预热仪器

打开示波器电源，预热几分钟。将“V/div”的微调旋钮置于“校准”位置，探头置于“×10”位置。

（3）测量数据

改变稳压源的直流电压三次，按照测量方法，先用示波器测量，再用数字式万用表测量，记录数据。

（4）分析结果

根据测量数据分析测量结果。

3. 信号发生器交流电压的测量

将示波器的探针及夹子分别与信号发生器的红、黑输出端相连。将“V/div”的微调旋钮置于“校准”位置，探针置于“×10”位置，将“$t$/div”的微调旋钮置于“校准”位置，扩展不用。

改变信号发生器的输出正弦波电压三次，按照测量方法，先用示波器测量，再用数字万用表测量，记录数据。根据测量数据分析测量结果。

注意：一般要求应在示波器的屏幕上显示 2~3 个周期正弦波信号，波形垂直方向占到全屏的 80%。

4. 信号发生器脉冲电压的测量

将示波器的探针及夹子分别与信号发生器的红、黑输出端相连。将“V/div”的微调旋钮置于“校准”位置，探针置于“×10”位置，将“$t$/div”的微调旋钮置于“校准”位置，扩展不用。

改变信号发生器的输出矩形波电压三次，按照测量方法，用示波器测量矩形波的占空比，记录数据。根据测量数据分析测量结果。

读一读

**矩形波占空比**

在一串理想的脉冲序列中（如方波），正脉冲的持续时间与脉冲总周期的比值称为占空比，用 $\delta$ 表示。例如，脉冲宽度 1 μs，信号周期 4 μs 的脉冲序列的占空比为 0.25。

## 四、数据记录与分析

1. 示波器校准（完成表 8-10）

表 8-10　示波器校准

| 波形 | 电压(峰峰值)/V | 频率/Hz | $Dy$/(V/div) | 垂直 $h$/div | $Dx$/($t$/div) | 水平 $x$/div |
|---|---|---|---|---|---|---|
| (方波) | 1 | 1000 | | | | |

根据表中数据计算：

$U_{P-P}$ = ________。

$T$ = ________。

计算结果与表中标称数据一样，则示波器可以使用。

2. 稳压源的直流电压的测量

将稳压源的直流电压的测量数据填入表 8-11。

表 8-11　测 量 数 据

| 序号 | | 1 | 2 | 3 |
|---|---|---|---|---|
| 稳压源电压/V | | 2 | 5 | 20 |
| 示波器 | $Dy$/(V/div) | | | |
| | 垂直 $h$/div | | | |
| | $U$ | | | |
| 数字万用表读数 | | | | |

分析测量结果，总结实训结论：________________________________。

3. 信号发生器交流电压的测量

将信号发生器的直流电压的测量数据填入表 8-12。

表 8-12　测 量 数 据

| 序号 | | 1 | 2 | 3 |
|---|---|---|---|---|
| 信号源电压(峰峰值) | | 10mV，1kHz | 100mV，1kHz | 500mV，10kHz |
| 示波器 | $Dy$/(V/div) | | | |
| | 垂直 $h$/div | | | |
| | $U_{P-P}$ | | | |
| | $U$ | | | |
| | $Dx$/($t$/div) | | | |
| | 水平 $x$/div | | | |
| | $T$ | | | |
| 数字万用表读数/V | | | | |

分析测量结果,总结实训结论:________________________________________________。

结论参考:数字万用表测量的是正弦波信号的有效值,示波器测量的是峰峰值,需要转换成有效值才能比较。

4. 信号发生器脉冲电压的测量

将信号发生器的脉冲电压的测量数据填入表8-13。

表8-13 测量数据

| 序号 | | 1 | 2 | 3 |
|---|---|---|---|---|
| 示波器 | $Dx/(t/\text{div})$ | | | |
| | 水平 $x/\text{div}$ | | | |
| | $t_p$ | | | |
| | $T$ | | | |
| | $\delta$ | | | |

分析测量结果,总结实训结论:________________________________________________。

## 8.4 项目评价与反馈

项目8的评价与反馈见表8-14。

表8-14 评价与反馈

| 项目 | | 配分 | 评分标准 | 自评 | 组评 | 师评 |
|---|---|---|---|---|---|---|
| 1 | 识读XJ4138型示波器的说明书 | 10分 | (1) 不能说出示波器的作用,扣3分<br>(2) 不能说明示波器框图,扣3分<br>(3) 不能说出示波器三个主要指标,扣4分 | | | |
| 2 | 初步认识XJ4138型示波器的面板 | 10分 | (1) 不认识示波器面板部件,扣5分<br>(2) 不能说明示波器面板部件功能,扣5分 | | | |
| 3 | 能调节面板主要的开关旋钮 | 10分 | (1) 不能进行光迹调节,扣5分<br>(2) 不能进行示波器校准,扣5分 | | | |
| 4 | 能理解示波器使用及维护方法 | 15分 | (1) 探针地线悬空,扣10分<br>(2) 光点过亮,扣10分 | | | |

| 项目 | | 配分 | 评分标准 | 自评 | 组评 | 师评 |
|---|---|---|---|---|---|---|
| 5 | 能正确进行读数 | 15 分 | (1) 不能正确读数,扣 10 分<br>(2) 读数误差大,扣 5 分 | | | |
| 6 | 能测量稳压源的直流电压 | 15 分 | (1) 不能正确连线,扣 5 分<br>(2) 不能正确读数,扣 5 分<br>(3) 不能正确分析实训结果,扣 5 分 | | | |
| 7 | 能测量信号发生器产生的正弦电压、脉冲电压 | 15 分 | (1) 不能正确连线,扣 5 分<br>(2) 不能正确读数,扣 5 分<br>(3) 不能正确分析实训结果,扣 5 分 | | | |
| 8 | 安全文明生产 | 10 分 | 违反安全文明生产规程,扣 5~10 分 | | | |
| 签名 | | | 得分 | | | |

## 8.5 项目小结

电子示波器是典型的时域测量仪器,可以测量交直流电压、周期、频率及相位差等。本项目利用函数信号发生器产生直流、正弦交流及脉冲信号,用示波器来测试,学习示波器的使用方法。

## 8.6 项目拓展

### 一、拓展链接

使用数字示波器测量简易函数信号发生器的波形,如图 8-15 所示。

数字示波器的使用方法见附录。

### 二、拓展练习

如图 8-16 所示,已知垂直偏转因数为 0.5mV/div ,水平时基因数为 0.1ms/div,水平扩展拉出×10,探针用 10 : 1,求被测信号的峰峰值、有效值、频率及相位差。

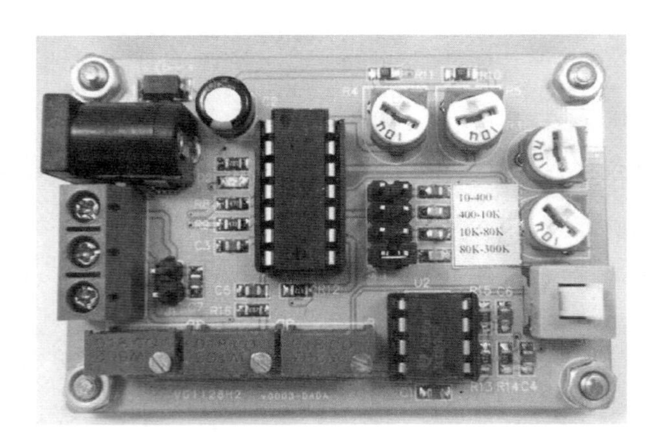


图 8-15 简易函数信号发生器

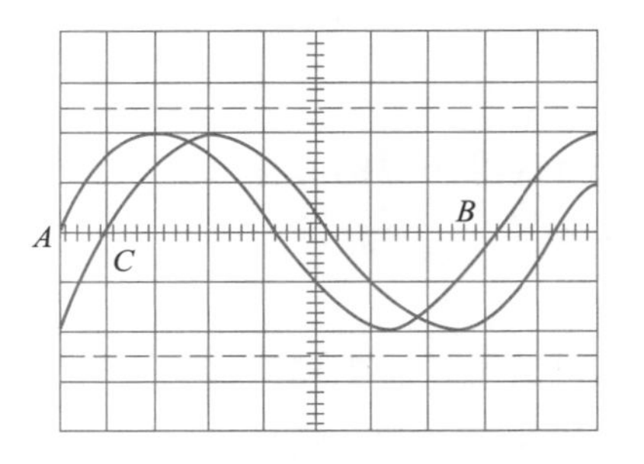


图 8-16 波形

# 项目 9

# 使用电子计数器调校简易电子琴

## 9.1 项目任务单

时间和频率是电子技术中两个重要的基本参量,其他许多电参量的测量方案、测量结果都与频率有着十分密切的关系。电子计数器可以测出一定时间内的脉冲数目,并将结果以数字形式显示,是一种最常见、最基本的数字仪器,它是很多数字化仪器的基础。

本项目以电子计数器测量简易电子琴(如图 9-1 所示)的音阶为载体,重点介绍利用电子计数器测量频率、周期和时间间隔的方法。

图 9-1 简易电子琴

本项目任务单见表 9-1。

表 9-1 项目任务单

| 名称 | 使用电子计数器调校简易电子琴 | | |
|---|---|---|---|
| 内容 | (1) 识读 EE3121C 型电子计数器的说明书<br>(2) 初步认识 EE3121C 型电子计数器的面板<br>(3) 使用电子计数器调校简易电子琴 | | |
| 要求 | (1) 了解电子计数器的主要技术参数及组成框图<br>(2) 了解电子计数器面板上开关、按钮的作用<br>(3) 能进行自校准<br>(4) 能正确连线,拆线<br>(5) 能调节面板主要的开关、旋钮,进行正确测量、读数 | | |
| 技术资料 | (1) EE3121C 型电子计数器使用说明书<br>(2) 简易电子琴的使用说明书 | | |
| 签名 | | 备注 | |

## 9.2 知识链接

### 一、电子计数器概述

1. 电子计数器的特点

电子计数器体积小,耗电省,可靠性高,准确度高,测量范围宽,读数快,便于实现测量过程的自动化。电子计数器可以分为通用计数器、频率计数器和计算计数器等。

2. 电子计数器的主要技术指标

(1) 测试功能

一般包括测量频率、周期、频率比、时间间隔、累加计数和自校准等。

(2) 测量范围

测量频率时,被测信号的频率范围;测量时间时,被测信号的时间范围;测量周期时,被测周期的范围。

(3) 输入特性

是表明电子计数器与被测信号发生器相连的一组特性参数,包括:

① 输入灵敏度:输入灵敏度用能使仪器正常工作的最小输入电压的有效值来表示,如通用计数器 A 输入端的灵敏度多为 20 mV 。

② 输入耦合方式:常设 DC、AC 两种耦合方式。

③ 输入阻抗：包括输入电阻和输入电容两部分，在 100 MHz 以下的电子计数器中多为高输入阻抗，典型值为 1 MΩ/25 pF，在高频情况下均采用匹配阻抗 50 Ω。

④ 最大输入电压：指仪器允许输入的最大电压值，若超过这一电压，则仪器将不能保证正常工作，甚至会损坏。

(4) 测量准确度

常用测量误差表示，主要由时基误差和计数误差决定。时基误差主要由晶体振荡器的稳定度确定，计数误差主要由量化误差决定。

(5) 闸门时间 $T$ 和时标 $T_S$

统称标准时间信号（或时基信号），它们由机内标准时间信号源（石英晶体振荡器）提供，有多种选择。一般闸门时间 $T$ 要大于时标 $T_S$。

(6) 显示及工作方式

显示屏显示数字的位数、所用的显示器件，以及一次测量完，显示测量结果的持续时间等。显示位数越多分辨率越高，通常显示位数为 6~10 位。显示器件有荧光数码管、LED、LCD 等。

(7) 输出

仪器可以直接输出的标准频率信号有哪几种，并指明输出测量数据的编码方式和输出电平等。

## 二、电子计数器的基本工作原理

(1) 基本工作原理

在一定的时间间隔内对输入信号脉冲进行累加计数，以完成各种测量，并将测量结果以数字形式显示出来。

(2) 图解原理

如图 9-2 所示，在闸门开启时间 $T$ 内（即门控信号为高电平），主门才能有计数脉冲信号送至计数器计数。这样闸门开启时间 $T$ 等于计数脉冲的周期 $T_S$，与计数脉冲计数值 $N$ 之积，即 $T=NT_S$。通过控制闸门和时标从而完成各种测量。

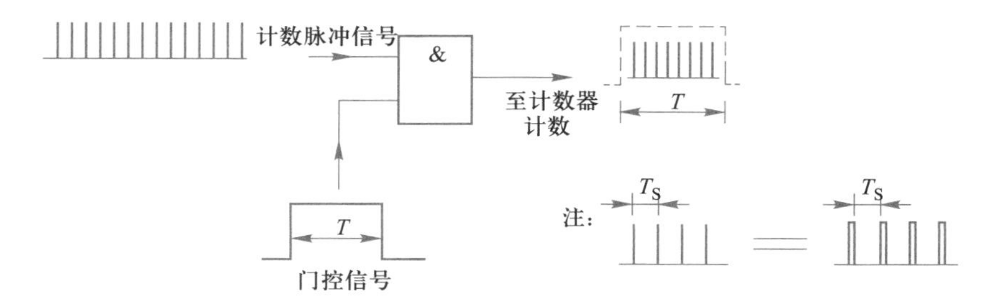


图 9-2　电子计数器的基本工作原理

## 三、通用电子计数器的基本组成

1. 通用电子计数器的基本组成框图

通用电子计数器的基本组成框图，如图 9-3 所示。

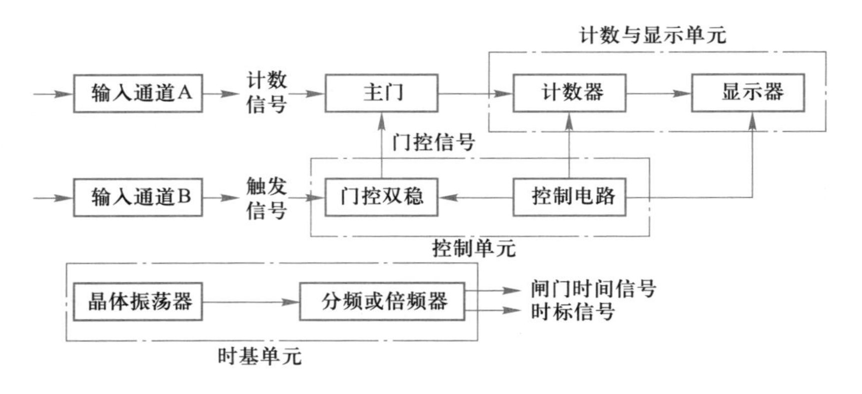


图 9-3 通用电子计数器的基本组成框图

2. 通用电子计数器的基本组成部分

(1) A、B 输入通道

其作用是将任意被测信号放大、整形成标准矩形脉冲。一般情况下,A 通道形成的脉冲用作计数信号,在门控信号作用时间内通过主门计数选通形成的脉冲用来控制门控信号的作用时间。

(2) 主门(闸门)

主门控制计数脉冲能否进入计数器,它是由**与**门组成的选通门电路,如图 9-4 所示。

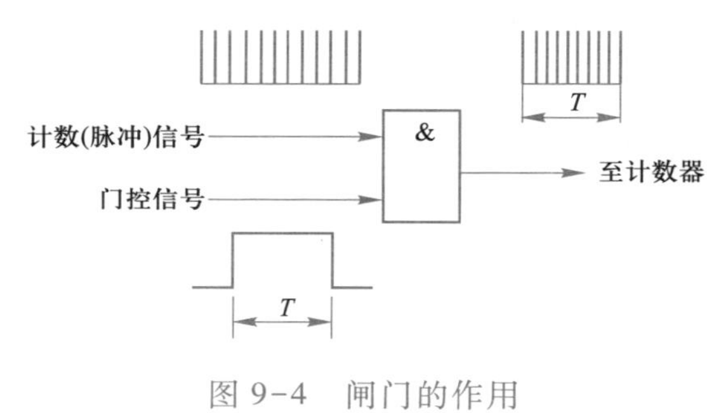


图 9-4 闸门的作用

(3) 时基单元

主要由晶体振荡器、分频及倍频器组成,产生标准时间信号。

标准时间信号有两类:① 闸门(时间)信号,时间较长;② 时标信号,时间较短。

(4) 控制单元

控制计数器各单元电路协调工作。

门控双稳态电路:给它一个触发脉冲,打开主门,再给它一个触发脉冲,关闭主门。本质是一个二分频器,由双稳态触发器构成。

(5) 计数与显示单元

计数译码显示电路。

**四、测量原理**

1. 频率和周期测量(见表 9-2)

表 9-2 频率和周期测量

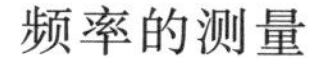

频率的测量

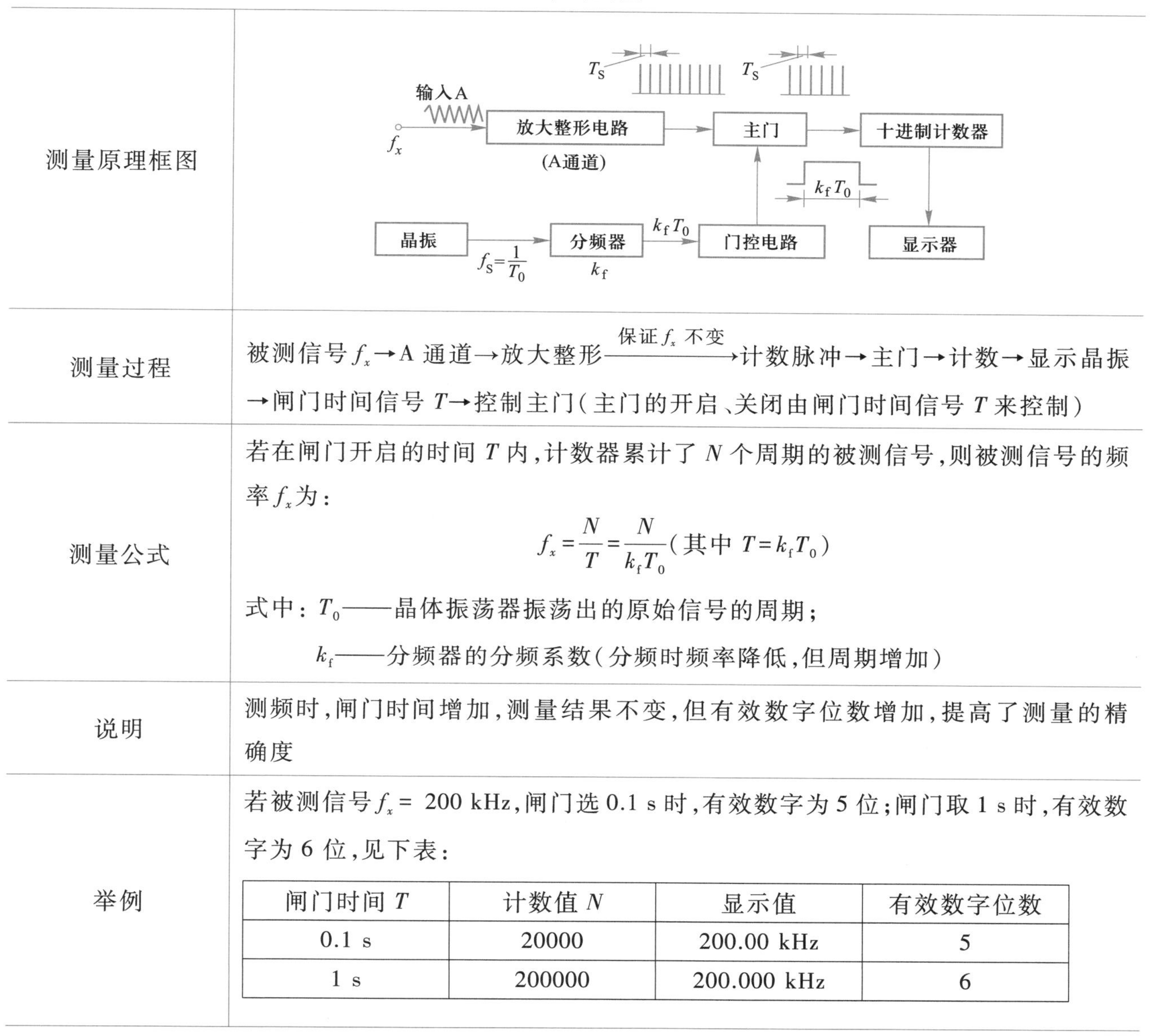


| | |
|---|---|
| 测量原理框图 | (见上图) |
| 测量过程 | 被测信号 $f_x$→A 通道→放大整形$\xrightarrow{\text{保证} f_x \text{不变}}$计数脉冲→主门→计数→显示晶振→闸门时间信号 $T$→控制主门(主门的开启、关闭由闸门时间信号 $T$ 来控制) |
| 测量公式 | 若在闸门开启的时间 $T$ 内,计数器累计了 $N$ 个周期的被测信号,则被测信号的频率 $f_x$ 为:<br>$f_x=\frac{N}{T}=\frac{N}{k_f T_0}$(其中 $T=k_f T_0$)<br>式中:$T_0$——晶体振荡器振荡出的原始信号的周期;<br>$k_f$——分频器的分频系数(分频时频率降低,但周期增加) |
| 说明 | 测频时,闸门时间增加,测量结果不变,但有效数字位数增加,提高了测量的精确度 |
| 举例 | 若被测信号 $f_x$= 200 kHz,闸门选 0.1 s 时,有效数字为 5 位;闸门取 1 s 时,有效数字为 6 位,见下表: |

| 闸门时间 $T$ | 计数值 $N$ | 显示值 | 有效数字位数 |
|---|---|---|---|
| 0.1 s | 20000 | 200.00 kHz | 5 |
| 1 s | 200000 | 200.000 kHz | 6 |

周期的测量

测量原理框图

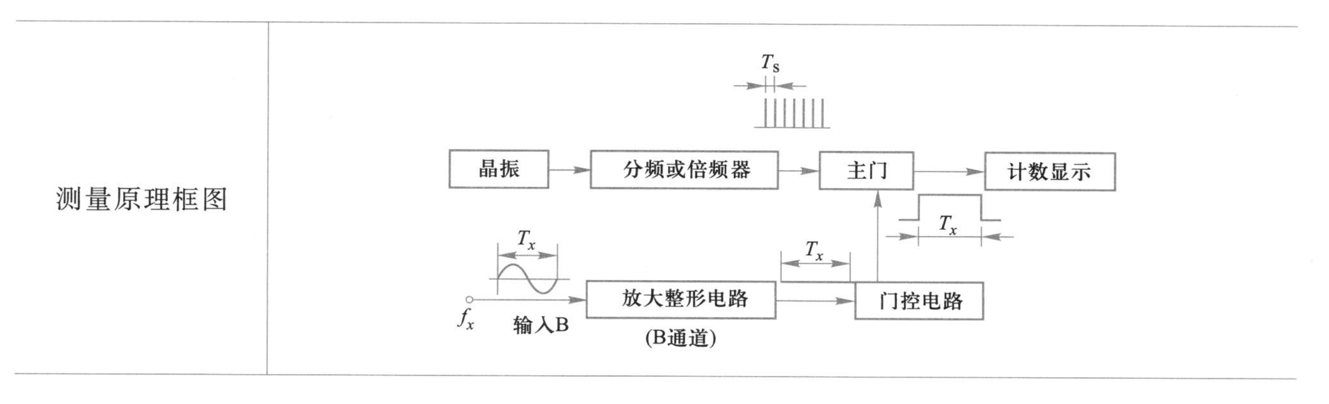

续表

| 周期的测量 | |
|---|---|
| 测量过程 | 一路：<br>晶振→时标信号→计数脉冲→主门→计数→显示<br>另一路：<br>被测信号 $T_x$→B 通道→放大整形$\xrightarrow{\text{保证 } T_x \text{ 不变}}$闸门时间信号 $T$→控制主门 |
| 测量公式 | 在闸门开启的时间 $T$ 内，若计数器累计了 $N$ 个周期时标信号，则被测信号的周期为<br>$$T_x = T = NT_S$$ |
| 说明 | 为了提高测量精度，采用多周期法（或周期倍乘法）。若将被测信号 $T_x$ 进行 $k_f$ 次分频，则被测信号的周期为<br>$$T_x = \frac{NT_S}{k_f}$$<br>这样测量的结果不变，但有效数字的位数增加了，测量精确度提高了 |
| 周期的测量 | |
| 举例 | 若被测信号的周期 $T_x = 1$ ms，时标信号 $T_S = 0.1$ μs，周期倍乘率为 100，分别采用单周期法和多周期法测量，则显示值的有效数字的位数分别为 5 位和 7 位，见下表： |

| 方法 | 计数值 $N$ | 显示值 | 有效数字位数 |
|---|---|---|---|
| 单周期法 | 10000 | 1000.0 μs | 5 |
| 多周期法 | 1000000 | 1000.000 μs | 7 |

2. 频率比和时间间隔的测量（见表 9-3）

表 9-3 频率比和时间间隔的测量

| 频率比的测量 | |
|---|---|
| 测量原理框图 | 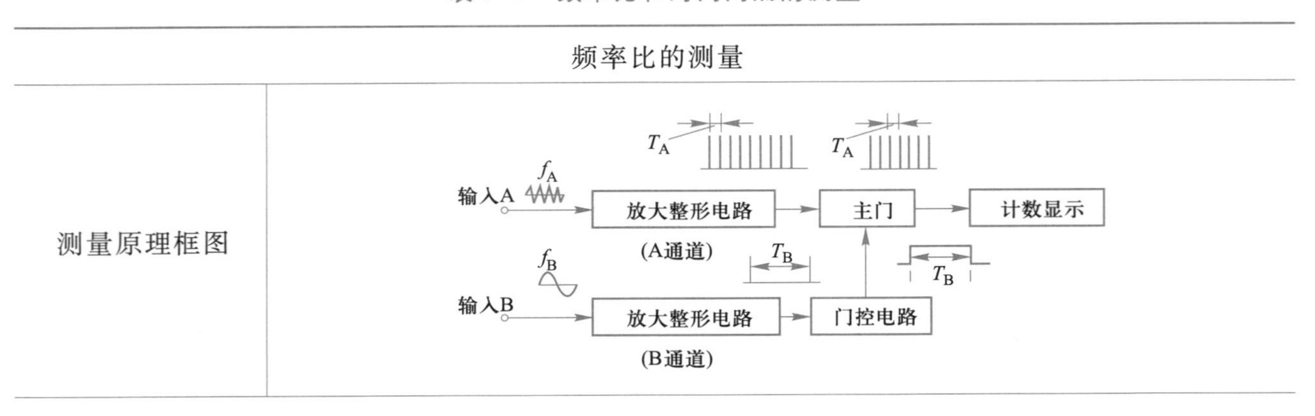 |

续表

<table>
<tr><th colspan="2">频率比的测量</th></tr>
<tr><td>测量过程</td><td>设 $f_A>f_B$：<br>被测信号 $f_A$→A 通道→放大整形 $\xrightarrow{\text{保证 } T_A \text{ 不变}}$ 计数脉冲→主门→计数→显示<br>被测信号 $f_B$→B通道→放大整形 $\xrightarrow{\text{保证 } T_B \text{ 不变}}$ 闸门时间信号 $T$→控制主门</td></tr>
<tr><td>测量公式</td><td>若在闸门开启时间 $T$ 内，计数器累计了 $N$ 个周期的被测信号 $f_A$，则两信号的频率比为：<br>$N=\frac{T_B}{T_A}=\frac{f_A}{f_B}$（其中 $T_B=T=NT_A$）</td></tr>
<tr><td>说明</td><td>为了提高测量精度，采用类似多周期测量法。若将被测信号 $f_B$ 进行 $k_f$ 次分频，使主门开启时间扩展 $k_f$ 倍，则被测两信号的频率比为：<br>$\because T=k_fT_B, T=NT_A \quad \therefore N=\frac{k_fT_B}{T_A}=k_f\frac{f_A}{f_B}$ 　故频率比为 $\frac{N}{k_f}$<br>这样测量结果的有效数字位数增加了，提高了测量精度</td></tr>
<tr><td>举例</td><td>若被测信号 $f_x=200$ kHz，闸门选 0.1 s 时，有效数字为 5 位；闸门取 1 s 时，有效数字为 6 位，见下表：<br>
<table>
<tr><th>闸门时间 $T$</th><th>计数值 $N$</th><th>显示值</th><th>有效数字位数</th></tr>
<tr><td>0.1 s</td><td>20000</td><td>200.00 kHz</td><td>5</td></tr>
<tr><td>1 s</td><td>200000</td><td>200.000 kHz</td><td>6</td></tr>
</table></td></tr>
<tr><th colspan="2">时间间隔的测量</th></tr>
<tr><td>测量原理框图</td><td>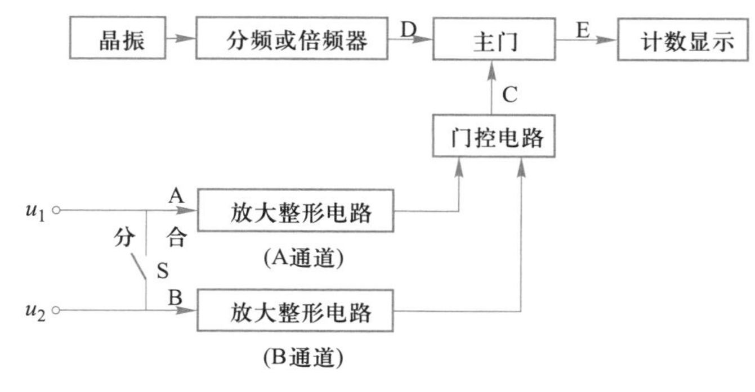
</td></tr>
</table>

续表

| 频率比的测量 | |
|---|---|
| 测量过程 | 第一种:两个同频脉冲串 $u_1$、$u_2$ 之间的时间间隔测量(工作开关 S 置于“分”位置)。假设 $u_1$ 的脉冲超前 $u_2$ 出现,则:<br>$u_1$→A 通道→放大整形→触发脉冲→开启主门<br>$u_2$→B 通道→放大整形→触发脉冲→关闭主门<br>晶振→时标信号→计数脉冲→主门→计数→显示<br>第二种:同一个脉冲信号内的时间间隔的测量(工作开关 S 置于“合”位置)。测量脉冲信号的周期、脉宽、上升时间和下降时间时,脉冲的触发极性和触发电平设置同上 |
| 测量公式 | 若主门开启时间内计数器的计数结果为 $N$,则两脉冲信号间的时间间隔 $t_d$ 为:<br>$t_d = NT_S$ |
| 说明 | 为了增加测量的灵活性,A、B 两个通道内分别备有极性选择和电平调节电路。通过触发极性和触发电平的选择,可以选取两个通道输入信号的上升沿或下降沿上的某电平点,作为时间间隔的起点和终点,因而可以测量输入信号任意两点之间的时间间隔 |

读一读

### 通用计数器测量误差

电子计数器的测量误差主要有以下几种:

① 量化误差,这是数字化测量仪器所固有的误差,不可完全避免。量化误差一般表示为

$$r_N = \frac{\Delta N}{N} \times 100\% = \frac{\pm 1}{N} \times 100\%$$

可见,最终计数值 $N$ 越大,量化误差越小。因此,在测量时尽量增加读数的有效数字位数,可减小量化误差。

② 标准频率误差,这是由石英晶体振荡器、分频和倍频电路等产生的。这种误差很小,一般可忽略。采用优质石英晶体,且放于恒温槽内工作,可减小此误差。

③ 触发误差,这是被测信号在放大、整形、转换过程中,存在各种干扰和噪声的影响,从而产生误差。该误差大小与被测信号的大小和转换电路的信噪比有关。因此,测量时,尽量提高电路信噪比,减小干扰,这样被测信号不宜衰减过大。

## 五、EE3121C 型计数器

如图 9-5 所示，EE3121C 型计数器是一种频率时间测量仪表，采用高性能单片机控制，大规模集成电路和可编程器件设计，电源采用高效优质开关电源，工艺采用表面贴装技术，外观设计强调直观显示，产品具有功能更强大、智能化程度更高、接口更丰富、操作更简便、高能效比、高可靠性、超轻质量等优点。

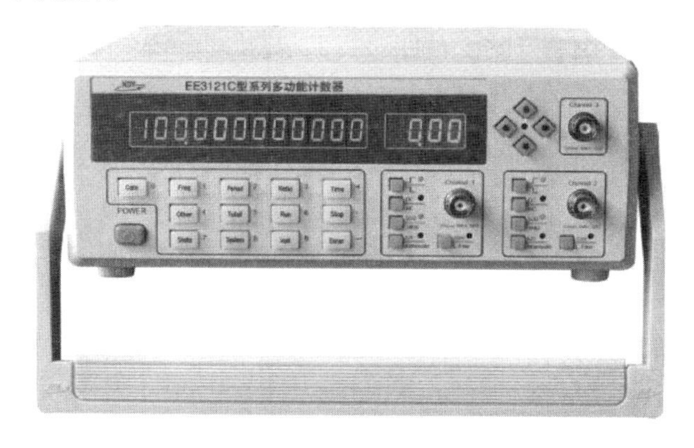


图 9-5　EE3121C 型计数器

### 1. 组成

EE3121C 型计数器是由测量计数、微处理控制、操作键盘以及显示部分组成，其测量逻辑关系如图 9-6 所示。

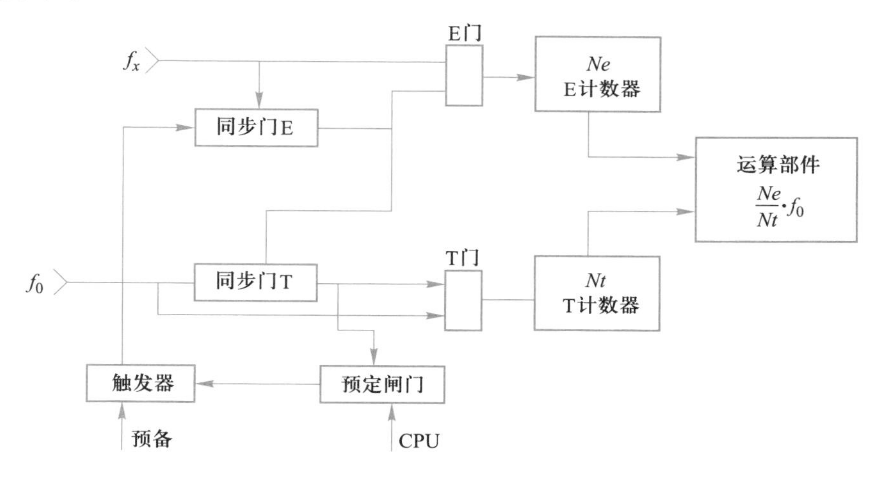


图 9-6　测量逻辑关系

### 2. 基本测量原理

首先由微处理器发出预备信号，由被测信号的上升沿触发同步门 E，主门 E 开放，E 计数器开始计数，同时由钟频（10 MHz）脉冲的上升沿触发同步门 T、主门 T 开放，T 计数器计数，当 T 计数器累计到预定闸门时间所需的脉冲个数（$Nt=T/(100\ \text{ns})$）时，微机发出解除预备信号，在紧接着来的被测信号的上升沿作用下，同步门 E 关闭，E 计数器停止计数，此时 E 计数器累计到 $Ne$ 个脉冲，同时同步门 T 在紧接着来的时钟脉冲作用下关闭，测量结束转而由微机进行取数,数据处理和显示,并启动取样率电路及根据需要进行打印程序,等取样率电路结束一次完整的测量,转入下一循环工作。

3. 技术指标

功能:测量频率、周期、时间间隔、频率比、计数、相位、脉宽、占空比、转速、幅度和统计运算(最大值、最小值、频差、标准偏差等)。

测频范围:1 或 1、2 通道:0.1~100 MHz;3 通道(选配):100 MHz~1500 GHz(015 型),100 MHz~3 GHz(030 型),100 MHz~6 GHz(060 型)。

动态范围:15 mV~3 V(均方值)。

测周范围:25ns~104 s。

测时范围:25ns~104 s。

相位测量:-180°~ +360°。

脉冲宽度:25ns~200 s。

占空比:0~100%。

计数容量:1012。

电压峰值检测:5 mV~25 V。

耦合方式:A 或 A、B 通道:AC/DC 耦合;C 通道:AC 耦合。

输入阻抗:1 MΩ/30 pF 或 50 Ω。

时基:80 MHz;频率稳定度:$\pm1\times10^{-8}$/d。

显示:16 位高亮 10 mm 绿色 LED,频率、幅度双显示。

接口:标配 RS232。

闸门:内外触发功能,内触发电平自动可调。

外形尺寸:240 mm×230 mm×90 mm。

质量:≤1.5 kg。

4. 面板

仪器面板的部件功能见表 9-4。

表 9-4 面板的部件功能

| 序号 | 部件 | 图示 | 说明 |
|---|---|---|---|
| 1 | 电源开关(POWER) | POWER | 按下开关则接通整机电源 |
| 2 | 复位按键 (Reset) | Reset | 按下此键则整机重新复位启动 |

续表

| 序号 | 部件 | 图示 | 说明 |
| --- | --- | --- | --- |
| 3 | 测频率按键(FREQ) |  | 按下此键执行频率测量 |
| 4 | 测周期按键(PER) |  | 按下此键执行周期测量 |
| 5 | 自校按键(CHK) |  | 按下此键执行自校 |
| 6 | 测时间间隔按键(T1) |  | 按下此键执行时间间隔测量 |
| 7 | 测频率比(B/A) |  | 按下此键执行比率测量 |
| 8 | 闸门选择(GATE) |  | 按下此键并与 ←↑↓→ 键配合选择适当的预选闸门,并由#键确定 |
| 9 | 累计测量(TOT) |  | 按下此键进行累计测量 |
| 10 | 暂停按键(STOP) |  | 按下此键在累计时暂停计数,再按此键时继续计数 |
| 11 | 取样延时键(SMPL) |  | 按下此键并与方向键配合,选择适当的延时时间,并由#键确定 |
| 12 | 通道电平选择(CH) |  | 按下此键进行通道电平设定 |
| 13 | 确定键(#) |  | i 确定键;ii 预置“0”电平与设置电平的确定 |
| 14 | 触发沿选择键(K1、K6) | 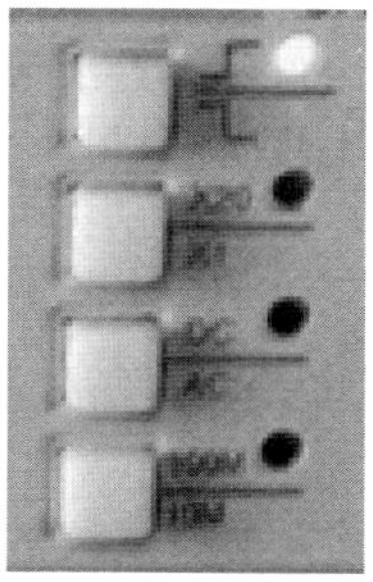 | 按下此键:灯“亮”,选择上升沿按下此键:灯“灭”,选择下降沿 |
| 15 | 衰减选择键(K2、K7) | | |
| 16 | 交直流耦合选择(K3、K8) | | |
| 17 | 输入频段选择(K4) | | (仅测频时使用) |

续表

| 序号 | 部件 | 图示 | 说明 |
| --- | --- | --- | --- |
| 18 | 共同键(K9) | — | |
| 19 | A 通道电平指示灯 | — | |
| 20 | B 通道电平指示灯 | — | |
| 21 | 电平设置指示灯(L1) | — | 灯亮,进行设置电平状态;灯灭,预置电平状态 |
| 22 | 时间、电平选择键 | — | 左、右键铵下:时间长、短的选择<br>上、下键按下:幅度递增(减)选择 |
| 23 | 外部晶振输入指示(EXT PRF) | — | 灯亮,表明外部时钟信号输入 |
| 24 | 晶振指示灯(XTAL) | — | 灯亮,表明内部晶振工作 |
| 25 | 闸门指示灯(GATE) | — | 随开启主门时间变化 |

5. 测频方法

(1) 将输入信号连接到通道 1 输入

这时计数器通道 1 输入指示灯闪烁,表明已有信号输入。如指示灯不闪烁,则按设置通道 1 的触发电平、触发沿、输入阻抗、输入耦合、输入衰减和低通滤波器选择,使输入信号能够有效触发,指示灯闪烁。

(2) 按“STOP”键

计数器停止测量状态,测量结果保持,按一次“RUN”键,计数器再进行一次测量,显示测量结果。如计数器一次测量未结束时按“STOP”键,则计数器直接停止测量。

(3) 按“RUN”键

计数器进入连续测量状态,测量一次显示测量结果,等待完暂停时间后接着进行下一次测量。

(4) 按“STATS”键

打开统计运算菜单,使统计功能设置在 $N$ 次测量状态,默认 $N$ 设置为 10,统计运算功能开。

(5) 按“RUN”键

计数器进入连续测量状态,“RUN”指示灯亮。测量 $N$(10)次,等待完暂停时间后接着进行下一个 $N$(10)次测量。

(6) 再按“STATS”键进入统计运算菜单,可关闭统计运算功能

## 9.3　项目实施

### 一、操作规范

① 仪器使用三芯电源线，电源插座应接地良好。仪器外壳和所有的外露金属均已接地，在与其他仪器相连时应特别注意。

② 测试前通电预热。若要准确测量，仪器应预热 60 min。

③ 每次测试前应先对仪器进行自校检查。

④ 被测信号的大小必须在电子计数器允许的范围内，否则，输入信号太小测不出被测量，输入信号太大有可能损坏仪器。

⑤ 在允许的情况下，尽可能使显示结果精确些，即所选闸门时间应长一些。

### 二、实训器材及仪器

实训器材及仪器见表 9-5。

**做一做**

准确清点和检查全套实训仪器的数量和质量，进行元器件的识别与检测。发现仪器、元器件缺少、损坏，立即向指导教师汇报。

表 9-5　实训器材及仪器

| 序号 | 仪器器材 | 实物图样 | 数量 | 序号 | 仪器器材 | 实物图样 | 数量 |
|---|---|---|---|---|---|---|---|
| 1 | 电子计数器 | EE3121C 型 | 1 台 | 2 | 趣味电子琴 | YB1731A2A 型 | 1 台 |

续表

| 序号 | 仪器器材 | 实物图样 | 数量 | 序号 | 仪器器材 | 实物图样 | 数量 |
|---|---|---|---|---|---|---|---|
| 3 | 函数信号发生器 | EE1641B 型 | 1 台 | 4 | 万用表 | MF-47 型 | 1 个 |

## 三、实施步骤

### 1. 电子计数器的自校

插上电源线后，仪器内部晶体振荡器即已通电。按下电源开关，仪器进入初始化。先全部点亮数码管和 LED 指示灯，初始化结束后，仪器进入初始状态，为通道 1 测频，显示“Freq”和“Ch1”。

### 2. 使用电子计数器调校简易电子琴

测试线路和仪器如图 9-7 所示。

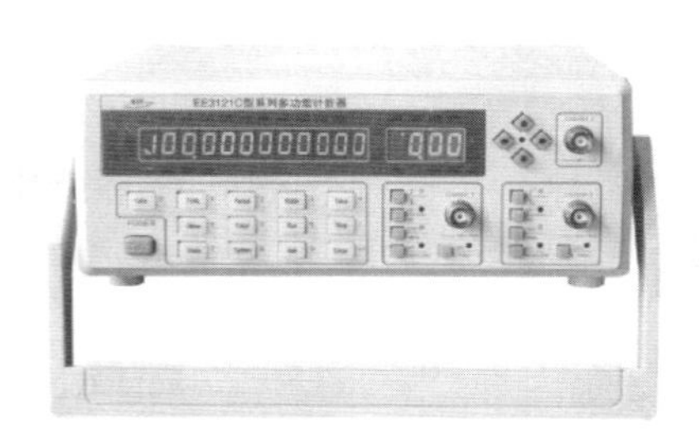
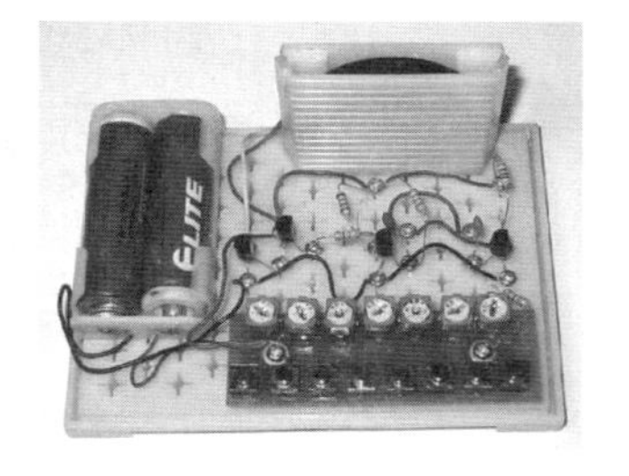

图 9-7 测试线路和仪器

可用 8.2Ω/2W 电阻（假负载）代替扬声器（因为扬声器是感性负载影响测量准确性，同时也是为了保护扬声器）。

（1）连接电路

将输入电缆的一头接在计数器通道 1 上，另一头的红黑端分别与假负载的正负端相连。

（2）测量数据

如图 9-8 所示，从左至右按下电子琴的按键 K1～K8，此时计数器通道 1 输入指示灯闪烁，表明已有信号输入。此种情形说明电子琴电路起振，有矩形脉冲输出，但音阶不准，也即振荡频率不符合要求，需要调整电位器 $W_1 \sim W_8$，改变振荡频率，见表9-6。

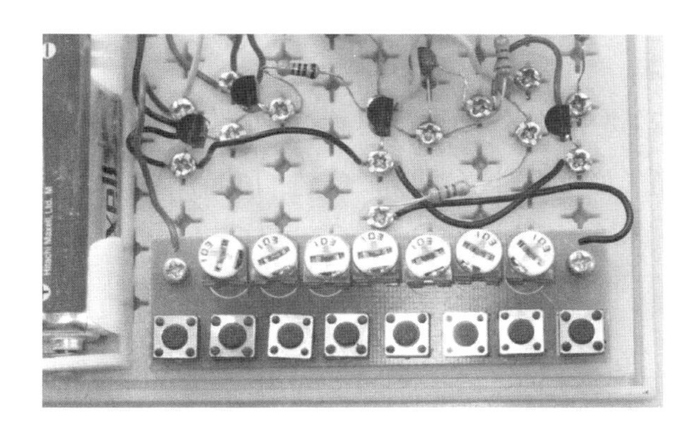

图9-8　电子琴的按键

表9-6　改变振荡频率

| 序号 | 按键 | 电位器 | 音阶 | 频率 |
|---|---|---|---|---|
| 1 | K1 | $W_1$ | 哆 | 523 Hz |
| 2 | K2 | $W_2$ | 来 | 587 Hz |
| 3 | K3 | $W_3$ | 咪 | 659Hz |
| 4 | K4 | $W_4$ | 发 | 698Hz |
| 5 | K5 | $W_5$ | 唆 | 784Hz |
| 6 | K6 | $W_6$ | 啦 | 880Hz |
| 7 | K7 | $W_7$ | 西 | 998Hz |
| 8 | K8 | $W_8$ | 哆(高音) | 1046Hz |

(3) 验证结果

根据表中的数据，用计数器调好各按键所对应的振荡频率。拆掉假负载，接上扬声器。通电后，按乐谱，弹一首简单的歌曲，验证试验结果。

读一读

**音阶小常识**

扬声器的振动频率不同，导致产生不同的声音；基本音的“哆”对应频率为523 Hz，“来”对应频率为587 Hz，“咪”对应频率为659 Hz，“发”对应频率为698 Hz，“唆”对应频率为784 Hz，“啦”对应频率为880 Hz，“西”对应频率为998 Hz，低8度音为基本音频率/2，例如低音“哆”的频率为523/2 Hz=261.5 Hz。高8度音为基本音频率×2，例如高音“哆”的频率为523×2 Hz=1 046 Hz。

## 四、数据记录与分析

### 1. 电子计数器的自校

每次测试前应先对仪器进行自校检查，切换闸门时间，读出仪器显示值，记录在表 9-7 中。如读数与仪器要求不符，说明仪器有故障，应进行检修。

表 9-7 数据记录

| 闸门时间 | 1 ms | 10 ms | 100 ms | 1 s |
|---|---|---|---|---|
| 显示结果 | | | | |
| 正常显示 | 10000 | 10000.0 | 10000.00 | 10000.000 |

结论参考：闸门时间越长，则有效位越大，测量误差越小。

### 2. 使用电子计数器调校简易电子琴

按下电子琴的按键 K1～K8，用计数器测量其振荡频率，记录在表 9-8 中。若频率与要求有偏差，可以调节电位器 $W_1 \sim W_8$。

表 9-8 数据记录

| 按下按键 | 调节电位器 | 振荡频率 |
|---|---|---|
| K1 | $W_1$ | |
| K2 | $W_2$ | |
| K3 | $W_3$ | |
| K4 | $W_4$ | |
| K5 | $W_5$ | |
| K6 | $W_6$ | |
| K7 | $W_7$ | |
| K8 | $W_8$ | |

议一议

声音的音调与频率的关系。

## 9.4 项目评价与反馈

项目9的评价与反馈见表9-9。

表9-9 评价与反馈

| 项目 | | 配分 | 评分标准 | 自评 | 组评 | 师评 |
|---|---|---|---|---|---|---|
| 1 | 识读EE3121C型计数器的说明书 | 10分 | (1)不能指出计数器的特点,扣3分<br>(2)不能说明计数器框图,扣3分<br>(3)不能说出计数器4个主要指标,扣4分 | | | |
| 2 | 初步认识EE3121C型计数器的面板 | 10分 | (1)不能认识计数器面板部件,扣5分<br>(2)不能说明计数器面板部件功能,扣5分 | | | |
| 3 | 能调节面板主要的开关旋钮 | 10分 | (1)不能根据实际需要选择功能,扣5分<br>(2)不能准确选择测量参数,扣5分 | | | |
| 4 | 能理解计数器的使用及维护方法 | 15分 | (1)测量完毕时,不整理实训器材扣5分<br>(2)接线、拆线顺序不正确,扣10分 | | | |
| 5 | 能正确进行读数 | 15分 | (1)不会读数,扣10分<br>(2)不能准确读数,扣5分 | | | |
| 6 | 计数器的自校 | 15分 | (1)不能正确连线,扣5分<br>(2)不能正确读数,扣5分<br>(3)不能正确分析实训结果,扣5分 | | | |
| 7 | 调校简易电子琴 | 15分 | (1)不能正确连线,扣5分<br>(2)不能正确读数,扣5分<br>(3)不能正确分析实训结果,扣5分 | | | |
| 8 | 安全文明生产 | 10分 | 违反安全文明生产规程,扣5~10分 | | | |
| 签名 | | 得分 | | | | |

## 9.5 项目小结

电子计数器是一种多功能电子测量仪器,可以用来测量信号的频率、频率比、周期、时间间隔和累加计数等。本项目通过简易电子琴的音阶调校,使大家掌握电子计数器的使用方法。

## 9.6　项目拓展

### 一、拓展链接

使用电子计数器测量单片机的振荡频率。

### 二、拓展练习

画出通用电子计数器的组成框图。

# 模块5 频域测量

## 情境导入

学校电子兴趣小组小王同学接到陈老师送来的调频收音机和USB接口小音箱，陈老师反映最近收音机收台少了，小音箱声音沙哑、音质差，希望帮助检修一下。小王同学在老师的指导下，查找出收音机的故障点在中频放大器产生了频偏、小音箱的故障点在末级功放耦合电容失效，借助相应仪器对电路进行调整维修，顺利完成了任务。本模块介绍两种重要的仪器——扫频仪和失真度仪。

## 知识目标

- 了解频域测量对仪器的基本要求。
- 了解频域测量的分类。
- 理解扫频仪、失真度仪的组成。
- 理解扫频仪、失真度仪的工作原理。

## 技能目标

- 会识读扫频仪、失真度仪的说明书。
- 认识扫频仪、失真度仪的面板。
- 能使用扫频仪、失真度仪进行频域测量。
- 会选用频域测量仪器仪表。

# 项目 10

# 使用扫频仪测试调频收音机中频放大器的频率特性

## 10.1 项目任务单

扫频仪虽然型号较多,但在用途及使用方法上基本相同。本项目以 BT3C-RF 型扫频仪为例,使用其进行基本测量。

本项目任务单见表 10-1。

**表 10-1 项目任务单**

| 名称 | 使用扫频仪测试调频收音机中频放大器的频率特性 | | |
| --- | --- | --- | --- |
| 内容 | (1) 识读 BT3C-RF 型扫频仪的说明书<br>(2) 初步认识 BT3C-RF 型扫频仪的面板<br>(3) 用扫频仪测试调频收音机中频放大器的频率特性 | | |
| 要求 | (1) 了解 BT3C-RF 型扫频仪的主要技术参数<br>(2) 了解 BT3C-RF 型扫频仪的表盘、电源开关、输入端子和量程开关的作用<br>(3) 能正确理解被测设备的频率特性情况<br>(4) 能正确读数<br>(5) 操作结束,能按要求整理工作台 | | |
| 技术资料 | BT3C-RF 型扫频仪使用说明书 | | |
| 签名 | | 备注 | |

## 10.2 知识链接

### 一、扫频测量技术

扫频测量就是频率特性测量，通过扫频仪观察各种电路频率特性曲线，可以算出被测电路的频带宽度、品质因数、电压增益、输入输出阻抗及传输线特性阻抗等参数。因此，频域特性测量是电子测量中常见的内容之一。

用它可测定无线电设备(如宽带放大器、雷达接收机的中频放大器、高频放大器、电视机的公共通道、伴音通道、视频通道以及滤波器等有源和无源器四端网络)的频率特性。

### 二、BT3C-RF 型扫频仪

BT3C-RF 型扫频仪整机电路结构可分为三个部分:公共部分、频标部分和垂直工作系统，如图 10-1 所示。

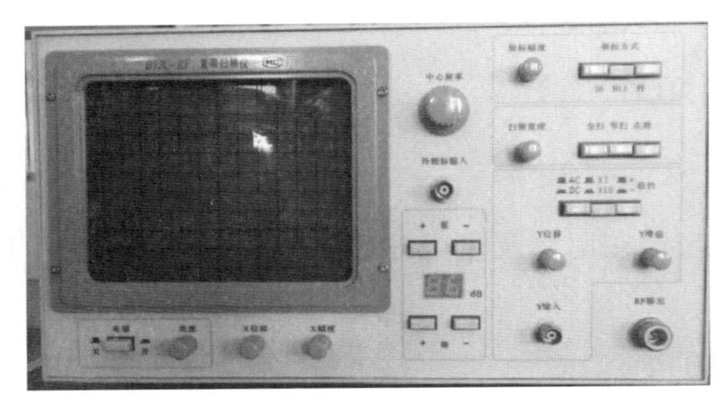

图 10-1 BT3C-RF 型扫频仪

1. 组成

由扫频信号发生器、$X$ 放大器、$Y$ 放大器和频标信号形成电路等组成，如图 10-2 所示。

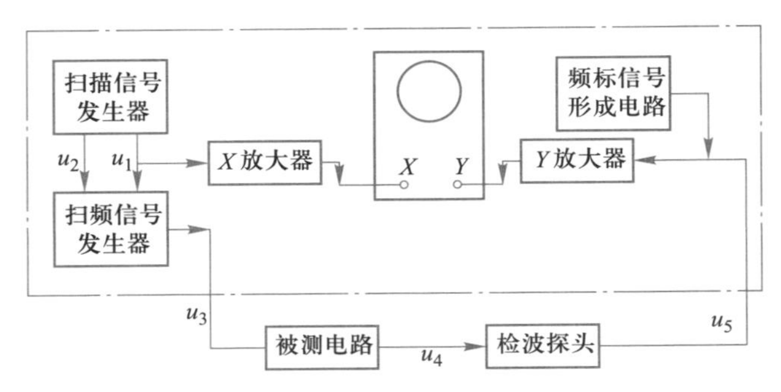


图 10-2 扫频仪组成框图

2. 主要技术参数

① 中心频率:1~300 MHz 范围任意调节。

② 扫频宽度:最大频偏≥±15 MHz,最小频偏≤±0.5 MHz。

③ 扫频非线性系数:小于 10%(扫频频偏在±15 MHz 内)。

④ 输出扫频信号电压:大于 0.5 V(有效值)。

⑤ 输出阻抗:75 Ω±20%。

⑥ 频标信号:1 MHz/10 MHz、50 MHz、外接。

⑦ 扫频信号衰减:粗衰减,10 dB×7 步进;细衰减,1×9 dB 步进。

⑧ 寄生调幅系数:小于 7%(扫频频偏在±15 MHz 内)。

⑨ 检波探测器性能:输入电容不大于 5 pF,最大允许直流电压 300 V。

⑩ 示波部分的垂直输入灵敏度:大于 250 mm/V。

3. 面板

BT3C-RF 型扫频仪前、后面板分别如图 10-3 和图 10-4 所示。

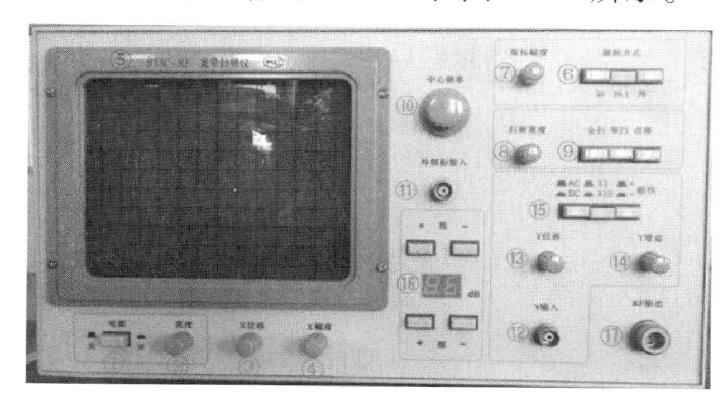

图 10-3　BT3C-RF 型扫频仪前面板

图 10-4　BT3C-RF 型扫频仪后面板

(1) 公共部分

公共部分简介见表 10-2。

表 10-2 公共部分简介

| 图中标号 | 图示 | 作用与说明 |
| --- | --- | --- |
| ① | 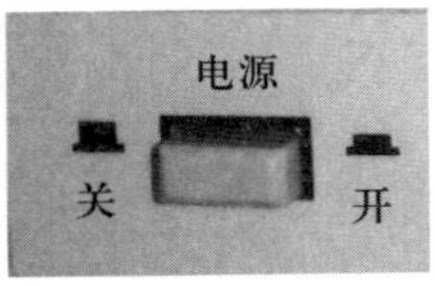 电源 关 开 | 电源开关在前面板的左下角,按下按键表示接通电源,再按一下按键抬起,仪器断电 |
| ② |  亮度 | 用来调节轨迹亮度,顺时针旋转增加显示图形亮度,一般以人眼观看舒适为宜 |
| ③ | 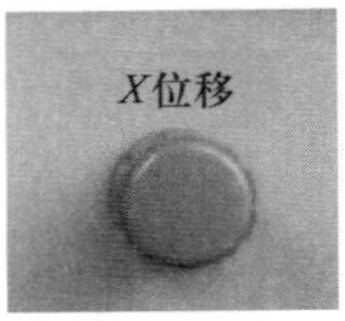 X位移 | 用来调节轨迹在荧光屏中的水平位置,顺时针旋转轨迹右移,逆时针旋转轨迹左移 |
| ④ | 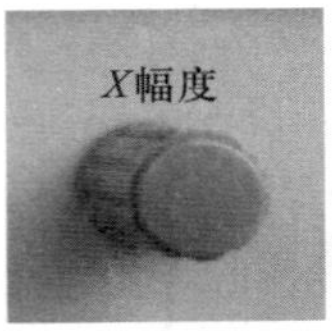 X幅度 | 用来调整水平线扫描线的宽度,顺时针旋转增加幅度,逆时针旋转减小幅度 |
| ⑤ | 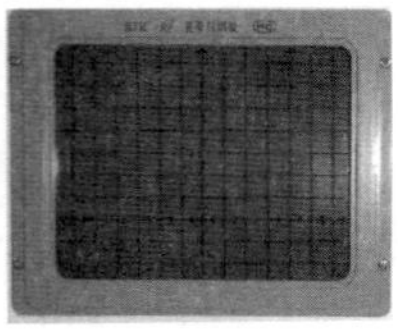 荧光显示屏 | 显示待测网络电路幅频特性曲线 |

（2）频标部分

频标部分简介见表10-3。

表10-3 频标部分简介

| 图中标号 | 图示 | 作用与说明 |
| --- | --- | --- |
| ⑥ | 频标方式<br>50 10.1 外 | 频标就像一把直尺，可以在屏幕上与频率特性曲线同时显示，通过这把“直尺”，可以直接读出特性曲线的频率范围；而频率方式就像直尺上的大刻度和小刻度的选择一样，需要大刻度读数时，选择“50”按键，则表示每个频标之间的间隔为50 MHz；要精确读出频率时，可以选按“10.1”按键，此时屏幕上将有大小两种频标，大频标之间的间隔为10 MHz，小频标之间的间隔为1 MHz；如有特别需求，还可以选按“外”频标方式 |
| ⑦ | 频标幅度 | 用于调整频标幅度，顺时针旋转增加频标幅度，逆时针旋转减小频标幅度 |
| ⑧ | 扫频宽度 | 在窄扫时对扫频宽度进行调整，顺时针旋转扫频宽度增大 |
| ⑨ | 全扫 窄扫 点频 | 全扫：也称全景扫描，即屏幕上显示全频段频率特性曲线图。<br>窄扫：用于区域频段扫描，应用此种方式可以更为精确地观察特性曲线的情况，一般与“扫频宽度”旋钮配合使用。<br>点频：可以在RF输出端得到连续的频率信号，此时，该扫描仪可以作为信号源使用，改变“中心频率”旋钮，“RF输出”端输出的正弦波频率也相应改变 |

续表

| 图中标号 | 图示 | 作用与说明 |
|---|---|---|
| ⑩ | 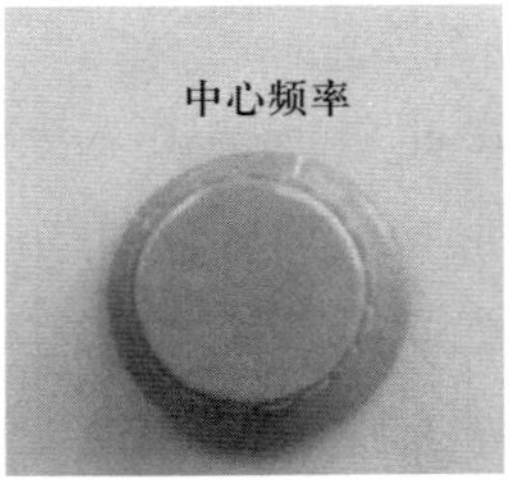 中心频率 | 在“窄扫”方式下，“中心频率”旋钮可以改变扫频信号在屏幕上的显示区域；在“点频”方式下，该旋钮可以改变 RF(射频信号)的输出频率 |
| ⑪ | 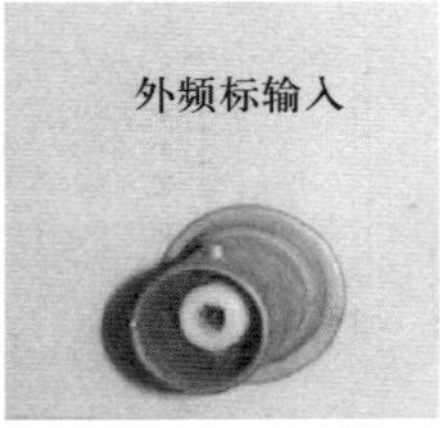 外频标输入 | 该插孔为使用外部频率源作为扫频仪频标产生的基准源，要求外部信号源输入该端口信号幅度不能小于300 mV(峰峰值)，阻抗为 75 Ω |

(3) 垂直工作系统

垂直工作系统简介见表 10-4。

表 10-4 垂直工作系统简介

| 图中标号 | 图示 | 作用与说明 |
|---|---|---|
| ⑫ | 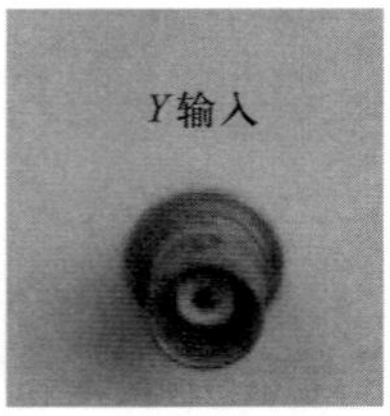 *Y*输入 | 接收检波器以后的信号，送入内部电路放大处理后，在屏幕上显示出来 |
| ⑬ | 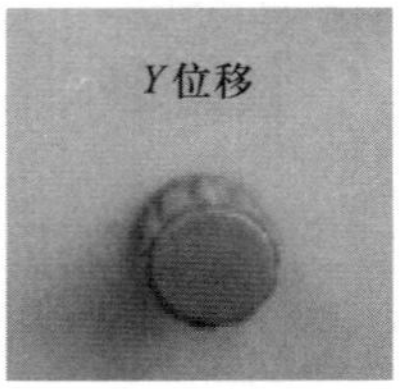 *Y*位移 | 用来调节轨迹在荧屏中的垂直位置 |

续表

| 图中标号 | 图示 | 作用与说明 |
| --- | --- | --- |
| ⑭ | 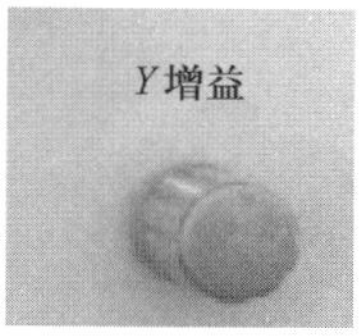 Y增益 | 用于调节显示屏幕上的图形在垂直方向上的幅度大小,顺时针旋转幅度增加 |
| ⑮ | 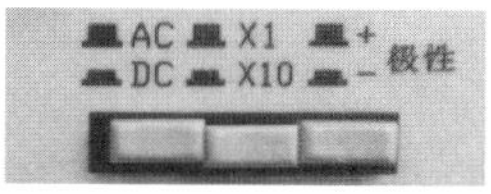 AC X1 + 极性<br>DC X10 − | AC/DC:按下为DC,此时接入信号检测后,水平线基线的垂直位置不变,而被检测的频率特性曲线在水平线或上或下的方向位显示:抬起该键为AC,当接入被检测信号后,特性曲线与水平线在垂直方向上同时拉开。<br>×1/×10:$Y$轴衰减倍率。<br>+/-极性:按下为正极性,即特性曲线在水平线上端显示,反之在水平线下端显示 |
| ⑯ | 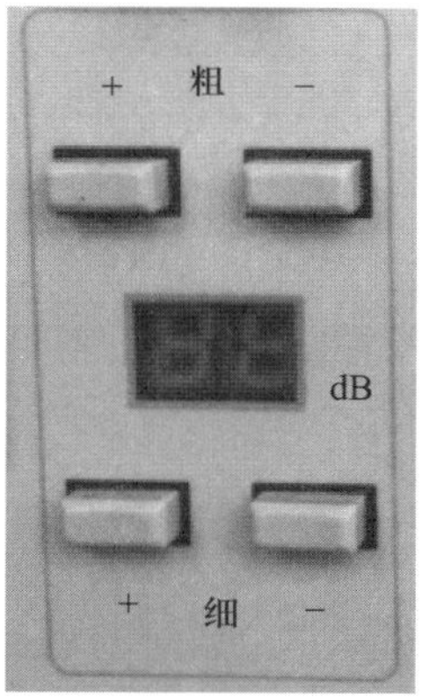 + 粗 −<br>dB<br>+ 细 − | 扫频信号输出衰减开关为扫频仪信号输出强度的调整开关,中间的数码显示实际输出的衰减量,上面两个按键为粗调整,即只改变数码显示器高位(+位)的数字,数字调整范围是0~7;下面两个按键为细调整,它只能改变数码显示器个位的数字,调整范围是0~9。工作时两数位同时显示,即为总的衰减量,单位为dB。按“+”键衰减量增加,按“-”键衰减量减小 |
| ⑰ | 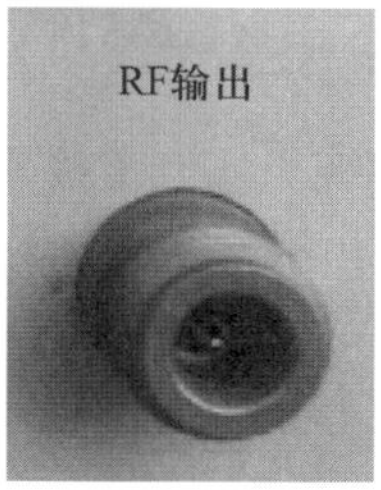 RF输出 | 该端口是扫频仪输出扫频信号的端口,在“点频”方式下,也是输出射频信号的输出端口 |
| ⑱ | 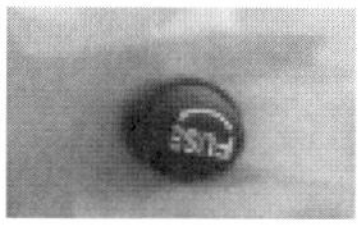 FUSE | 扫频仪熔体(2 A) |
| ⑲ | 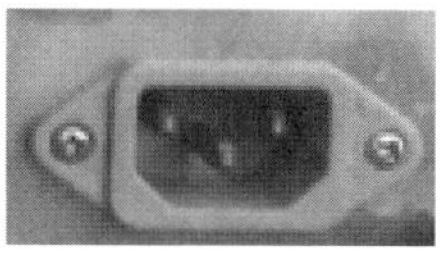  | 扫频仪电源插座,接AC 220 V电源 |

(4) 垂直工作系统中需要用到的其他器材(见表 10-5)。

表 10-5 垂直工作系统中需要用到的其他器材

| 序号 | 图示 | 说明 |
|---|---|---|
| 1 | 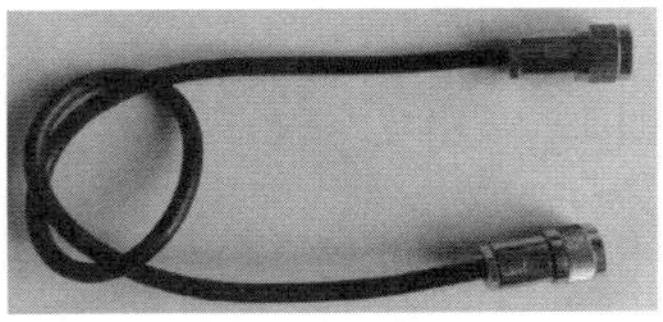 输出电缆 | 输出电缆是频率特性测试仪的扫频信号输出电缆,电缆两端均连接有 N 形插座,电缆阻抗为 75 Ω |
| 2 |  检波器 | 该检波器也称检波头,其作用是将射频信号转换为直流信号,主要用于整机设备的检测。<br>注意:严禁大于 100 mV 的高频电压通过该检波器,以免造成损伤 |
| 3 | 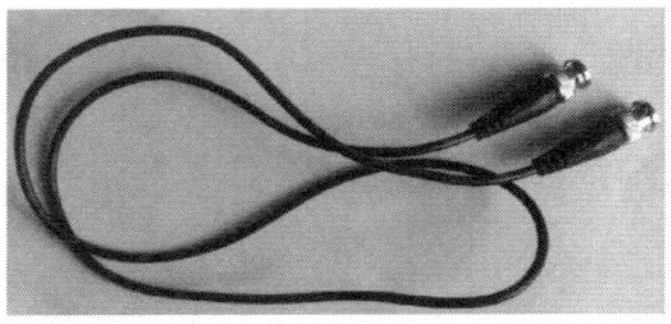 不带检波的输入电缆<br>(直通电缆) | 该电缆是一个直通输入电缆,电缆端头均连接有 BNC 插头,电缆阻抗为 75 Ω |
| 4 |  带检波的输入电缆 | 该电缆使用阻抗为 75 Ω 的同轴电缆,一端连接 BNC 插头,而另一端连接带检波器探针,主要用于整机设备的检测 |

## 10.3 项目实施

### 一、操作规范

使用前的准备工作见表 10-6。

表 10-6　准 备 工 作

| 序号 | 操作对象与图示 | 作用与说明 |
| --- | --- | --- |
| 1 |  亮度 | 开机后，调整“亮度”旋钮，使水平轨迹亮度合适 |
| 2 | 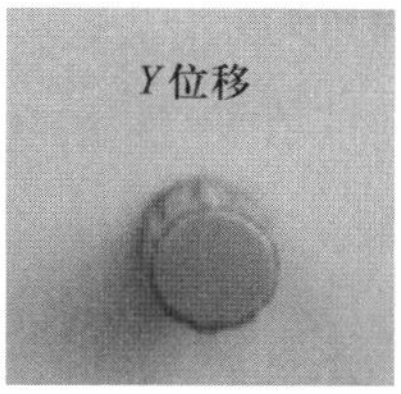 *Y* 位移 | 调整“*Y* 位移”旋钮使水平线位置合适 |
| 3 | 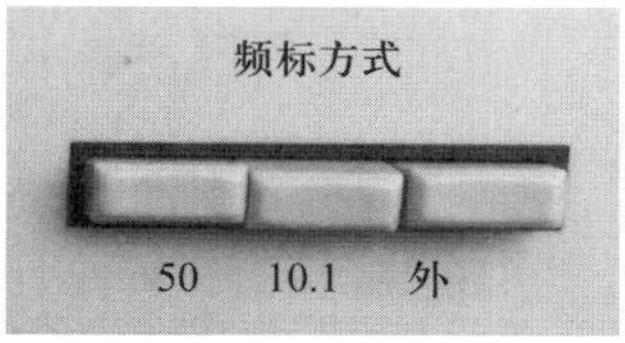 频标方式<br>50　10.1　外 | 选择频标方式按键，试调该功能是否正常，这里选按“10.1”键。此时在屏幕上就可以看见等间隔的垂直图标，这就是频标，如下一栏左图所示 |
| 4 | 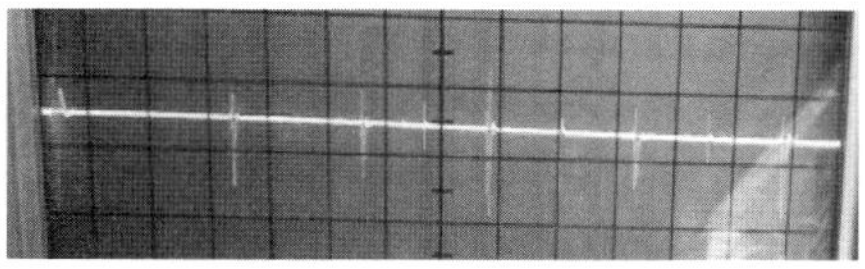  | 按下频标方式“50”键，可以看到细小的频标没有了，只能见到 10 个大频标在屏幕上显现，大频标之间的间隔为 50 MHz |
| 5 | 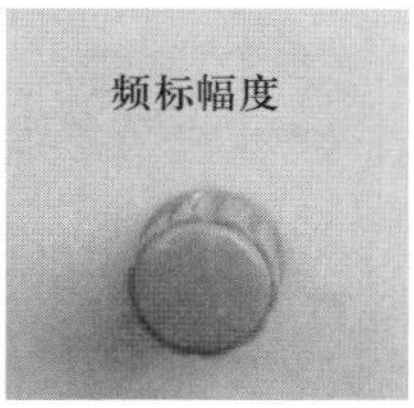 频标幅度 | 如频标幅度过小或没有显示，可以调整“频标幅度”旋钮，使频标适度地显示在水平线上 |
| 6 |  全扫　窄扫　点频 | 按下“窄扫”按键，准备查看在此方式下的频标显示情况 |

续表

| 序号 | 操作对象与图示 | 作用与说明 |
| --- | --- | --- |
| 7 | 中心频率 | 逆时针缓慢旋转“中心频率”旋钮,可以看到有一系列频标依次通过屏幕中心 |
| 8 |  | 当逆时针旋转到最左边时,在屏幕中心附近可以看到有一个大频标,这就是零频标 |

## 二、实训器材及仪器

实训器材及仪器见表 10-7。

表 10-7 实训器材及仪器

| 序号 | 仪器器材 | 实物图样 | 数量 | 序号 | 仪器器材 | 实物图样 | 数量 |
| --- | --- | --- | --- | --- | --- | --- | --- |
| 1 | 扫频仪 | BT3C-RF 型 | 1 台 | 3 | 稳压电源 |  | 1 台 |
| 2 | 电路板 |  | 1 块 | 4 | 测试电缆 |  | 2 根 |

做一做

准确清点和检查全套实训仪器的数量和质量,发现仪器损坏,立即向指导教师汇报。一切正常后,测试调频收音机中频放大器的频率特性。

## 三、实施步骤

本次测试的收音机采用陶瓷滤波器中频放大器。一般的调频收音机的中频是 10.7 MHz，BT3C-RF 型扫频仪的扫频范围是 1～450 MHz。调频收音机中频放大电路如图 10-5 所示，收音机测试连接图如图 10-6 所示。收音机调试过程见表 10-8。

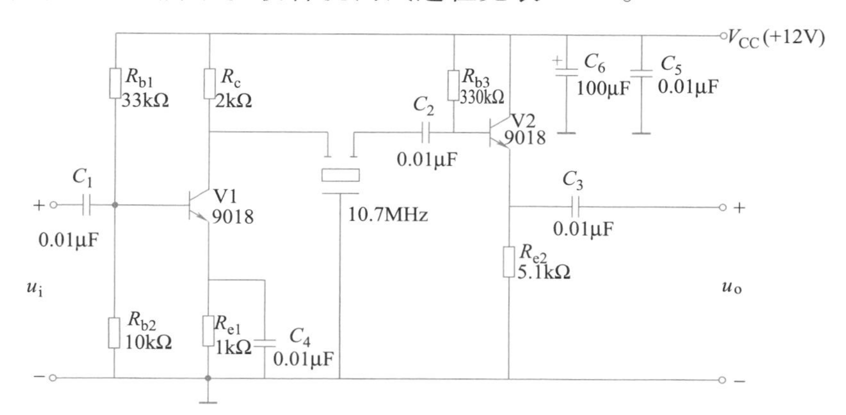


图 10-5　调频收音机中频放大电路图

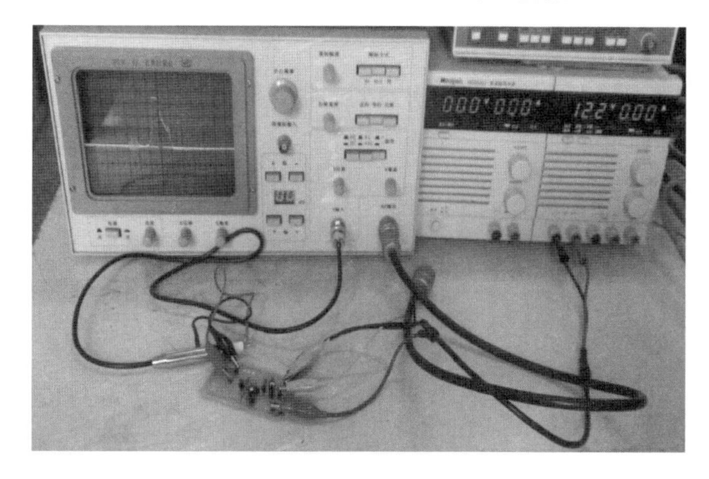

图 10-6　收音机测试连接图

**表 10-8　收音机调试过程**

| 步骤 | 操作对象及图示 | 操作内容 |
|---|---|---|
| 1 | | 由于电路板的体积比较小，而扫频仪的输出、输入电缆又比较粗硬，也不便于操作，所以，在实际使用中，较多使用的是粗电缆转接一下。<br>将输出电缆连接至图 10-5 的 $u_i$处，再将扫频仪的检波输入电缆连接至 $u_o$处即可 |

续表

| 步骤 | 操作对象及图示 | 操作内容 |
| --- | --- | --- |
| 2 |   | 调整“中心频率”旋钮使特性曲线移入屏中 |
| 3 | 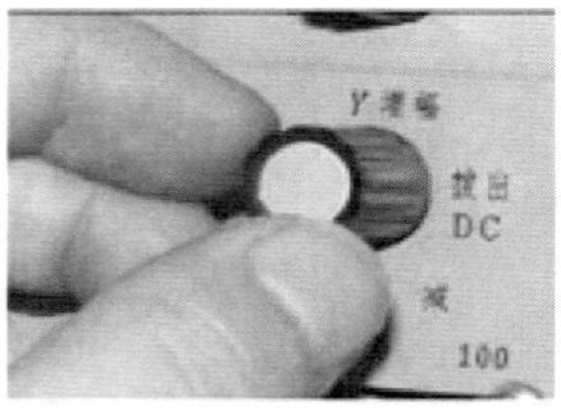  | 调整“$Y$ 增益”旋钮使曲线幅度适中 |
| 4 |   | 调整“扫频宽度”旋钮使特性曲线宽度合适 |
| 5 | 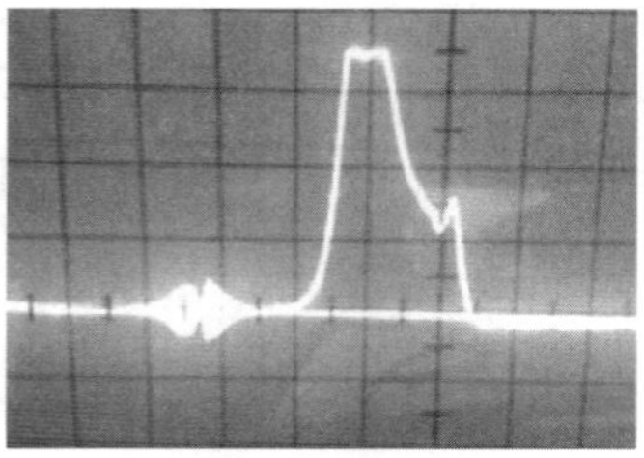  | 陶瓷滤波中频放大器频率特性波形图 |

## 四、数据记录与分析

测试调频收音机中频放大器的频率特性，并画出频率特性图。

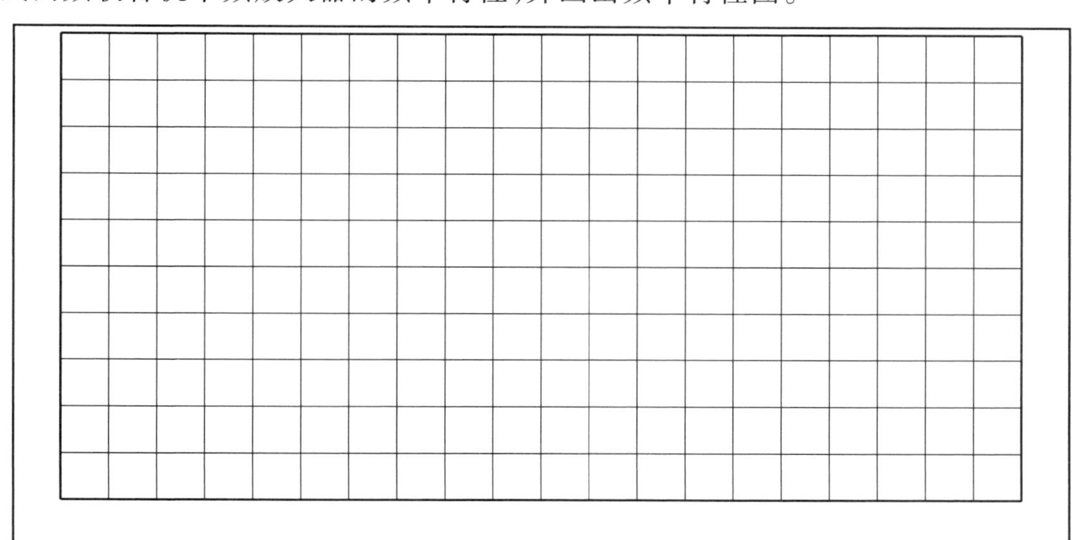

频率特性曲线分析：

## 10.4　项目评价与反馈

项目 10 的评价与反馈见表 10-9。

表 10-9　评价与反馈

| 项目 | | 配分 | 评分标准 | 自评 | 组评 | 师评 |
| --- | --- | --- | --- | --- | --- | --- |
| 1 | 识读 BT3C-RF 型扫频仪的说明书 | 15 分 | （1）不能指出扫频仪的特点，扣 5 分<br>（2）不能说明扫频仪框图，扣 5 分<br>（3）不能说出扫频仪的主要指标，扣 5 分 | | | |
| 2 | 初步认识 BT3C-RF 型扫频仪的面板 | 10 分 | （1）不认识扫频仪面板部件，扣 5 分<br>（2）不能说明扫频仪面板部件功能，扣 5 分 | | | |
| 3 | 能调节面板主要的开关旋钮 | 10 分 | （1）不能选择合适挡位，扣 5 分<br>（2）不能根据实际需要选择量程，扣 5 分 | | | |

续表

| 项目 | | 配分 | 评分标准 | 自评 | 组评 | 师评 |
|---|---|---|---|---|---|---|
| 4 | 能理解扫频仪使用及维护方法 | 15分 | (1) 测量前,零频标找寻不正确,扣5分<br>(2) 接线、拆线顺序不正确,扣10分 | | | |
| 5 | 能正确进行读数 | 15分 | (1) 读数不能估计有效数值,扣10分<br>(2) 未等波形稳定就读数,扣5分 | | | |
| 6 | 测谐波失真 | 15分 | (1) 不能正确连线,扣5分<br>(2) 不能正确读数,扣5分<br>(3) 不能正确分析实验结果,扣5分 | | | |
| 7 | 观测波形 | 10分 | (1) 不能正确连线,扣5分<br>(2) 不能正确分析波形情况,扣5分 | | | |
| 8 | 安全文明生产 | 10分 | 违反安全文明生产规程,扣5~10分 | | | |
| 签名 | | 得分 | | | | |

## 10.5 项目小结

本项目介绍了BT3C-RF型扫频仪的技术参数、面板及使用方法。通过扫频仪测试调频收音机中频放大器的频率特性,进一步巩固BT3C-RF型扫频仪的使用方法。

## 10.6 项目拓展

1. 测试电视机高频头的总特性曲线

用扫频仪测量电视机图像中放电路的幅频特性,测试连接图如图10-7所示。

2. 测试低通滤波器的幅频特性

滤波电路原理图如图10-8所示。

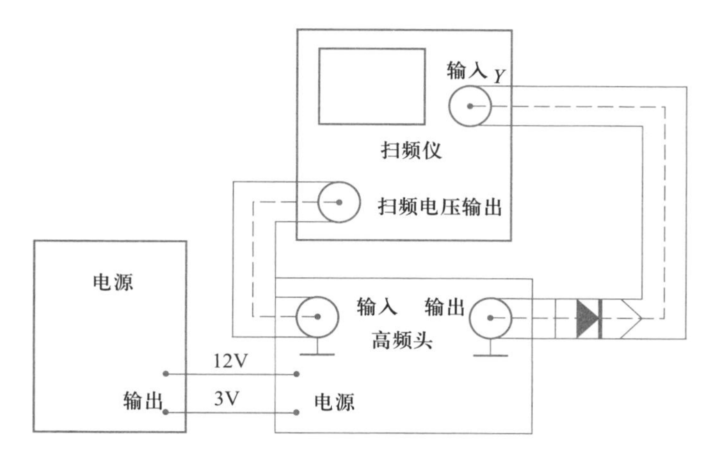

图 10-7　测量电视机高频头的总特性曲线的连接图

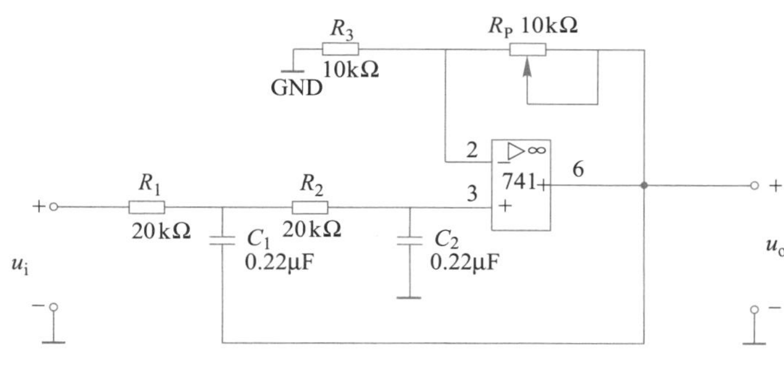

图 10-8　滤波电路原理图

# 项目 11

# 使用失真度仪测试 USB 接口小音箱的谐波失真

## 11.1 项目任务单

失真度仪(简称失真仪)虽然型号较多,但在用途及使用方法上都基本相同。本项目以 ZQ4121 型自动失真仪为例,认识其面板布置,使用其进行基本测量。

本项目任务单见表 11-1。

表 11-1 项目任务单

<table>
<tr><td>名称</td><td colspan="3">使用失真度仪测试 USB 接口小音箱的谐波失真</td></tr>
<tr><td>内容</td><td colspan="3">(1) 识读 ZQ4121 型自动失真仪的说明书<br>(2) 初步认识 ZQ4121 型自动失真仪的面板<br>(3) 用失真仪测试 USB 插卡小音箱的谐波失真</td></tr>
<tr><td>要求</td><td colspan="3">(1) 了解 ZQ4121 型自动失真仪的主要技术参数<br>(2) 了解 ZQ4121 型自动失真仪的表盘、电源开关、输入端子和量程开关的作用<br>(3) 能正确连接设备<br>(4) 能正确对测量数据进行读数<br>(5) 操作结束,能按要求整理工作台</td></tr>
<tr><td>技术资料</td><td colspan="3">ZQ4121 型自动失真仪使用说明书</td></tr>
<tr><td>签名</td><td></td><td>备注</td><td></td></tr>
</table>

## 11.2　知识链接

### 一、失真度及其测量

1. 失真度

失真度的定义为全部谐波能量与基波能量之比的平方根值，即：

$$K=\sqrt{\frac{P-P_1}{P_1}}=\sqrt{\frac{\sum_{n=2}^{\infty}P_n}{P_1}}$$

式中，$P$——信号总能量，单位为 W；$P_1$——信号的基波能量，单位为 W；$P_n$——信号的第 $n$ 次谐的能量，单位为 W。

2. 失真仪的特点

自动失真仪是采用集成电路的电子测量仪器，具有测试精度高、体积小、质量轻、操作方便、性能可靠等优点。

本仪器主要用来测量音频信号及各种音频设备的非线性失真，也可作为音频电压表使用，并能对放大器及各种音频设备进行信噪比和频率特性的测试。

由于仪器具有电平自动校准和频率自动跟踪装置，使得失真度测量大为简便，即使含有调幅的信号或含有频率抖动成分的信号，也能进行方便而稳定的失真度测试。它适用于科研、生产、通信、教育、维修等部门及一切需要使用失真仪的场合。

### 二、ZQ4121 型自动失真仪

ZQ4121 型自动失真仪整机电路结构可分为九个部分：输入电路、自动电平调整系统、基波抑制器、频率自动调谐系统、放大器、滤波器、表头电路、电平判别电路、稳压电源，如图 11-1所示。

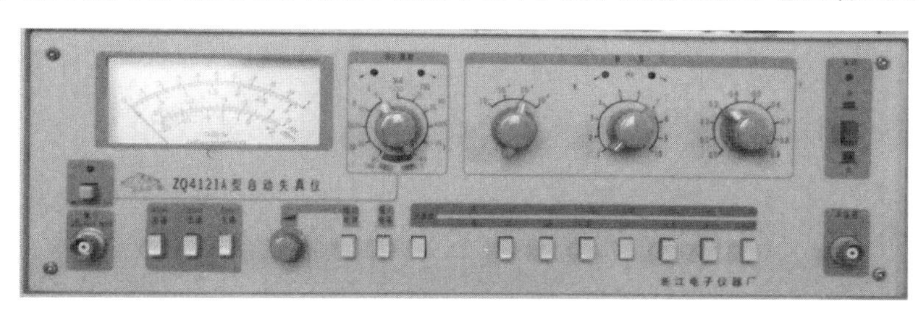

图 11-1　ZQ4121 型自动失真仪

1. 组成

由电源开关及电源指示灯、输入量程、过欠压指示、频段开关、频率数值开关、频率调谐指示、频率数值开关、失真度量程、功能开关、测量输入、相对调节、滤波器、示波器插座、300 V 衰减开关及指示等组成，见表 11-2。

2. 技术指标

（1）失真度测试

① 测量频率范围：10 Hz～109 kHz，分 4 个频段。

② 失真度测量范围：20 Hz～20 kHz，0.01%～30%；10 Hz～109 kHz，0.03%～30%。

③ 失真度测量误差：

300 Hz～5 kHz，≤满度值的±7%±0.01%（400 Hz 高通，30 kHz 低通，在失真度 0.03%挡时接入）。

20 Hz～20 kHz，≤满度值的±10%±0.015%（在失真度 0.03%挡，当基波频率大于 10 kHz 时，接入 400 Hz 高通和 80 kHz 低通，当基波频率小于 300 Hz 时，只接 30 kHz 低通）。

10 Hz～109 kHz，≤满度值的±15%±0.025%。

④ 机内引入失真：

300 Hz～5 kHz，≤0.015%（400 Hz 高通，30 kHz 低通，在失真度 0.03%挡时接入）。

20 Hz～20 kHz，≤0.025%（在失真度 0.03%挡，当基波频率大于 10 kHz 时，接入 400 Hz 高通和 80 kHz 低通，当基波频率小于 300 Hz 时，只接 30 kHz 低通）。

10 Hz～109 kHz，≤0.035%。

⑤ 输入电压自动调整范围：大于 10 dB。

⑥ 失真度最小可测电压：100 mV。

（2）电压测量

① 电压测量范围：300 μV～300 V。

② 电压测量基本误差：≤满度值的±5%（1 kHz）。

③ 电压频率附加误差：

输入量程开关 100 V 以下：20 Hz～50 kHz 时，≤0.5 dB；5 Hz～300 kHz 时，≤1 dB。

输入量程开关 300 V：20 Hz～20 kHz 时，≤0.5 dB；10 Hz～100 kHz 时，≤1 dB。

④ 电压噪声底度：≤50 μV。

⑤ 最大可测信噪比：120 dB。

失真仪输入阻抗：100kΩ±2%，输入电容≤100 pF；输出阻抗：600 Ω。

3. 面板（如图 11-2 所示）

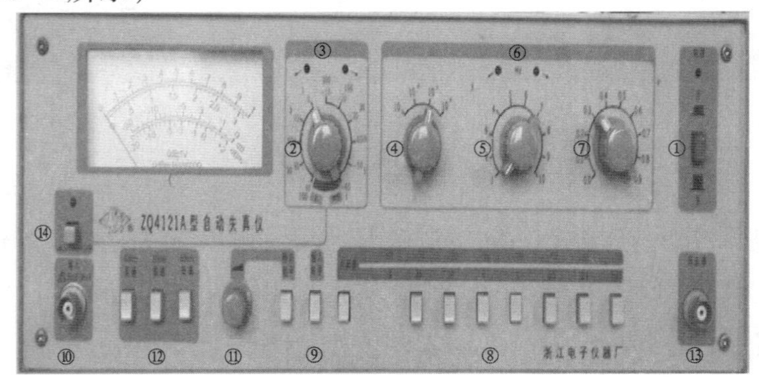


图 11-2　ZQ4121 型前面板图

仪器面板的部件功能见表 11-2。

表 11-2 仪器面板的部件功能

| 标号 | 部件 | 图示 | 说明 |
| --- | --- | --- | --- |
| ① | 电源开关及电源指示灯 | 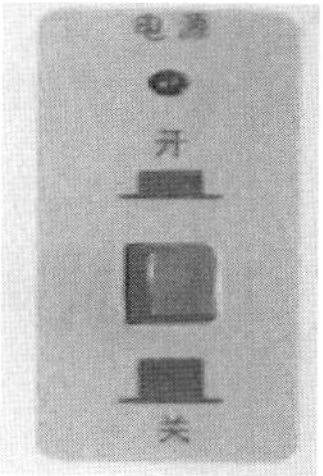 | 电源控制及指示作用 |
| ② | 输入量程 | 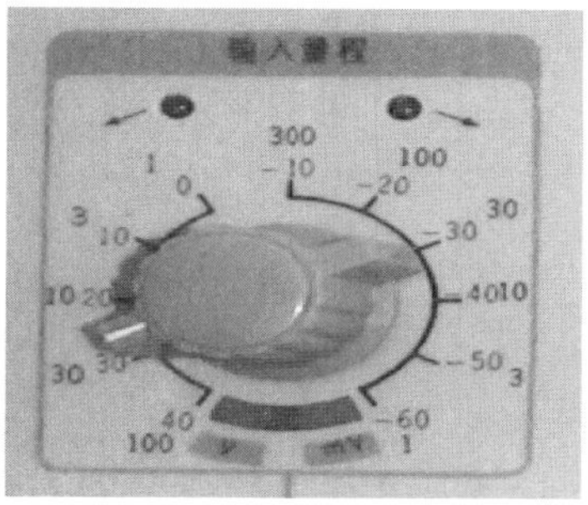 | 以 10 dB/挡跳步衰减输入信号 |
| ③ | 过欠压指示 |  | 输入电压过大,左边指示灯亮;<br>输入电压过小,右边指示灯亮 |
| ④ | 频段开关 | 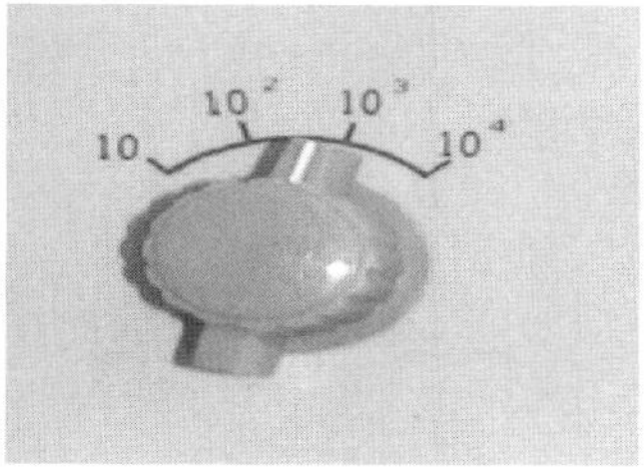 | 改变失真度测量工作频率的频段 |
| ⑤ | 频率数值开关(一) |  | 改变失真度测量工作频率的前面一位数 |

续表

| 标号 | 部件 | 图示 | 说明 |
|---|---|---|---|
| ⑥ | 频率调谐指示 | 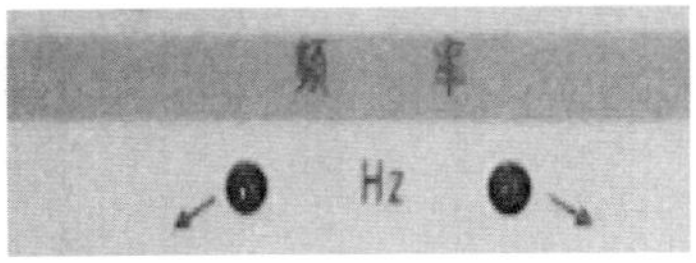 | 当测量信号频率相对失真仪工作频率过低时,左边指示灯亮;当测量信号频率相对失真仪工作频率过高时,右边指示灯亮;正确调谐时两指示灯均灭 |
| ⑦ | 频率数值开关(二) | 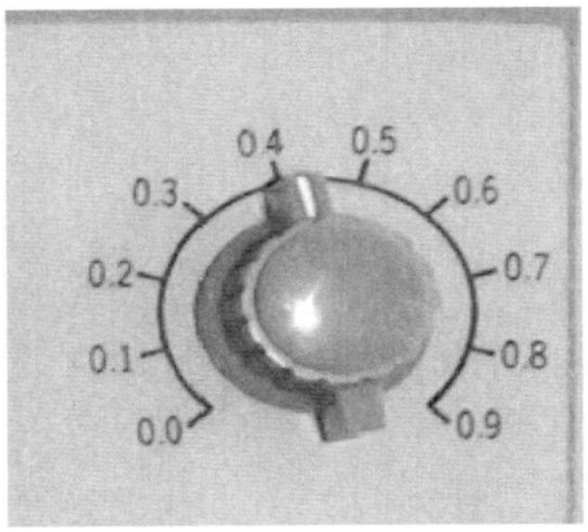 | 改变失真度测量工作频率的后面一位数 |
| ⑧ | 失真度量程 | 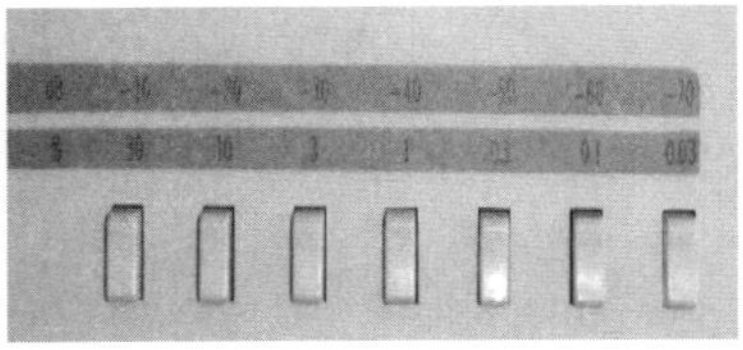 | 失真度大小量程控制 |
| ⑨ | 功能开关 | 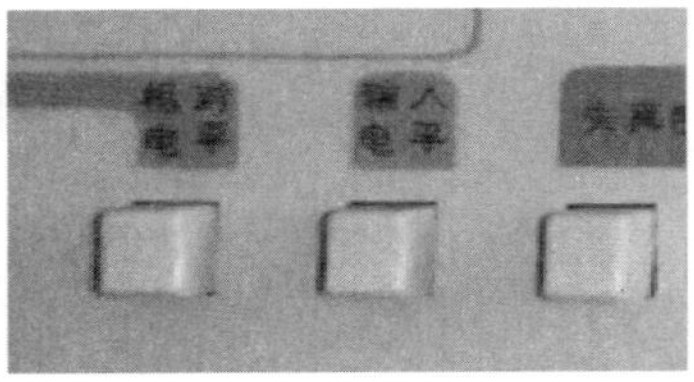 | 选择失真仪的工作种类 |
| ⑩ | 测量输入 |  | 被测信号由此送入 |
| ⑪ | 相对调节 |  | 功能开关在“相对电平”位置时应用。当需要测量放大器的信噪比或频率特性,而被测信号表头指示不满度时,可通过调节此电位器使表头指示满度,便于读出电平的相对值 |

续表

| 标号 | 部件 | 图示 | 说明 |
|---|---|---|---|
| ⑫ | 滤波器 | | 测量小失真度信号时，根据被测信号的工作频率接入相应的滤波器，按键则接入，抬起则断开 |
| ⑬ | 示波器插座 | | 当需要观察被测信号的谐波波形时，可以从此插座接入示波器 |
| ⑭ | 300 V 衰减开关及指示 | | 当测量信号为 100~300 V 时按下该开关；小于 100 V 抬起 |

## 11.3　项目实施

### 一、操作规范

接通电源，预热 10~15 min。输入量程开关②置于最左。失真度量程⑧和滤波器按键⑫全部抬起。

### 二、实训器材及仪器

实训器材及仪器见表 11-3。

做一做

准确清点和检查全套实训仪器的数量和质量，发现仪器损坏，立即向指导教师汇报。一切正常，进行 USB 接口小音箱谐波失真的测试。

表 11-3 实训器材及仪器

| 序号 | 仪器器材 | 实物图样 | 数量 | 序号 | 仪器器材 | 实物图样 | 数量 |
|---|---|---|---|---|---|---|---|
| 1 | 自动失真仪 | ZQ4121型 | 1台 | 3 | 函数信号发生器 | EE1641B型 | 1台 |
| 2 | USB插卡小音箱 |  | 1个 |  |  |  |  |

## 三、实施步骤

失真仪的功能开关置于“失真度”。按图 11-3 所示连接仪器。(a)图是测量音频信号源的失真度,(b)图是测量音频设备的非线性失真。

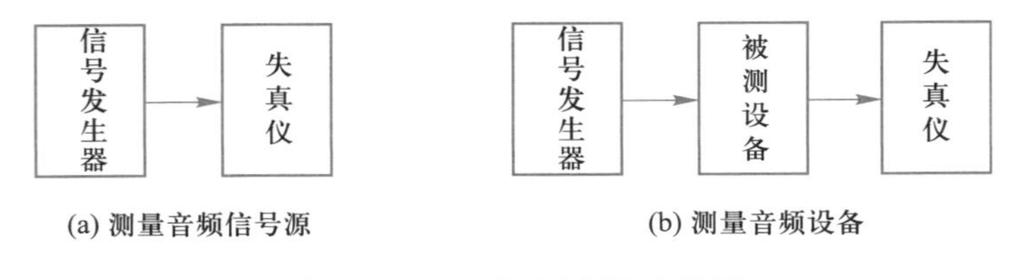


(a) 测量音频信号源　　(b) 测量音频设备

图 11-3 失真度测量连接图

按照要测的工作频率设置好信号源频率开关,按照被测音频设备的输入大小要求,调节好信号源输出幅度。改变失真仪输入量程,使过欠压灯均熄灭。把失真仪工作频率放在信号源工作频率上,如发现频率调谐指示灯亮及表针指示不能变小,可以适当改变失真仪或信号源的工作频率,逐步改变失真仪量程使表头指示于最便于读数的位置,结合失真度量程就可测得失真度。

音频信号源的失真度测试连接图如图 11-4 所示,测试步骤见表 11-4。

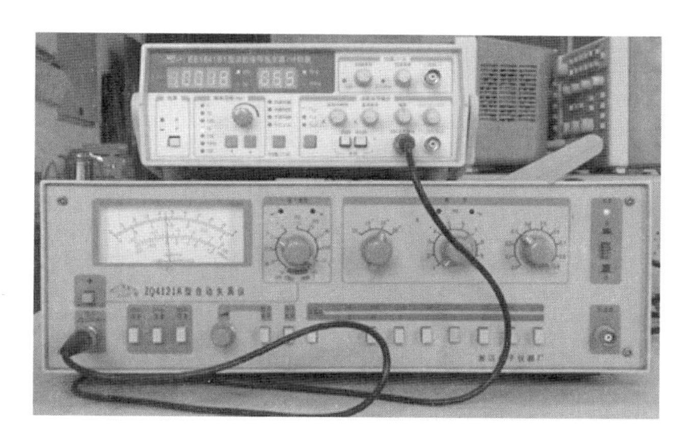

图 11-4　音频信号源的失真度测试连接图

**表 11-4　信号源失真度测试步骤**

| 序号 | 图示 | 操作步骤 |
| --- | --- | --- |
| 1 |   | 信号源输入信号调节,1 kHz 正弦信号 |
| 2 | 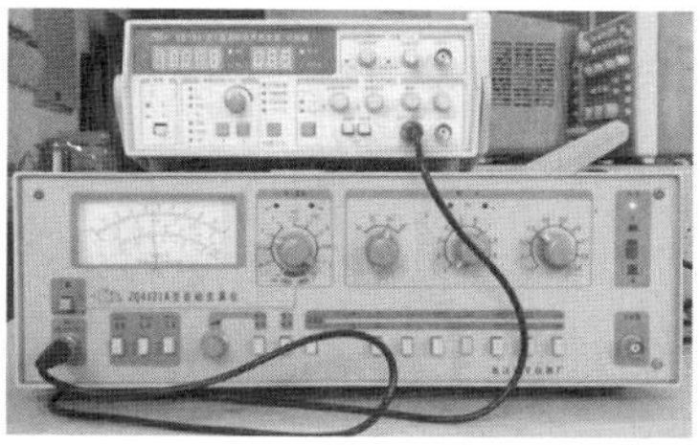  | 连接电路,信号源与失真仪通过数据线连接如左图所示 |
| 3 | 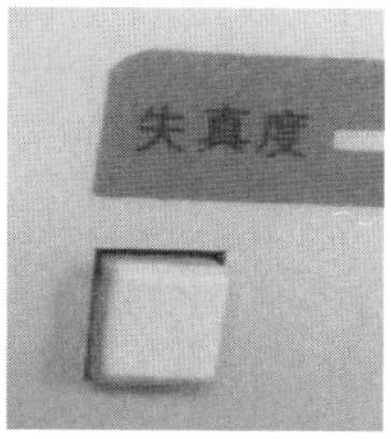  | 按下失真度功能按钮,选择失真度量程最大挡位,除失真度功能按钮和失真度挡位按钮外,其他按钮均为弹起状态 |
| 4 | 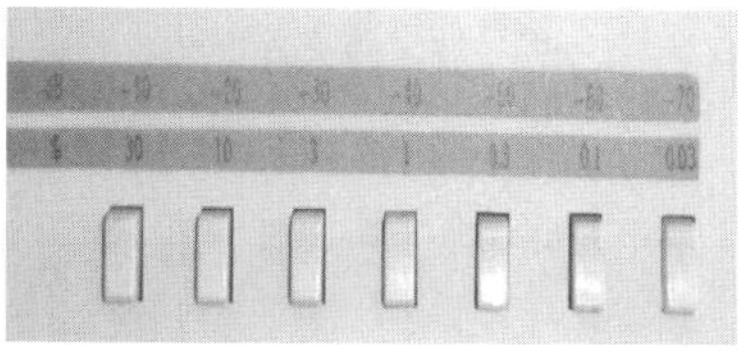  |  |

续表

<table>
<tr><th>序号</th><th>图示</th><th>操作步骤</th></tr>
<tr><td>5</td><td> </td><td>调谐输入量程旋钮，使欠压和过压指示灯全灭</td></tr>
<tr><td>6</td><td> </td><td rowspan="3">选择失真频率旋钮挡位，使失真频率与被测频率一致（1 kHz）。<br>调节频率数值开关（一）使失真仪频率指示灯全灭，如果频率指示灯不灭，调节频率数值开关（二）使其全灭</td></tr>
<tr><td>7</td><td> </td></tr>
<tr><td>8</td><td> 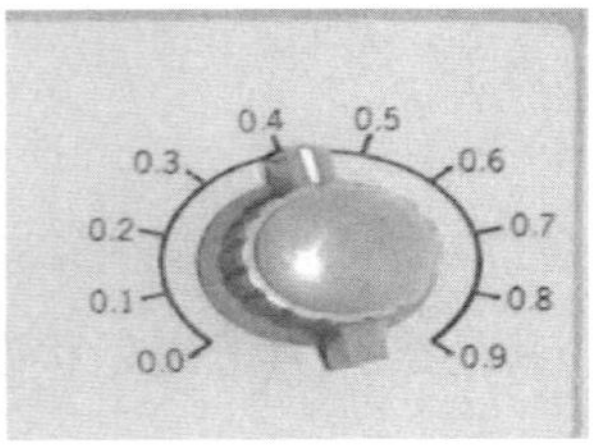</td></tr>
</table>

续表

| 序号 | 图示 | 操作步骤 |
| --- | --- | --- |
| 9 | | 改变失真度量程挡位，使失真仪指示摆针处于中间位置，如左图所示。<br>根据左侧图选择的失真度挡位，读出失真度为 0.54% |

在图 11-3(a)中，失真仪测得的数据就是信号源的失真度。在图 11-3(b)中，如果信号源失真度为 $C_i$，则被测设备的失真度 $K$ 按下式求得：$K=\sqrt{K_i^2-C_i^2}$，在 $C_i \leqslant K_i/3$ 的情况下，可以认为失真仪测得的失真度就是被测设备产生的失真度。

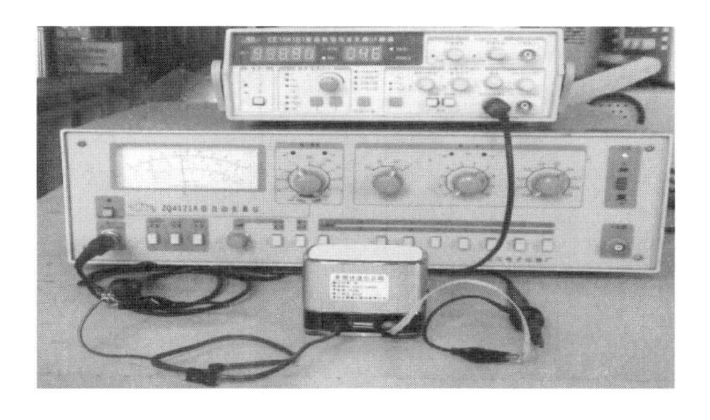

图 11-5　USB 接口小音箱谐波失真度的测试连接图

ZQ4121 型自动失真仪测试 USB 接口小音箱谐波失真度的测试连接图如图 11-5 所示，测试步骤见表 11-5。

表 11-5 USB 接口小音箱谐波失真的测试步骤

<table>
<tr><th>序号</th><th>图示</th><th>说明</th></tr>
<tr><td>1</td><td>
</td><td>信号源输入信号调节,1 kHz 正弦信号</td></tr>
<tr><td>2</td><td>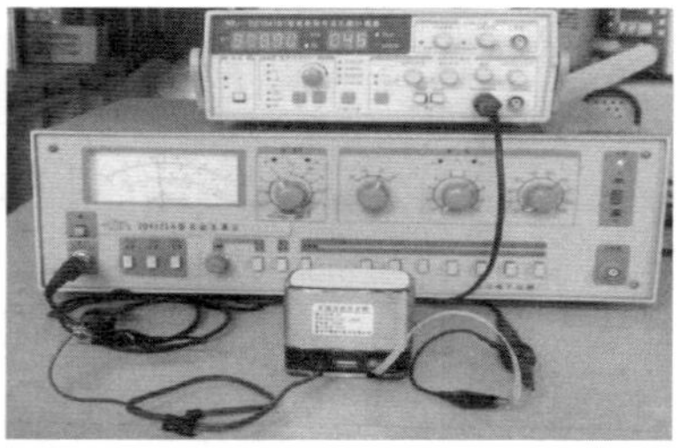</td><td>连接电路,信号源与 USB 小音箱的输入端连接,小音箱输出接失真仪输入</td></tr>
<tr><td>3</td><td>
</td><td rowspan="2">按下失真度功能按钮,选择失真度量程最大挡位,除失真度功能按钮和失真度挡位按钮外,其他按钮均为弹起状态</td></tr>
<tr><td>4</td><td>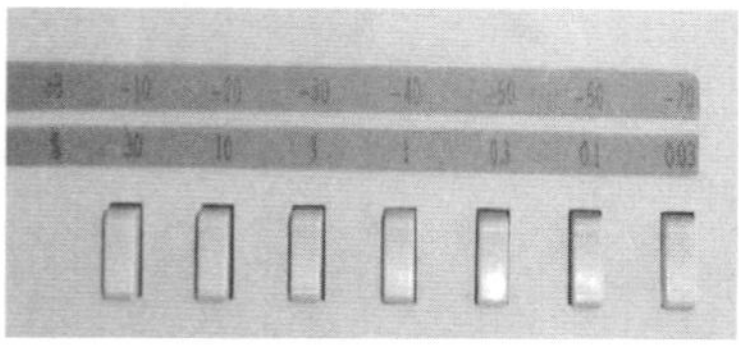</td></tr>
</table>

续表

| 序号 | 图示 | 说明 |
| --- | --- | --- |
| 5 |  | 调节输入量程旋钮,使欠压和过压指示灯全灭 |
| 6 |  | 选择失真频率旋钮挡位,失真频率要与被测频率一致(1 kHz),选择如左图所示;调节频率数值开关(一)使失真仪频率指示灯全灭,如果频率指示灯不灭,调节频率数值开关(二)使其全灭 |
| 7 |  |  |
| 8 |  |  |

续表

| 序号 | 图示 | 说明 |
|---|---|---|
| 9 |  | 改变失真度量程挡位，使失真仪指示摆针处于中间位置，如左图所示。<br>根据左侧图选择的失真度挡位读出失真度为1.4% |

## 四、数据记录与分析

1. 信号发生器输出 1 kHz 正弦信号的失真度为多少？

2. USB 接口小音箱的谐波失真度为多少，并画出失真度图？

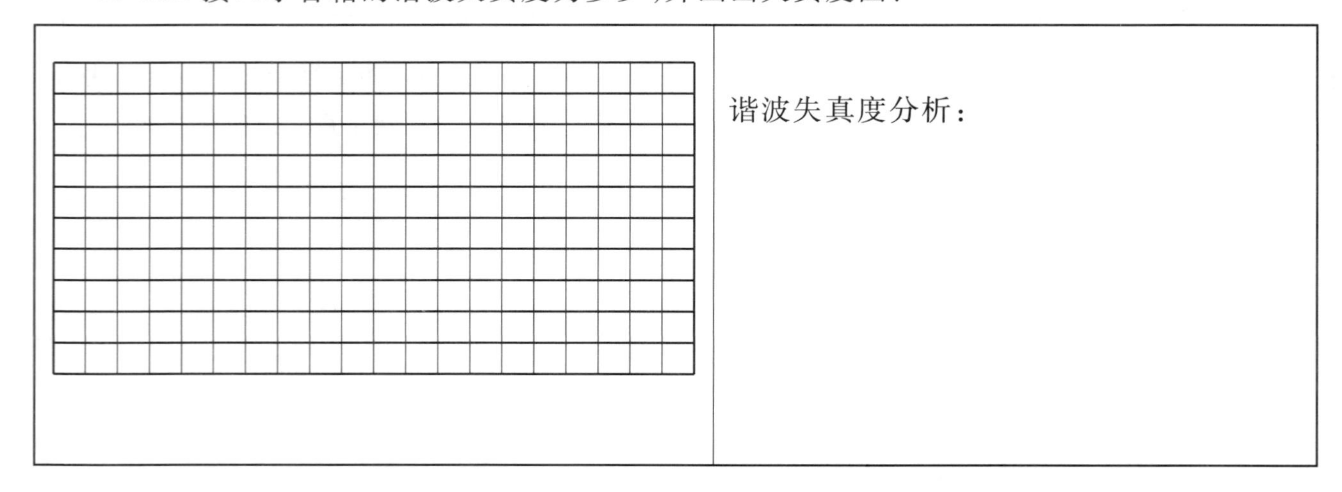

谐波失真度分析：

## 11.4　项目评价与反馈

项目 11 的评价与反馈见表 11-6。

表 11-6　评价与反馈

| 项目 | | 配分 | 评分标准 | 自评 | 组评 | 师评 |
|---|---|---|---|---|---|---|
| 1 | 识读 ZQ4121 型自动失真仪的说明书 | 15 分 | (1) 不能指出失真仪的特点,扣 5 分<br>(2) 不能说明失真仪框图,扣 5 分<br>(3) 不能说出失真仪 11 个主要指标,扣 5 分 | | | |
| 2 | 初步认识 ZQ4121 型自动失真仪的面板 | 10 分 | (1) 不能认识失真仪面板部件,扣 5 分<br>(2) 不能说明失真仪面板部件功能,扣 5 分 | | | |
| 3 | 能调节面板主要的开关旋钮 | 10 分 | (1) 不能选择左右挡位,扣 5 分<br>(2) 不能根据实际需要选择量程,扣 5 分 | | | |
| 4 | 能理解失真仪使用及维护方法 | 15 分 | (1) 测量前,不会仪器校准,扣 5 分<br>(2) 接线、拆线顺序不正确,扣 10 分 | | | |
| 5 | 能正确进行读数 | 15 分 | (1) 读数不能估计有效数值,扣 10 分<br>(2) 未等指针稳定就读数,扣 5 分 | | | |
| 6 | 测谐波失真 | 25 分 | (1) 不能正确连线,扣 5 分<br>(2) 不能正确读数,扣 10 分<br>(3) 不能正确分析实训结果,扣 10 分 | | | |
| 7 | 安全文明生产 | 10 分 | 违反安全文明生产规程,扣 5~10 分 | | | |
| 签名 | | 得分 | | | | |

## 11.5　项目小结

本项目介绍了 ZQ4121 型自动失真仪的技术指标、面板、特点及使用方法。通过失真度仪测试 USB 接口小音箱的谐波失真,进一步巩固 ZQ4121 型自动失真仪的使用方法。

## 11.6　项目拓展

测量收音机音频信号的非线性失真度

【测量目的】

1. 对收音机的性能参数有所了解。

2. 能正确熟练用失真仪对收音机的非线性失真度进行检测。

【测量仪器设备】

1. 失真度仪(ZQ4121 失真度仪)1 台。

2. 高频信号发生器(XFG-7 或 EE1461 系列 DDS 合成信号发生器或 EE1051 高频信号发生器等)1 台。

3. 调幅广播收音机 1 台。

4. 单圈圆环天线 1 副。

5. 常用工具 1 套。

【测量连接图】(如图 11-6 所示)

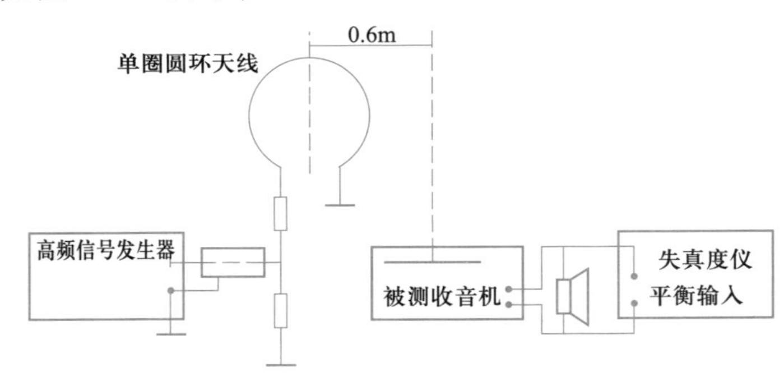


图 11-6 收音机非线性失真测量连接图

测量收音机非线性失真时,要求收音机的输入场强为 10 mV/m,收音机扬声器输出为标称有用功率。测试方法如下:

1. XFG-7 型高频信号发生器的调整

调节 XFG-7 的载频为 1 MHz;调制频率为 1 kHz;调幅度为 80%;输出电压为 200 mV。

当圆环天线与收音机磁棒天线的距离为 0.6 m 时,收音机的输入等效场强 $E=U/20$,即为10 mV/m。

2. 调节收音机输出达到标称有用功率值

将 ZQ4121 型自动失真仪置于电压测量状态。调节收音机使扬声器两端输出电压最大。若收音机的标称有用功率为 50 mW,扬声器阻抗为 4 Ω 时,调整收音机音量旋钮使扬声器两端电压为 447 mV。

3. 收音机非线性失真的测量

按照前面讲述的 ZQ4121 的使用方法,将 ZQ4121 的工作开关置于“校准”挡;校准后再将工作开关置于“失真度”挡;测量收音机的非线性失真度。

# 模块 6　数据域测量

## 情境导入

学校电子专业同学组装了数字钟套件，希望能观测数字钟的时、分、秒的波形，并研究它们之间的关系。同学们在指导教师的指导下，用逻辑分析仪直观地观察了数字钟时、分、秒的波形并进行了研究。本模块介绍一个很重要的仪器——逻辑分析仪。

数字钟

## 知识目标

➢ 了解数字信号测量对仪器的基本要求。

➢ 了解逻辑分析仪的分类。

➢ 理解逻辑分析仪的组成、工作原理。

## 技能目标

➢ 会识读各种逻辑分析仪的说明书。

➢ 能认识逻辑分析仪的面板。

- 能操作逻辑分析仪的用户界面。
- 能使用逻辑分析仪进行数字信号测量。

# 项目 12

# 使用逻辑分析仪测试数字钟系统

## 12.1 项目任务单

随着大规模数字集成电路和微型计算机的推广应用，数字系统的测试成为一个全新的领域。逻辑分析仪在数字电子设备或系统的软硬件设计、调试、检测和维修中得到了广泛应用。逻辑分析仪虽然型号和结构较多，使用方法上也稍有不同，但在用途上基本相同。本项目以 TLA5204 型逻辑分析仪为例，认识其面板布置，使用其对数字电路进行基本测试。

本项目任务单见表 12-1。

表 12-1 项目任务单

| 任务名称 | 使用逻辑分析仪测试数字钟系统 |
|---|---|
| 任务内容 | （1）识读 TLA5204 型逻辑分析仪的说明书<br>（2）认识 TLA5204 型逻辑分析仪的面板<br>（3）初步了解 TLA5204 型逻辑分析仪的操作界面<br>（4）测试数字钟系统的时、分、秒 |
| 任务要求 | （1）了解 TLA5204 型逻辑分析仪的主要技术参数及组成框图<br>（2）了解 TLA5204 型逻辑分析仪的面板、开关、端子和旋钮的作用<br>（3）能正确连接被测设备<br>（4）能调节面板主要的开关旋钮<br>（5）能操作用户界面<br>（6）能正确测量数据并绘制波形<br>（7）操作结束，能按要求整理工作台 |

续表

| 任务名称 | 使用逻辑分析仪测试数字钟系统 | | |
|---|---|---|---|
| 技术资料 | （1）TLA5204 型逻辑分析仪使用说明书<br>（2）数字钟的使用说明 | | |
| 签名 | | 备注 | |

## 12.2 知识链接

### 一、逻辑分析仪

1. 逻辑分析仪的特点

数字系统内的数字信号具有多路传输、按时序传递、传递方式多样、信号为单次或非周期性的、速度变化范围很宽的特点。数字信号与模拟信号有着截然不同的特点，这就对观测和分析数字信号的逻辑分析仪提出了相应的要求，要求逻辑分析仪具有对应的特点。逻辑分析仪的特点见表 12-2。

表 12-2 逻辑分析仪的特点

| 序号 | 特点 | 说明 |
|---|---|---|
| 1 | 具有足够多的输入通道 | 同时观测数字系统的多路信息（数据） |
| 2 | 具有多种灵活的触发方式 | 确保对被观察的数据流准确定位（对软件而言可以跟踪系统运行中的任意程序段，对硬件而言可以检测并显示系统中存在的毛刺干扰） |
| 3 | 具有延迟能力 | 用以分析故障产生的原因 |
| 4 | 具有记忆功能 | 可以观测单次及非周期性数据信息，并可诊断随机性故障 |
| 5 | 具有多种显示方式 | 可用字符、助记符、汇编语言显示程序，可用二进制、八进制、十进制、十六进制等显示数据，可用定时图显示信息之间的时序关系 |
| 6 | 具有记录功能 | 将多个测试点的信息变化记录下来，待需要时再进行分析 |
| 7 | 具有限定功能 | 实现对欲获取的数据进行挑选，并删除无关数据 |
| 8 | 具有驱动时域仪器的能力 | 以便复显待测信号的真实波形及有利于故障定位 |
| 9 | 具有可靠的毛刺检测能力 | 对数据流中的“毛刺”进行测量 |

练一练

数字系统中数据的传输方式是多种多样的,有时并行传输,有时又串行传输。并行传输方式是以硬件设备换取速度,串行传输方式实质上是以时间换取硬件设备。在远距离数据传输中,一般采用______传递方式。

2. 逻辑分析仪的分类

逻辑分析仪的分类见表 12-3。

表 12-3　逻辑分析仪的分类

<table>
<tr><td rowspan="4">逻辑分析仪</td><td rowspan="2">硬件设备设计上的差异</td><td>独立式(或单机型)</td></tr>
<tr><td>卡式虚拟逻辑分析仪</td></tr>
<tr><td rowspan="2">显示方式和定时方式</td><td>逻辑状态分析仪</td></tr>
<tr><td>逻辑定时分析仪</td></tr>
</table>

3. 逻辑分析仪的主要技术指标

(1) 通道数

指输入通道的物理宽度,表示逻辑分析仪并行采样信号的能力。逻辑分析仪的通道数至少应当是:被测系统的字长(数据总线数)+被测系统的控制总线数+时钟线数。

(2) 定时分辨率

指信号被采样时,所能达到的最高带宽,取决于输入通道的特性和最高采样速率。主流产品的采样速率高达 2 GS/s,在这个速率下,可以看到 0.5 ns 时间上的细节。

(3) 状态分析速率

指单位时间内对数字输入信号的采样次数,采样速率常以每秒采样的点数表示。主流产品的定时分析速率为 300 MHz,最高可高达 500 MHz,甚至更高。

(4) 每通道的记录长度

表示逻辑分析仪存储信号的能力,在采样或停止运行后,越深的存储深度就能观察到越多的数字信号细节。用于存储逻辑分析仪所采样的数据,以对比、分析、转换(例如,将其所捕捉到的信号转换成非二进制信号)。

(5) 毛刺捕捉

可以用来捕捉叠加在数字信号上的尖峰干扰信号,这些信号的脉冲宽度可能比采样时钟宽度还要窄。

（6）测试夹具

逻辑分析仪通过探针与被测器件连接，测试夹具起着很重要的作用。

（7）探针

探针其频率响应从几十兆赫至几百兆赫，保证各路探针的相对延时最小和保持幅度的失真较低，这是表征逻辑分析仪探针性能的关键参数。

4. 逻辑分析仪的组成

逻辑分析仪的类型繁多，尽管在通道数量、采样频率、内存容量、显示方式及触发方式等方面有较大区别，但其基本组成结构是相同的。逻辑分析仪的基本组成主要包括四个部分：数据获取，触发识别，数据存储，数据显示。

## 二、TLA5204 型逻辑分析仪

如图 12-1 所示，TLA5204 型逻辑分析仪提供了高速定时分辨率、深内存采集、快速状态采集和完善的触发功能，具有直观的用户界面、熟悉的基于 Windows 系统的桌面、OpenChoice 联网和分析功能，拥有 500 ps 的定时分辨率、高达 32 MB 的内存深度、每条通道上 125 ps 的 MagniVu 同步采集。主要用于观察和测量多通道数字信号的逻辑关系，广泛应用于数字设备的研制、生产、维修等工作中，还可以应用于集成电路测试、无线电技术侦察、雷达侦测和监视等领域。

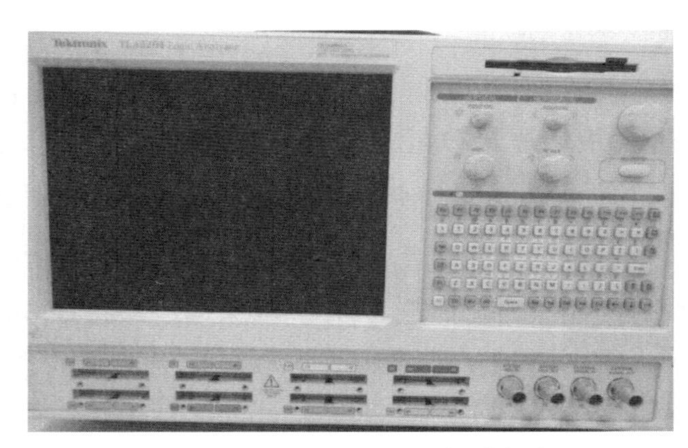

图 12-1　TLA5204 型逻辑分析仪

1. 组成框图

TLA5204 型逻辑分析仪主要由采样探针、高速比较器、数据采集存储、数据处理、微处理器系统、时基与触发系统、外围接口、显示与键盘、电源等部分电路构成，如图 12-2 所示。

2. 技术指标

通道数量：136 路。

定时分析能力：500 MHz/1 GHz/2 GHz，全通道，1/2 通道，1/4 通道。

最大定时分辨率：500 ps（2 GHz）。

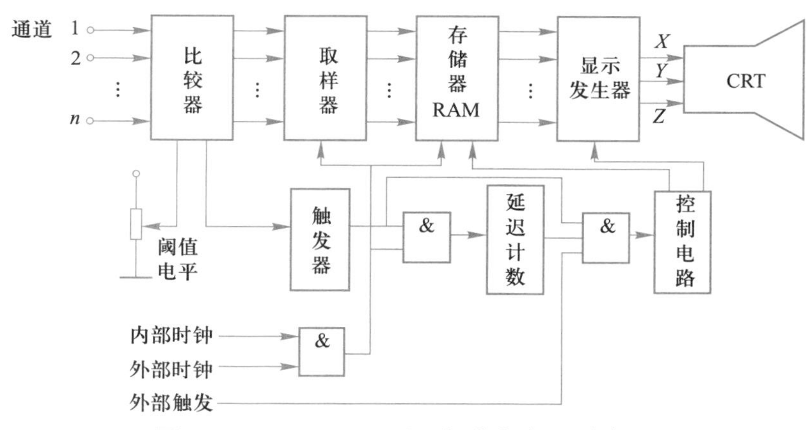

图 12-2 TLA5204 型逻辑分析仪组成框图

状态分析能力:235 MHz。

存储深度:512 KB。

MagniVu 和 iView(模拟数字域联合观测),与定时采集或状态采集同步。

MagniVu 最大定时分辨率:125 ps(8 GHz)。

MagniVu 内存深度:每通道 16 KB。

时基分析能力:8 GHz。

Windows 系统,80 GB 硬盘,512 MB 内存,刻录光驱,两个外接显示器接口,RS232 接口,打印接口,网口,鼠标键盘接口。

3. 面板

逻辑分析仪面板的部件功能见表 12-4。

表 12-4 逻辑分析仪面板的部件功能

| 序号 | 部件 | 图示 | 说明 |
|---|---|---|---|
| 1 | 电源开关 | | 按下时,打开逻辑分析仪电源 |
| 2 | 运行和停止按钮 | | 控制逻辑分析仪的运行和停止 |

续表

| 序号 | 部件 | 图示 | 说明 |
| --- | --- | --- | --- |
| 3 | 垂直位移旋钮 | 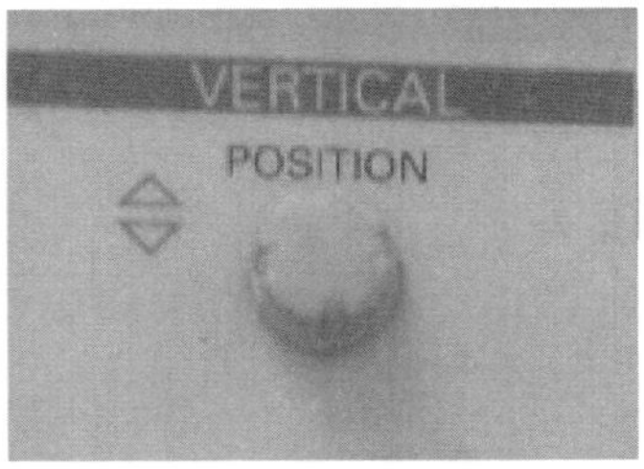 VERTICAL<br>POSITION | 调节波形在垂直方向的位置 |
| 4 | 垂直尺寸旋钮 | 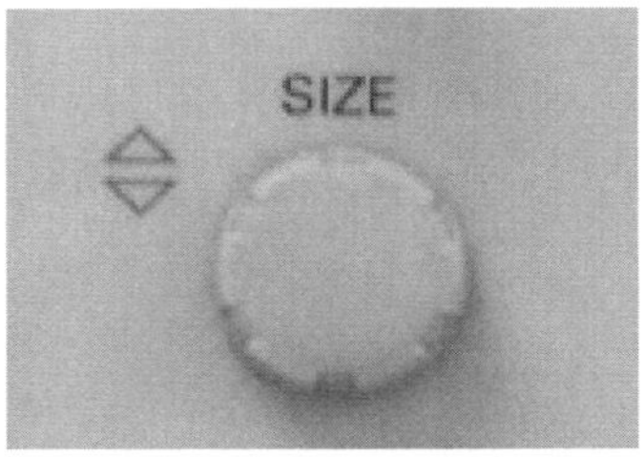 SIZE | 调节波形在垂直方向的尺寸大小 |
| 5 | 水平位移旋钮 | 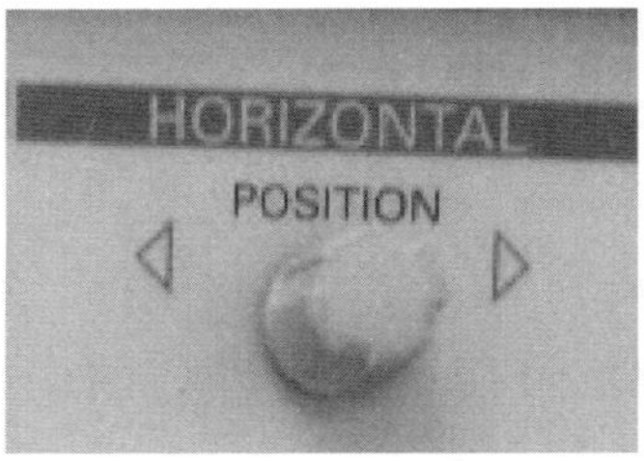 HORIZONTAL<br>POSITION | 调节波形在水平方向的位置 |
| 6 | 水平尺寸旋钮 | 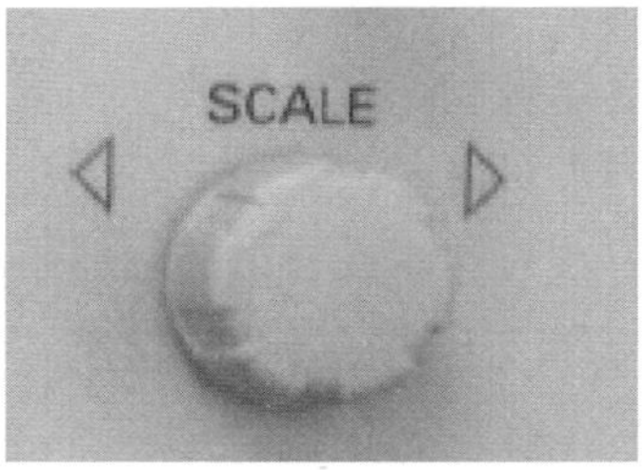 SCALE | 调节波形在水平方向的范围 |
| 7 | 综合旋钮 | 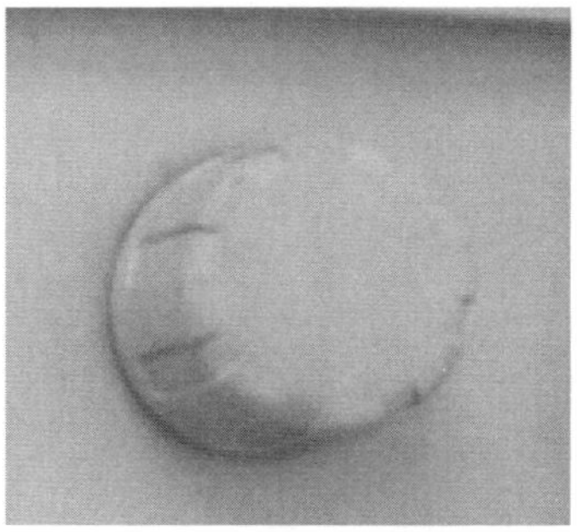  | 调节此旋钮可改变对应的功能波形 |
| 8 | 软盘插入口 | 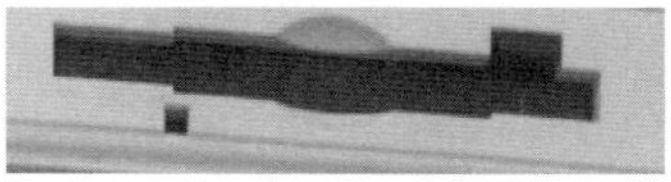  | 将需要的软盘从其中插入 |

续表

| 序号 | 部件 | 图示 | 说明 |
|---|---|---|---|
| 9 | 系统触发输入、输出端 | 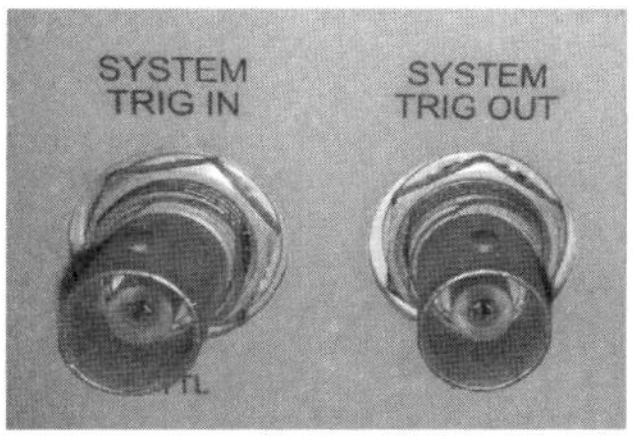 SYSTEM TRIG IN　SYSTEM TRIG OUT | 系统触发信号的输入和输出端口 |
| 10 | 外部信号输入、输出端 | 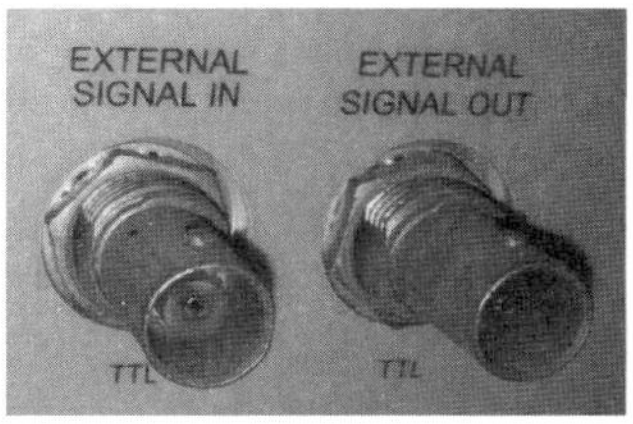 EXTERNAL SIGNAL IN　EXTERNAL SIGNAL OUT | 一路外部信号的输入和输出端口 |
| 11 | 键盘 |   | 操控显示器中的用户界面，可外接键盘和鼠标 |
| 12 | 信号输入端口 | 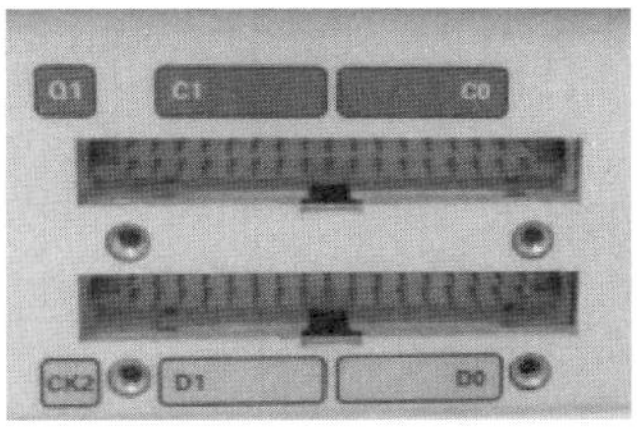 Q1　C1　C0　CK2　D1　D0 | 利用探针将多路被测信号输入逻辑分析仪 |
| 13 | 显示器 |  | 显示用户操作界面，观察波形 |

## 12.3　项目实施

### 一、操作规范

(1) 选择探针

逻辑分析仪一次可以捕获大量的信号，首先选择合适的逻辑探针与被测系统相连，探针利用内部比较器将输入电压与门限电压进行比较，做出与信号逻辑状态（**1** 或 **0**）有关的决策。

（2）输入信号电压

由于数字信号的电平均较低，一般在 5 V 以内，尽量不要将电压较高的信号长时间接入逻辑分析仪中。

（3）信号阈值

阈值是判决信号为高电平或低电平的门限电平，所以对于同一个信号，对应不同的阈值可能得到不同的结果。门限值由用户根据实际情况设置，范围为 TTL 电平、CMOS 电平、ECL 电平和用户自定义。有些用户想实现双阈值判决，可是大多数逻辑分析仪没有这项功能，一般将逻辑的阈值设置为高电平的门限即可。

（4）存储深度

逻辑分析仪在采集信号时都会将采集到的信号存储到存储器中，根据用户的要求设置存储深度。

（5）数字信号与模拟信号的相关性

逻辑分析仪观测到的信号，只有高低电平之分，也就是说，逻辑分析仪观察到的信号只有水平轴是有意义的，它反映信号的时间关系，而垂直轴是没有意义的，它并不代表幅度，如果信号出现了问题，尤其是串扰、毛刺等现象，要是想知道其来源以及产生原因，还需要与其他仪器相配合，如示波器、频谱分析仪等。

## 二、实训器材及仪器

实训器材及仪器见表 12-5。

表 12-5 实训器材及仪器

| 序号 | 仪器器材 | 实物图样 | 数量 | 序号 | 仪器器材 | 实物图样 | 数量 |
|---|---|---|---|---|---|---|---|
| 1 | 逻辑分析仪 | 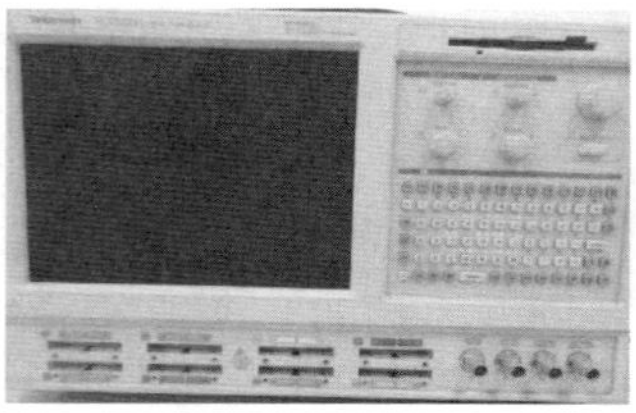  | 1 台 | 3 | 外接显示器 |   | 1 台 |
| 2 | 数字钟 |   | 1 块 | 4 | 稳压电源 | 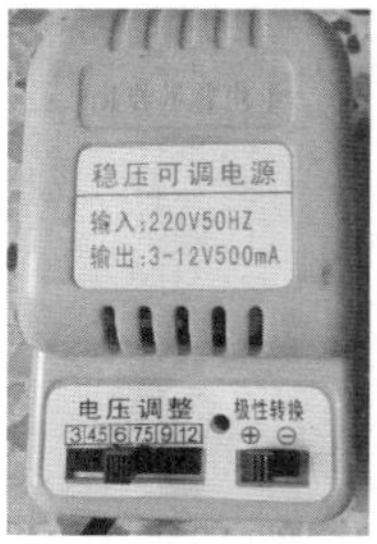  | 1 个 |

续表

| 序号 | 仪器器材 | 实物图样 | 数量 | 序号 | 仪器器材 | 实物图样 | 数量 |
| --- | --- | --- | --- | --- | --- | --- | --- |
| 5 | 鼠标 |  | 1 个 | 6 | 键盘 |  | 1 个 |

做一做

准确清点和检查全套实训仪器的数量和质量，进行识别与检测。发现仪器、器件缺少、损坏，立即向指导教师汇报。一切正常后，使用逻辑分析仪测试数字钟系统。

## 三、实施步骤

### 1. 开机

按下逻辑分析仪的电源开关，运行逻辑分析仪，进入用户操作界面，如图 12-3 所示。

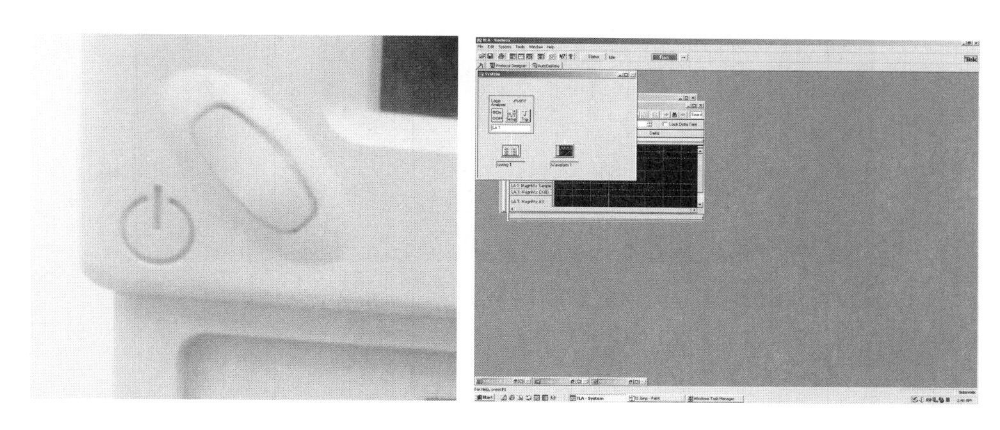

图 12-3　开机及用户操作界面

### 2. 连接电路

测量连接电路如图 12-4 所示。将数字钟的秒信号作为逻辑分析仪的时钟信号，接入时钟通道；将逻辑分析仪的地线与数字钟的地线接到一起；将数字钟的分信号和时信号分别接至探针的其他逻辑笔，接线如图 12-5 所示。

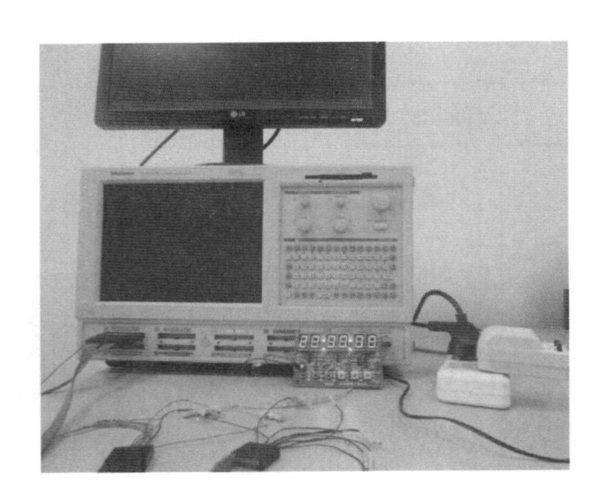

图 12-4 测量连接电路

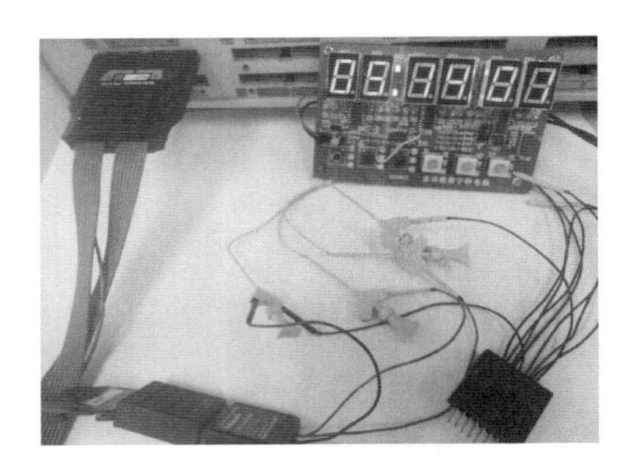

图 12-5 接线

3. 测试电路

设置好逻辑分析仪的参数，接通直流稳压电源，数字钟开始工作，按下逻辑分析仪的“RUN/STOP”键，显示器用户界面中出现波形，如图 12-6 所示。

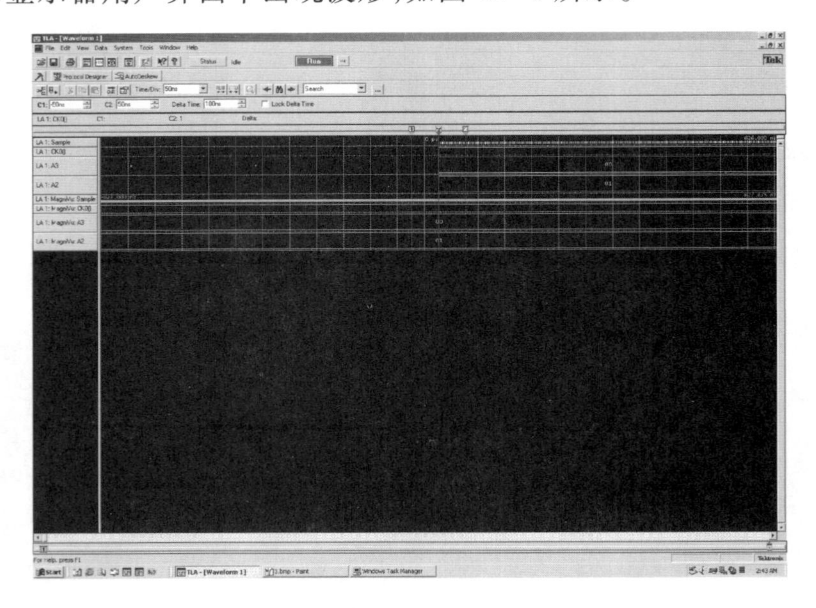

图 12-6 用户界面

4. 测量波形

调节逻辑分析仪面板上对应的旋钮，或直接用鼠标调节用户菜单界面，得到清晰的波形。删除不必要的通道，仅留下需要观察的通道，更容易观察波形，如图 12-7 所示。将测量波形画到坐标纸上。

5. 分析结果

根据测量波形分析测量结果。

6. 拆除电路

关闭电源，拆除连接电路，整理实训台。

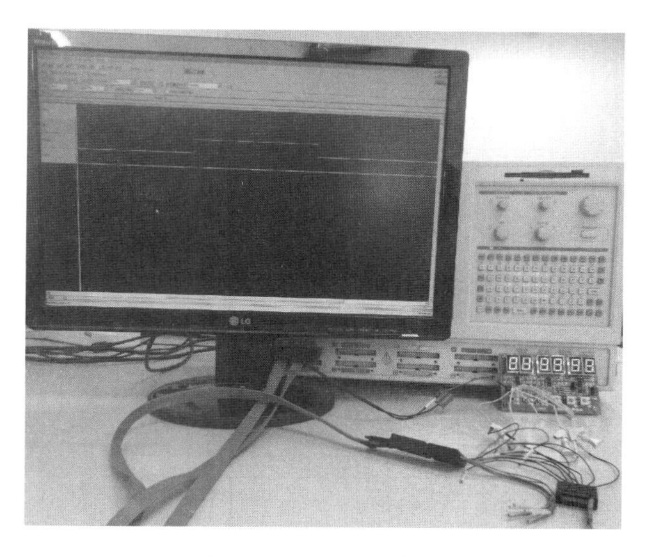

图 12-7　观察波形

练一练

1. 测得数字钟的秒信号频率为 231 kHz，分信号频率为 3.83 kHz，时信号频率为 63.78 Hz，则三信号的周期分别为________、________、________。

2. 需要多少个秒信号周期才能观察到一个完整的时信号周期？

## 四、数据记录与分析

数字钟时、分、秒间的波形关系如图 12-8 所示。

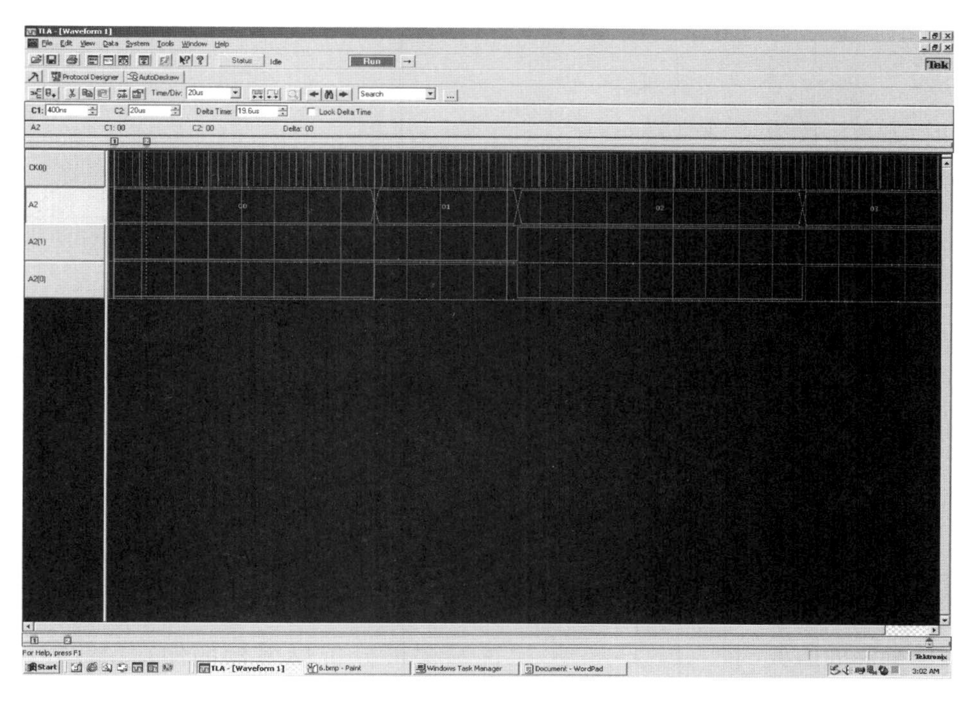

图 12-8　数字钟时、分、秒的波形关系

根据图中波形，在坐标纸上画出数字钟时、分、秒波形曲线。

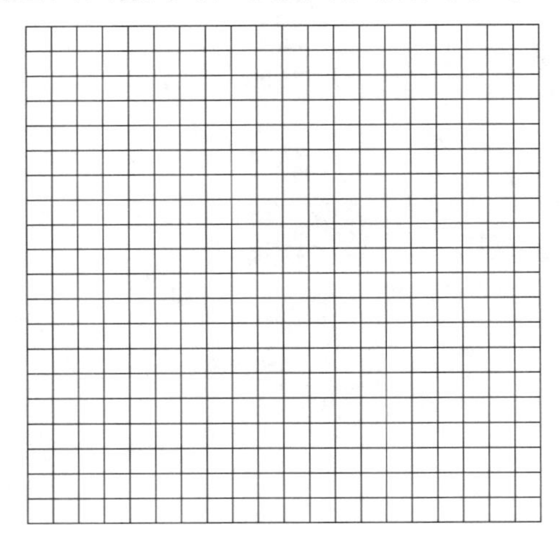

分析测量结果，总结实训结论：________________________________________

________________________________。

做一做

如果以数字钟的分信号为时钟信号，观察时信号与分信号之间的关系，应该如何接线？

## 12.4 项目评价与反馈

项目 12 的评价与反馈见表 12-6。

表 12-6 评价与反馈

| 项目 | | 配分 | 评分标准 | 自评 | 组评 | 师评 |
|---|---|---|---|---|---|---|
| 1 | 识读 TLA5204 型逻辑分析仪的说明书 | 15 分 | （1）不能指出逻辑分析仪的作用，扣 10 分；<br>（2）不能说明结构框图，扣 5 分；<br>（3）不能说出逻辑分析仪的 3 个主要指标，扣 5 分 | | | |
| 2 | 初步认识 TLA5204 型逻辑分析仪的面板 | 15 分 | （1）不认识逻辑分析仪面板部件，扣 10 分；<br>（2）不能说明逻辑分析仪面板部件功能，扣 5 分 | | | |

续表

| 项目 | | 配分 | 评分标准 | 自评 | 组评 | 师评 |
|---|---|---|---|---|---|---|
| 3 | 能调节面板主要的开关旋钮 | 15 分 | （1）不会调节开关旋钮，扣 10 分；<br>（2）不能熟练调节开关旋钮，扣 5 分 | | | |
| 4 | 能调节逻辑分析仪操作界面 | 15 分 | （1）不能分辨操作界面菜单，扣 5 分；<br>（2）不能熟练调节操作界面，扣 10 分 | | | |
| 5 | 能测量数字钟时、分、秒间的关系 | 15 分 | （1）不能正确连线，扣 10 分；<br>（2）不能调出波形，扣 10 分；<br>（3）不能调节波形，扣 5 分 | | | |
| 6 | 能记录、分析结果 | 15 分 | （1）不能绘制波形，扣 5 分；<br>（2）不能正确分析实训结果，扣 5 分 | | | |
| 7 | 安全文明生产 | 10 分 | 违反安全文明生产规程，扣 5~10 分 | | | |
| 签名 | | 得分 | | | | |

## 12.5　项目小结

本项目介绍了 TLA5204 型逻辑分析仪的主要技术指标、结构组成、使用方法以及注意事项。通过测试数字钟电路，进一步巩固了 TLA5204 型逻辑分析仪的使用方法。

## 12.6　项目拓展

### 一、拓展链接

在数字系统中示波器有时不能满足测试数字信号的要求，这时就要用到逻辑分析仪，二者区别见表 12-7。

表 12-7 逻辑分析仪与示波器的比较

| 功能 | 逻辑分析仪 | 示波器 |
| --- | --- | --- |
| 检测方法和范围 | 利用时钟脉冲采样,显示触发前后的逻辑状态 | 显示触发前后扫描时间设定范围内波形 |
| 输入通道 | 容易实现多通道 | 很难实现多通道 |
| 触方发式 | 数字方式触发,多通道逻辑组合触发,容易实现与系统动作同步触发;可以进行多级按顺序触发;具有驱动时域仪器的能力 | 模拟方式触发,高档示波器具有数字方式触发;根据特定输入信号进行触发;很难实现与系统动作同步触发;不能实现多级顺序触发 |
| 显示方式 | 把输入信号变换成逻辑电平后加以显示;显示方式多样,有状态、波形、图形、助记符号等 | 原封不动地即时显示输入信号波形 |

二、拓展练习

(1) 查阅资料,了解逻辑分析仪的工作原理。

(2) 用逻辑分析仪观测51系列单片机中ALE地址锁存允许信号与晶振之间的关系,测量电路如图12-9所示。

图 12-9 测量电路

练一练

根据逻辑分析仪上显示的波形(如图 12-10 所示),其中 CK0 是晶振波形,A2(0)是 ALE 信号波形,分析单片机 ALE 信号和晶振之间的频率关系为________________________。

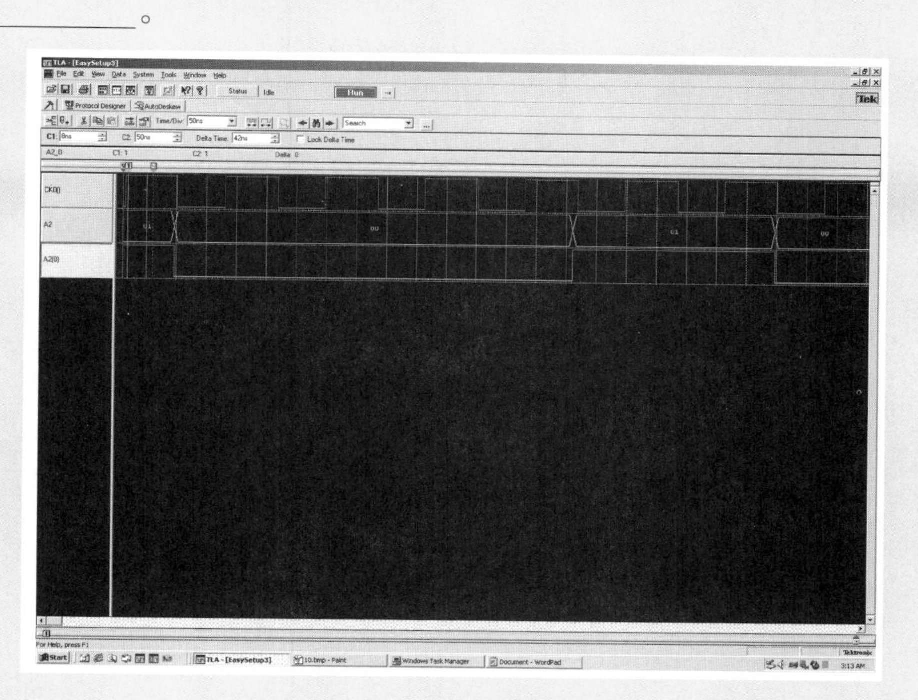

图 12-10　显示的波形

# *模块7　虚拟仪器测量

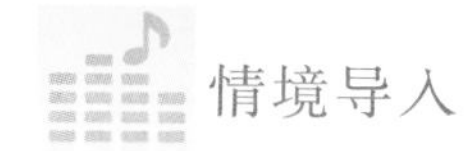

## 情境导入

在很多领域，我们不可能靠人工去测量一些数据进行判断，从而得出一些结论。比如自动化生产线上的电路，可能一块电路上就有上百个测试点，而且要求测量和判断的速度都很快。再比如气象站有上千个温度点要分各个时间段去测量，工作量是很庞大的，这个时候智能测量就能派上用场，依靠取样电路、计算机程序和网络通信，自动采集数据，判断比较。智能测量可以大大提高工作效率。

我们可以通过使用虚拟仪器的方法，设计一个测量温湿度仪表，通过采样板采集温湿度，并把采集到的数据通过网络等通信方式，方便地传送到控制器去控制如空调、加湿器等设备。因为测量全程都可以通过计算机软件实现自动化，无须人为操作，可称之为智能测量。

万用表、示波器和函数发生器等仪器一般配备在专门的实验室，不是到处都有的。而计算机是常见的设备，在各种场合都能很容易找到。如果在计算机上装有虚拟仪器的软硬件，只需要配备一些连接线就能完成各种测量仪器的功能。虚拟仪器的使用不仅解决了学校实训设备的不足，而且节约了大量的资金投入。利用虚拟仪器测量，无论是在实际应用领域，还是在教学上都是一种突破。

本模块主要介绍电子测量领域的虚拟仪器测量的概念，并使用一款虚拟仪器测量大气的温度和湿度；以声卡示波器为例，利用计算机声卡的 A/D 和 D/A 转换功能，基于 LabVIEW18 设计出虚拟的声卡示波器，并验证其功能。测量全程都可以通过计算机软件实现，无需实际的仪器和设备即可完成智能化的测量。

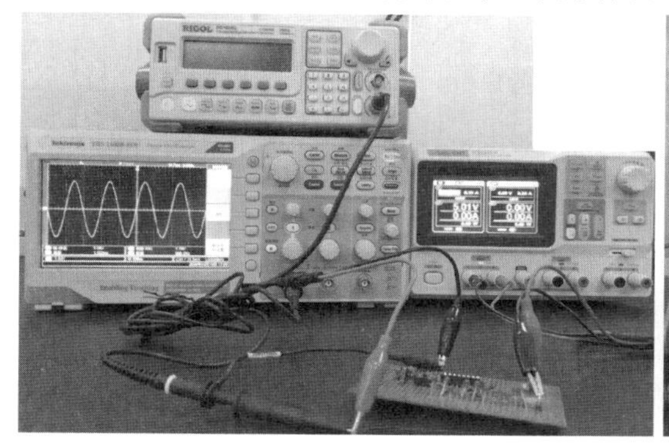


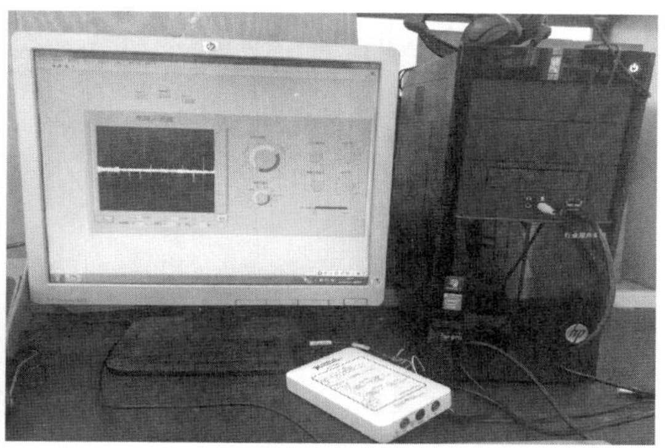

传统仪器和虚拟仪器

## 知识目标

- 了解虚拟仪器的概念、框架和结构。
- 了解虚拟仪器的优势及发展方向。
- 了解温湿度采样板的工作原理。
- 理解虚拟仪器 LabVIEW 的框架和结构。
- 了解计算机声卡相关知识。
- 掌握 LabVIEW 程序开发语言。
- 理解电路信号的传输和测量知识。

## 技能目标

- 会利用 LabVIEW 软件设计一个简单的虚拟温湿度仪器面板。
- 会连接保证虚拟仪器正常工作的周边硬件,如采样板、电源、计算机串口等,会进行相关的操作软件。
- 了解温湿度的单位,会正确识读数据。
- 会制作声卡示波器的面板。
- 能编写声卡示波器程序框图。
- 能制作音频信号线和信号限幅电路板。
- 能使用声卡示波器。

# 项目 13

# 使用虚拟仪器软件 LabVIEW 搭建温湿度测试仪面板

## 13.1 项目任务单

本项目将使用虚拟仪器软件 LabVIEW 搭建温湿度测试仪面板。

本项目任务单见表 13-1。

表 13-1 项目任务单

| 名称 | 使用虚拟仪器软件 LabVIEW 搭建温湿度测试仪面板 | | |
|---|---|---|---|
| 内容 | （1）认识 LabVIEW<br>（2）制作虚拟温湿度仪的程序框图<br>（3）了解 LabVIEW 的发展及构成<br>（4）使用 LabVIEW 制作一个小虚拟仪表 | | |
| 要求 | （1）了解 LabVIEW 的前面板制作<br>（2）了解 LabVIEW 的程序框图的结构<br>（3）能正确连接被测设备的电源和通信线<br>（4）能正确对测量数据进行读数<br>（5）操作结束，能按要求整理工作台 | | |
| 技术资料 | LabVIEW 帮助文档 | | |
| 签名 | | 备注 | |

## 13.2 知识链接

### 一、虚拟仪器的概念

虚拟仪器技术就是利用高性能的模块化硬件，结合高效灵活的软件来完成各种测试、测量和自动化的应用。自 1986 年问世以来，世界各国的工程师和科学家们都已将 NI LabVIEW 图形化开发工具用于产品设计周期的各个环节，从而改善了产品质量、缩短了产品投放市场的时间，并提高了产品开发和生产效率。使用集成化的虚拟仪器环境与现实世界的信号相连，分析数据以获取实用信息，共享信息成果，有助于在较大范围内提高生产效率。虚拟仪器提供的各种工具能满足很多需求。

### 二、虚拟仪器的简单介绍

20 多年来，无论是初学乍用的新手还是经验丰富的程序开发人员，虚拟仪器在各种不同的工程应用和行业的测量及控制用户中广受欢迎，这都归功于其直观化的图形编程语言。

虚拟仪器的图形化数据流语言和程序框图能自然地显示数据流，同时地图化的用户界面直观地显示数据，使用户能够轻松地查看、修改数据或控制输入。

### 三、虚拟仪器相对于传统仪器的优势

同其他技术相比，虚拟仪器技术具有四大优势：

1. 性能高

虚拟仪器技术是在 PC 技术的基础上发展起来的，所以完全“继承”了以现成即用的 PC 技术为主导的最新商业技术的优点，包括功能超强的处理器和文件 I/O，使用户在数据高速导入磁盘的同时就能实时地进行复杂分析。此外，不断发展的因特网和越来越快的计算机网络使得虚拟仪器技术展现其更强大的优势。

2. 扩展性强

NI 的软硬件工具使得用户不再受限于当前的技术中。这得益于软件的灵活性，只需更新计算机或测量硬件，就能以最少的硬件投资和极少的、甚至无需软件上的升级即可改进整个系统。在利用最新科技的时候，可以把它们集成到现有的测量设备，最终以较少的成本加速产品上市的时间。

3. 节约时间

在驱动和应用两个层面上，高效的软件构架能将计算机、传统仪器与虚拟仪器构成比较仪表，提供灵活性和强大的功能，使用户轻松地配置、创建、发布、维护和修改高性能、低成本的测量和控制解决方案。

4. 无缝集成

虚拟仪器从本质上说是一个集成的软硬件。随着产品在功能上不断地趋于复杂，工程师

们通常需要集成多个测量设备来满足完整的测试需求，而连接和集成这些不同设备总是要耗费大量的时间。虚拟仪器软件平台为所有的 I/O 设备提供了标准接口，帮助用户轻松地将多个测量设备集成到单个系统，减少了任务的复杂性。

## 四、典型的虚拟仪器软件介绍

本项目以 LabVIEW 为例，学习如何简单快捷地在计算机中建立一个虚拟的智能仪器。我们采用的是 LabVIEW8.5 版本，以下简称 LV。

打开 LV8.5 软件，首先弹出软件的基本界面（如图 13-1 所示）。我们可以通过菜单操作，建立虚拟仪器的控制面板，可以方便地使用各种控件随意组合（如图 13-2 所示）。然后再通过面板的程序框图功能（如图 13-3 所示）实现控件之间的各种逻辑。在很短的时间内构架最适合自己的面板，而且程序框图具有可以随意裁剪的功能，这都是传统仪器无法比拟的。

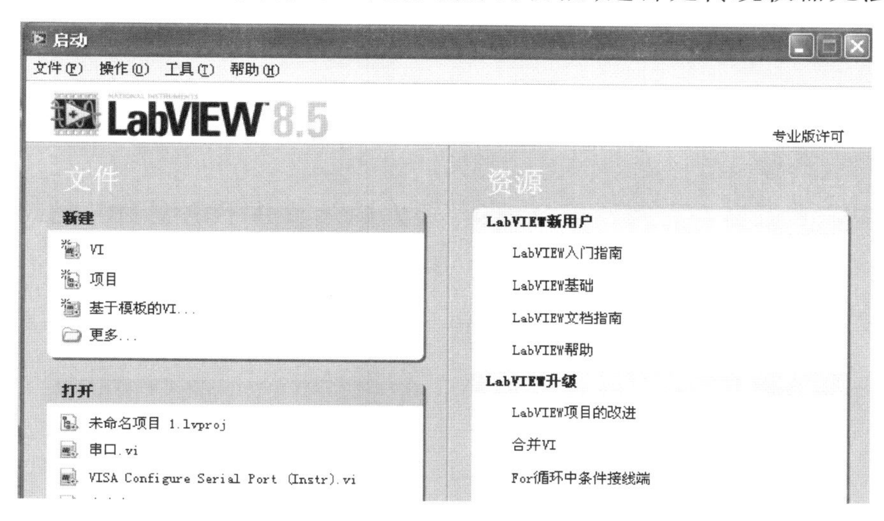


图 13-1　基本界面

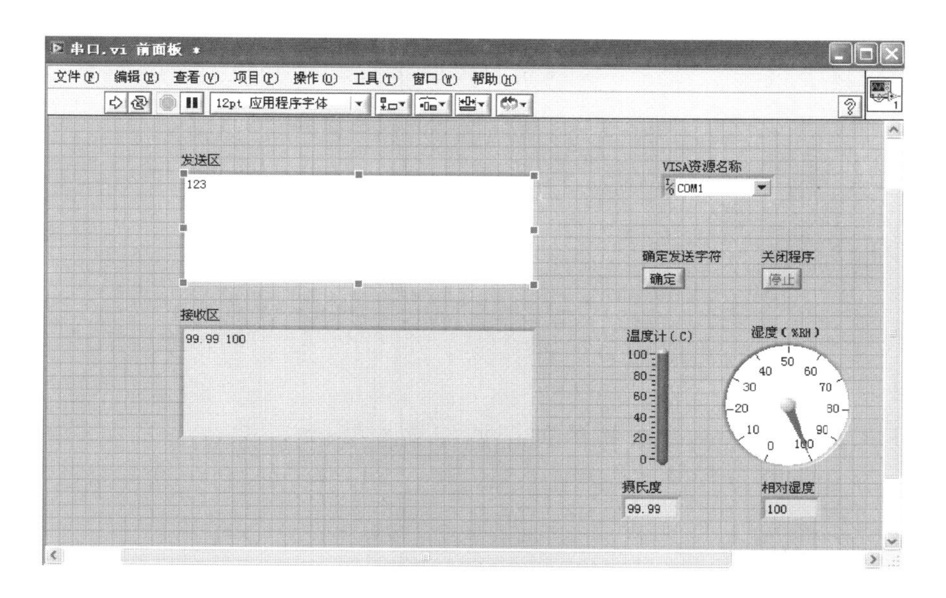


图 13-2　控制面板

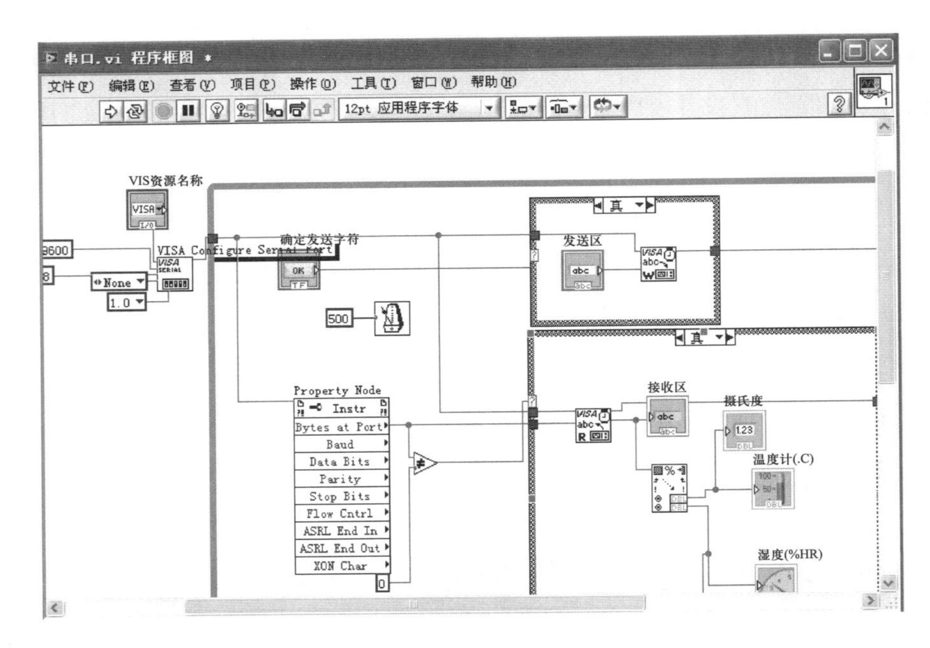

图 13-3　程序框图窗口

## 五、温湿度的概念

研究表明，温度和湿度有着密不可分的关系，人的体感并不单纯受温度或是湿度的影响，而是两者综合作用的结果，故产生了温湿度一体的说法。室内最适合温度应保持在 18℃，相对湿度应保持在 30%～40%；室温达 25℃时，相对湿度应保持在 40%～50%为最宜。

## 六、智能仪器的框架模型

智能仪器的框架模型如图 13-4 所示。

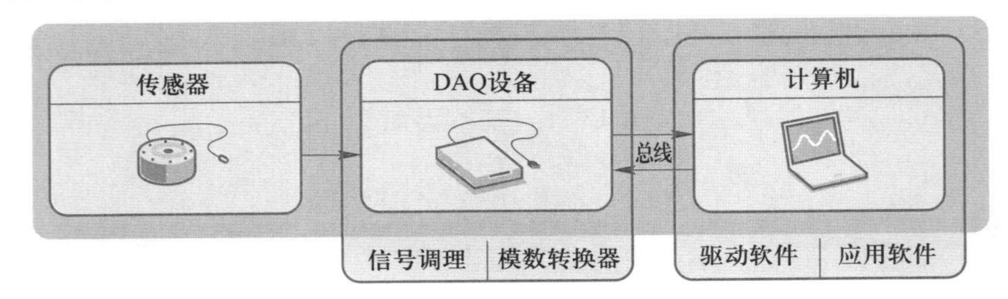


图 13-4　智能仪器的框架模型

# 13.3　项目实施

## 一、操作规范

使用 LabVIEW 软件建立一个虚拟的使用旋钮来控制的温度计。

1. 操作方法

(1) 计算机的开、关机

开机的正确步骤：先把总电源打开，再开显示器，然后开主机。

关机的正确步骤:关闭所有程序,再按“开始/关闭计算机/关闭”,关闭计算机,然后关闭显示器,最后关闭电源。

(2) 选择 LabVIEW 软件,关闭前请注意保存,并保存在规定的文件夹内。

2. 注意事项

不要保存在 C 盘,C 盘一般设定了还原功能,重新开机保存的内容有时会被系统自动删除。

## 二、实训器材及仪器

实训器材及仪器见表 13-2。

表 13-2　实训器材及仪器

| 序号 | 仪器器材 | 实物图样 | 数量 |
|---|---|---|---|
| 1 | 计算机 |  | 1 台 |
| 2 | LabVIEW 8.5 软件 |  | 1 套 |

### 做一做

准确清点和检查全套实训仪器的数量和质量,如发现计算机不能开机,软件不能打开,立即向指导教师汇报。一切正常后,开始实训。

## 三、实施步骤

打开计算机,打开 LabVIEW 软件,如图 13-5 所示。

图 13-5　打开软件

步骤 1：打开 LabVIEW 软件后，选择“文件”→新建“VI”，如图 13-6 所示。

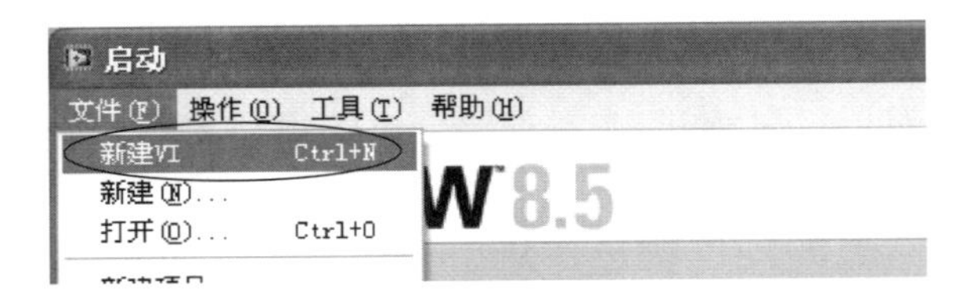


图 13-6 新建 VI

步骤 2：在前面板上右击选择“控件选板”→“新式”→“数值”后，分别选取旋钮、仪表、温度计，并将它们分别添加到前面板中，如图 13-7 所示。

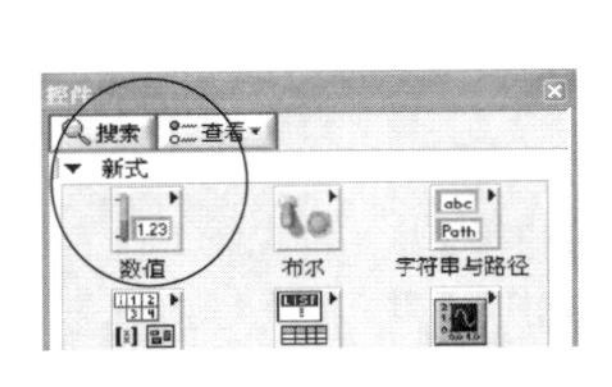


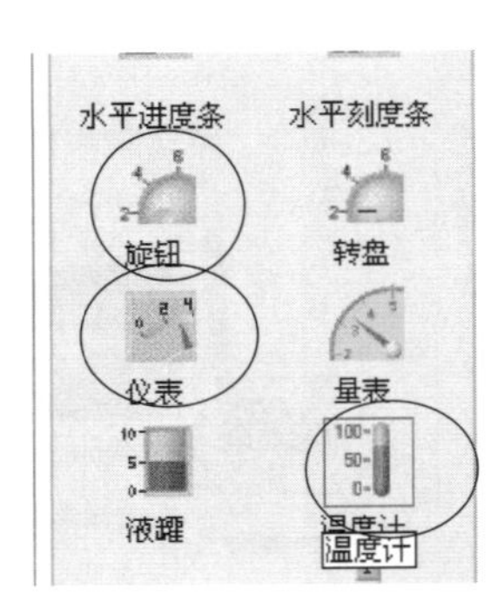


图 13-7 添加控件

控件添加完毕，如图 13-8 所示。

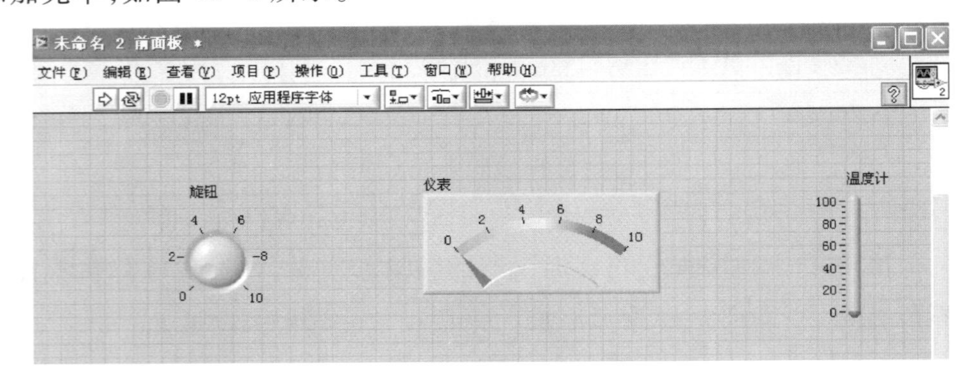


图 13-8 添加控件后的效果

与此同时，在程序框图里生成了对应的仪器，如图 13-9 所示。

步骤 3：在程序框图中将旋钮的输出端子接入仪表的输入端子，如图 13-10 所示。

步骤 4：在程序框图的空白处右击，选择“函数选板”→“编程”→“数值”→“乘”，放入程序框图。再选取“函数选板”→“编程”→“数值”→“数值常量”，放入程序框图并将数值常量中的值从“0”改为“20”。然后将旋钮的输出端子接入“乘”的 $x$ 输入端子，将数值常量的输出端

图 13-9　程序框图

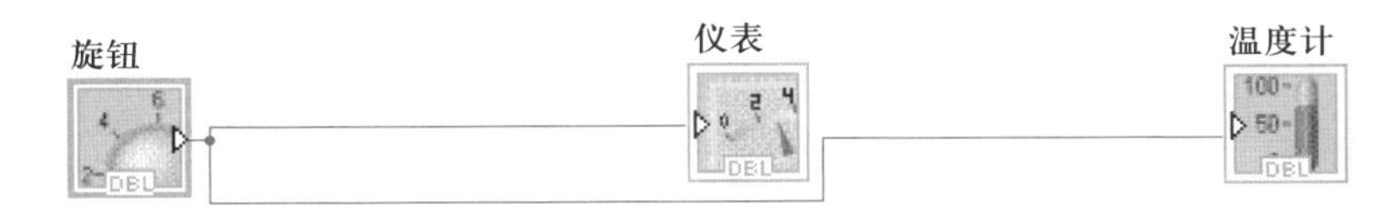


图 13-10　连接 1

子接入“乘”的 $y$ 输入端子，再将“乘”的 $x*y$ 输出端子接入温度计的输入端子，如图 13-11 所示。

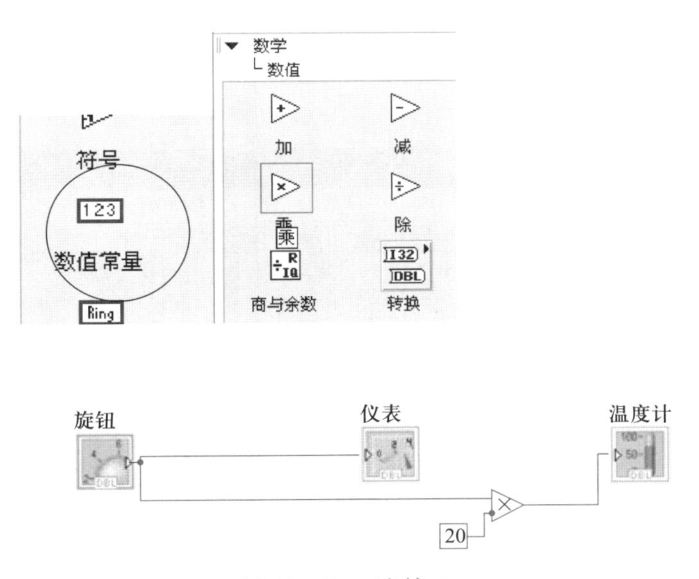


图 13-11　连接 2

步骤 5：在程序框图的左上角空白处右击，选择“函数选板”→“编程”→“结构”→“While 循环”后，按住鼠标左键移动鼠标，将程序框图中刚编写的程序全部框选进去后松开鼠标，便将这些程序添加到“While 循环”中，然后在“While 循环”的“循环条件”上右击，选择“创建常量”，这样就完成了程序的编写，如图 13-12、图 13-13 所示。

步骤 6：单击运行按钮，运行程序（如图 13-14 所示），然后转动转盘，观察仪表和温度计的变化。

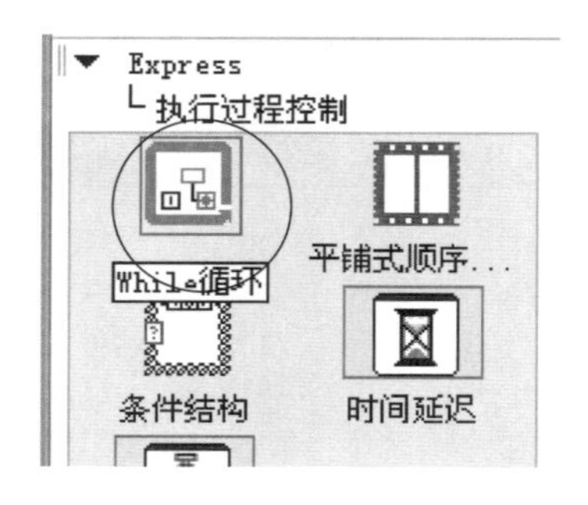


图 13-12 选择“While 循环”

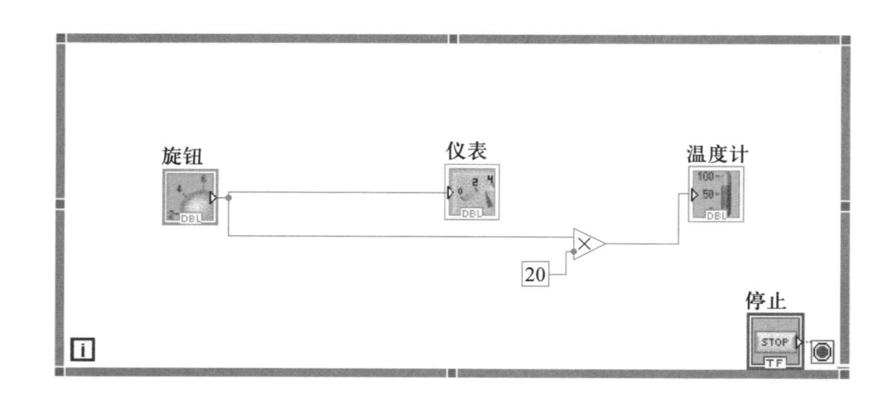


图 13-13 完成程序的编写

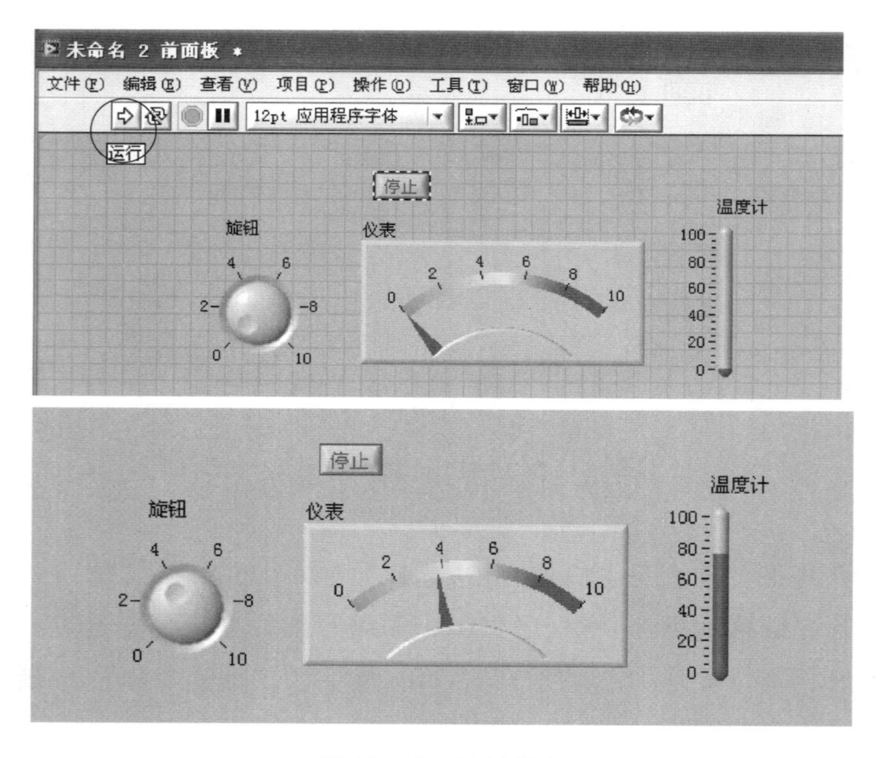


图 13-14 运行程序

练一练

参照以上步骤，制作一个旋钮调节的虚拟温度计。

## 13.4　项目评价与反馈

项目 13 的评价与反馈见表 13-3。

表 13-3　评价与反馈

| 项目 | | 配分 | 评分标准 | 自评 | 组评 | 师评 |
|---|---|---|---|---|---|---|
| 1 | 使用百度搜索引擎搜索关于虚拟仪器的资料 | 15 分 | 不会使用搜索引擎，扣 15 分 | | | |
| 2 | 初步认识虚拟仪器及其优势 | 10 分 | （1）不能正确认识虚拟仪器，扣 5 分<br>（2）不能说明虚拟仪器相对于传统仪器的优势，扣 5 分 | | | |
| 3 | 初步认识 LabVIEW 软件 | 10 分 | （1）不能找到并打开虚拟仪器，扣 5 分<br>（2）不能使用软件帮助，扣 5 分 | | | |
| 4 | 能理解 LabVIEW 的使用及维护方法 | 15 分 | （1）不能熟练地在程序与面板之间切换，扣 5 分<br>（2）不能正确添加控件和程序，扣 10 分 | | | |
| 5 | 能正确进行程序面板的配置 | 15 分 | 不能正确进行程序面板的配置，扣 15 分 | | | |
| 6 | 能正确进行程序逻辑的配置 | 15 分 | （1）不能正确连线，扣 5 分<br>（2）不能正确分析实训结果，扣 5 分 | | | |
| 7 | 观察面板读取数据 | 10 分 | 不能正确读数，扣 5 分 | | | |
| 8 | 安全文明生产 | 10 分 | 违反安全文明生产规程，扣 5~10 分 | | | |
| 签名 | | 得分 | | | | |

## 13.5 项目小结

本项目介绍了虚拟仪器的相关知识。通过使用 LabVIEW 软件制作一个简单的温湿度测试仪面板,学习虚拟仪器的使用方法。

## 13.6 项目拓展

尝试用互联网搜索引擎查询一些其他虚拟仪器的相关知识。

# 项目 14

# 使用基于 LabVIEW 的温湿度检测仪测量环境温湿度

## 14.1 项目任务单

虚拟仪器的变化非常灵活,可以设计各种仪器面板。本项目以 LabVIEW 软件为平台,制作一个简单的虚拟温湿度检测仪,从虚拟仪器的信号采集、信号处理、串口通信和虚拟面板四个方面,完整地介绍虚拟仪器的使用方法,引导大家自己设计一个虚拟的温湿度测试仪器,并使用其进行温湿度测量。

本项目任务单见表 14-1。

表 14-1 项目任务单

| 名称 | 使用基于 LabVIEW 的温湿度检测仪测量环境温湿度 |
| --- | --- |
| 内容 | (1) 制作虚拟温湿度测试仪的面板<br>(2) 制作虚拟温湿度仪的程序框图<br>(3) 给程序框图连线<br>(4) 使用硬件测试板与虚拟仪器面板进行通信<br>(5) 使用虚拟温湿度测试仪进行实际测试 |
| 要求 | (1) 了解 LabVIEW 的前面板制作<br>(2) 了解 LabVIEW 的程序框图的结构<br>(3) 能正确连接被测设备的电源和通信线<br>(4) 能正确对测量失真数据进行读数<br>(5) 操作结束,能按要求整理工作台 |

续表

| 名称 | 使用基于 LabVIEW 的温湿度检测仪测量环境温湿度 | | |
|---|---|---|---|
| 技术资料 | LabVIEW 软件帮助文档 | | |
| 签名 | | 备注 | |

## 14.2 知识链接

虚拟仪器的组成如图 14-1 所示。

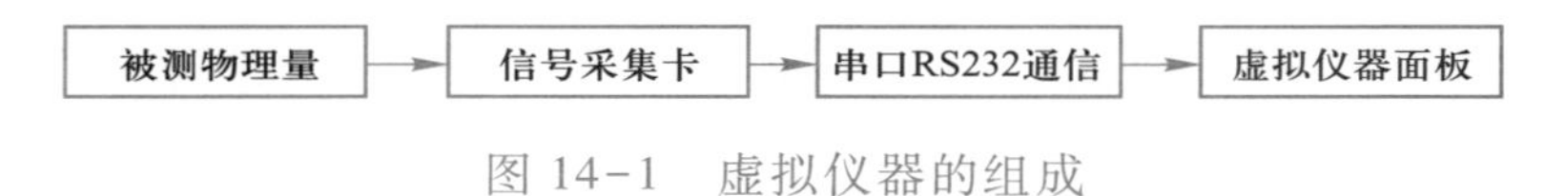


图 14-1 虚拟仪器的组成

### 一、被测物理量

温湿度是我们日常生活、工作和科研中十分常用的数据。相对于传统的温度计，电子式温湿度计因为其测量数据直观、便于通信等特性，应用越来越广泛，特别在智能仪器、虚拟仪器领域。

### 二、信号处理和数据采集卡

采样板简单介绍：采用 ARM 内核，STM32F103C8T6 单片机为核心 MUC，SHT11 全数字温湿度传感器，RS232 串口通信方式，DC9～12 V 供电，可用 4 位数码管显示实时温湿度，通过按键切换显示，并以每秒一次的数据采样率向虚拟仪器发送温湿度数据。

温湿度采样板如图 14-2 所示，图 14-3 所示为温湿度采样板电路的模块组成。

图 14-2 温湿度采样板

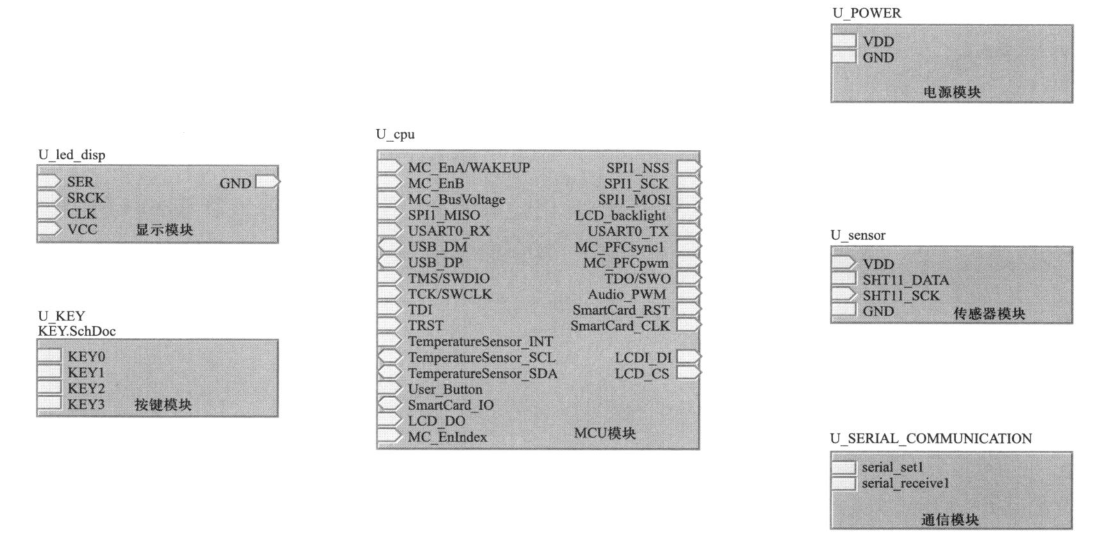


图 14-3　温湿度采样板电路的模块组成

## 三、公共硬件部分

公共硬件部分简介见表 14-2。

表 14-2　公共硬件部分简介

| 图中标号 | 图示 | 作用与说明 |
| --- | --- | --- |
| ① | | SHT11 温湿度传感器,为物理量采集单元,把电信号转化成数字信号 |
| ② | | STM32F103C8T6 单片机,把数据处理为计算机可以接受的类型,并发送过去 |
| ③ | | RS232 电平转化部分,将 TTL 电平转化为计算机可以识别的数字电平 |

续表

| 图中标号 | 图示 | 作用与说明 |
| --- | --- | --- |
| ④ | | 通过 USB 转化器,可以方便地与各种计算机的 USB 相连接 |
| ⑤ | | 计算机 USB 接口 |
| ⑥ | | 采样板电源接口 |

## 四、虚拟仪器的面板

虚拟仪器的优势也是在于可以根据场合环境的需求任意更换面板、配置,并可以通过网络传输数据远程测量,如图 14-4 所示。

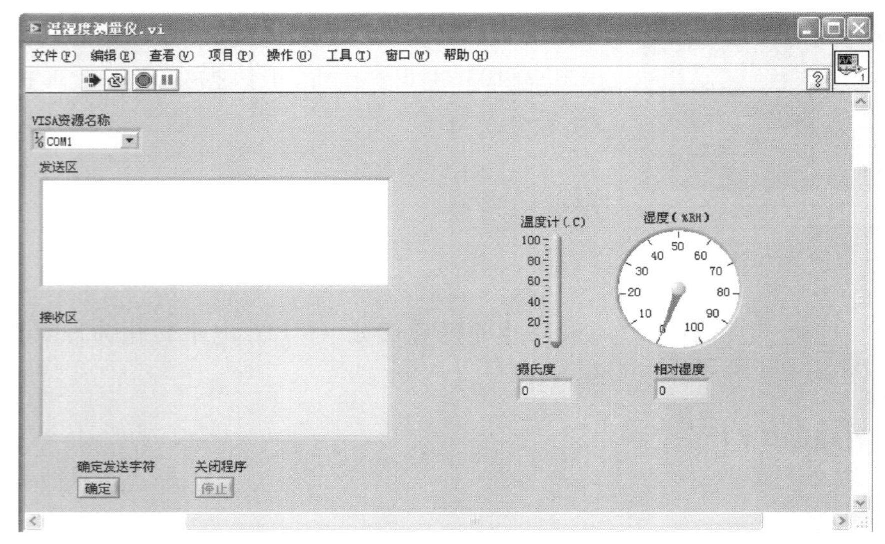


图 14-4 虚拟仪器的面板

## 14.3 项目实施

### 一、操作目标

使用 LabVIEW 软件建立一个虚拟温湿度测量仪,并通过 LabVIEW 温湿度采样板采集参数,进行温湿度测量。

### 二、实训器材及仪器

计算机一台,LabVIEW 软件,温度湿度虚拟仪器文件,LabVIEW 温湿度采集板。

### 三、实施步骤

项目的实施分四个阶段:

- 使用 LabVIEW 打开虚拟仪器温湿度检测面板。
- 连接虚拟温湿度仪温湿度采集板硬件。
- 调试虚拟仪器与硬件采集板的通信。
- 在计算机上使用虚拟仪器测量温湿度。

每个阶段都由若干小步骤组成,具体操作如下:

第一阶段:使用 LabVIEW 软件打开虚拟仪器温湿度检测面板。

单击“VISA 资源名称”的下拉按钮,选择“COM1”选项,单击运行按钮,运行程序,如图 14-5 所示。

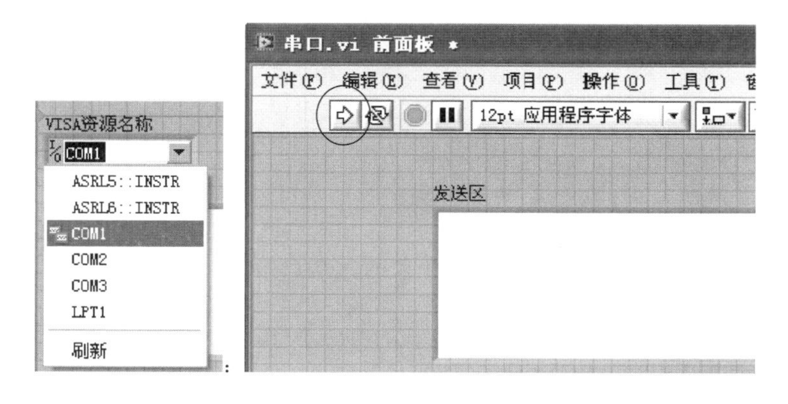


图 14-5 运行程序

打开温湿度测量的虚拟仪器界面,如图 14-6 所示。

第二阶段:连接温湿度采集板硬件。

温湿度采集板硬件连接如图 14-7 所示,连接框图如图 14-8 所示。相关硬件介绍见表 14-3。

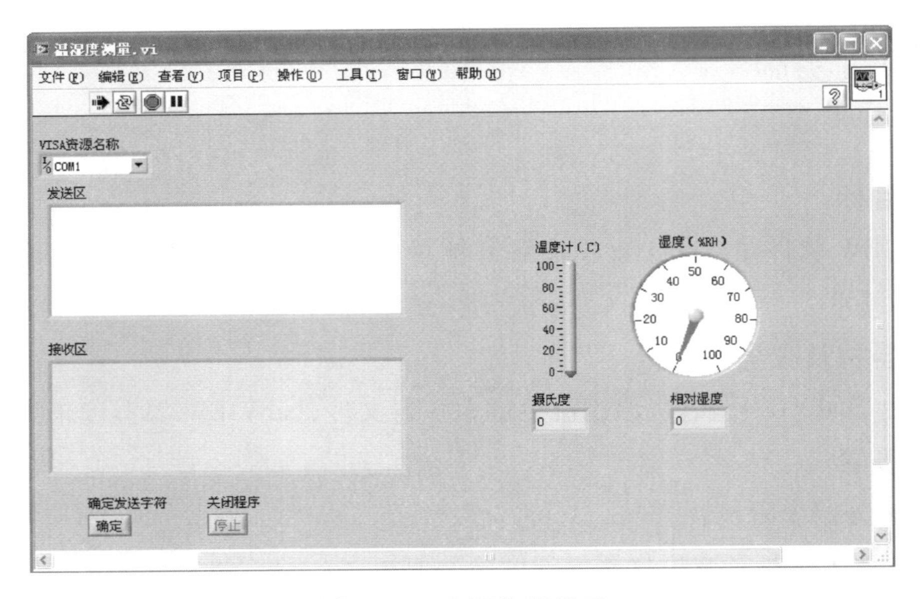


图 14-6 虚拟仪器界面

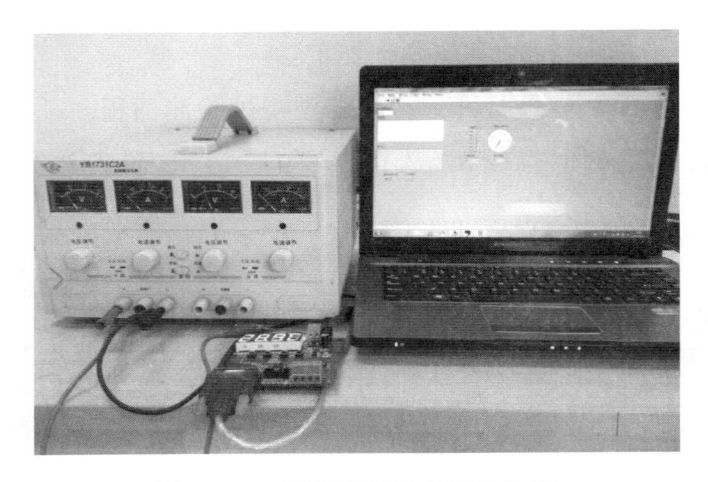

图 14-7 温湿度采集板硬件连接

图 14-8 连接框图

表 14-3　相关硬件介绍

| 模块 | 操作对象及图示 | 操作内容 |
| --- | --- | --- |
| 1 |  | 采样板通电以后，每 1 s 会采样一次数据，并在数码管上显示出来，每 2 s 切换一次温度和湿度值，并通过串口线把采集到的温湿度数据传送到计算机中 |
| 2 |  | 可用 DC5.5 插口的连接接入 5 V 电源；也可用试验电源调节到 5 V 输出，接入接线端子 |
| 3 |  | 通电后 LabVIEW 虚拟仪器通过串口获得温度数据 |
| 4 |  | 通电后 LabVIEW 虚拟仪器通过串口获得湿度数据 |
| 5 |  | LabVIEW 虚拟仪器通过串口获得温湿度数据 |
| 6 |  | 温湿度采样板和串口 RS232 接口连接 |

第三阶段：调试虚拟仪器程序。

当采样板正常工作以后，我们可以从接收区观察到采集下来的数据，第一个是温度数据，第二个是湿度数据，如图 14-9 所示。因为我们需要直观地读取数据，下一步我们将添加虚拟仪表。

图 14-9 观察数据

第四阶段:实际测量,数据记录与分析。

当所有软硬件调试完毕之后,虚拟仪器接收到采样板发送过来的数据时,就可以在虚拟仪表上显示出来。观察示数,记录数据。

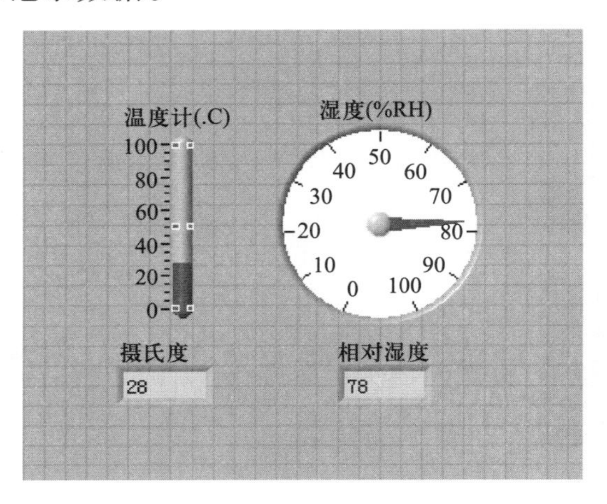


图 14-10 记录数据

如图 14-10 所示,温度为 28℃,相对湿度为 78%RH。

记录几组温度和湿度的数据。

## 四、数据记录与分析

由于时间关系,我们可以对着传感器吹一口气,然后测试 1 min 内的温度和湿度的变化情况,每 10s 记录一组数据,共 6 组数据(填入表 14-4),并绘制成温湿度变化曲线图。

表 14-4 数 据 记 录

| 时间 | 温度值/℃ | 湿度值/(%RH) | 温湿度变化曲线 |
|---|---|---|---|
| 0 s | | | |
| 10 s | | | |
| 20 s | | | |

续表

| 时间 | 温度值/℃ | 湿度值/(%RH) | 温湿度变化曲线 |
|---|---|---|---|
| 30 s | | | 温度、湿度<br>时间 |
| 40 s | | | |
| 50 s | | | |
| 60 s | | | |

练一练

是天气热时湿度大,还是天气冷时湿度大?

## 14.4　项目评价与反馈

项目 14 的评价与反馈见表 14-5。

表 14-5　评价与反馈

| 项目 | | 配分 | 评分标准 | 自评 | 组评 | 师评 |
|---|---|---|---|---|---|---|
| 1 | 初步认识虚拟仪器的基本结构 | 15 分 | 不了解虚拟仪器的基本结构,扣 15 分 | | | |
| 2 | 初步认识虚拟仪器各部分的功能 | 10 分 | 不认识虚拟仪器各部分功能,扣 10 分 | | | |
| 3 | 能利用 LabVIEW 软件找到并打开温湿度测量仪的虚拟软件文件 | 10 分 | 不能完成仪器面板的设置,扣 10 分 | | | |
| 4 | 能利用 LabVIEW 创建一个温湿度计的虚拟面板,调试温湿度测试仪 | 15 分 | 不能正确添加控件和程序,扣 15 分 | | | |

续表

| 项目 | | 配分 | 评分标准 | 自评 | 组评 | 师评 |
|---|---|---|---|---|---|---|
| 5 | 能正确进行硬件连接和配置 | 15 分 | (1) 不能正确进行程序面板的配置,扣 10 分<br>(2) 不能正确连线,扣 5 分 | | | |
| 6 | 能正确读取测量的数据 | 15 分 | (1) 不能正确分析实训结果,扣 5 分<br>(2) 不能正确读出温湿度,扣 10 分 | | | |
| 7 | 安全文明生产 | 10 分 | 违反安全文明生产规程,扣 5~10 分 | | | |
| 签名 | | 得分 | | | | |

## 14.5 项目小结

本项目介绍了 LabVIEW 的面板、程序框图及虚拟仪器的构成方法。通过虚拟仪器测量环境的温湿度数据,进一步巩固虚拟仪器的使用方法。

## 14.6 项目拓展

尝试通过多次采集温度、湿度的变化情况,找到两者之间的变化关系。

# 项目 15

# 使用虚拟仪器软件 LabVIEW 搭建声卡示波器

## 15.1 项目任务单

计算机自带声卡是一个性价比很高的数据采集系统，它具有 A/D 和 D/A 转换功能，LabVIEW 利用声卡的实用虚拟仪器软件。本节以 LabVIEW2018 版本为平台，制作简易的声卡示波器，从虚拟仪器的信号采集、信号处理、信号测量和虚拟面板四个方面，完整地介绍声卡示波器搭建过程。

本项目任务单见表 15-1。

表 15-1　项目任务单

| 任务名称 | 使用 LabVIEW 软件搭建声卡示波器 |
|---|---|
| 任务内容 | (1) 制作声卡示波器的面板<br>(2) 设计声卡示波器的程序框图<br>(3) 测试声卡示波器程序<br>(4) 完善声卡示波器程序<br>(5) 检验声卡示波器的相应功能 |

续表

| 任务名称 | 使用 LabVIEW 软件搭建声卡示波器 | | |
|---|---|---|---|
| 任务要求 | (1) 认识 LabVIEW 的前面板,并制作<br>(2) 理解 LabVIEW 程序框图的结构,并能进行简单设计<br>(3) 能正确调用声卡的 MIC 端口运行程序<br>(4) 能处理数据采集或显示中出现的问题<br>(5) 操作结束,能按要求整理工作台 | | |
| 技术资料 | LabVIEW 软件帮助文档 | | |
| 签名 | | 备注 | |

## 15.2 知识链接

### 一、声卡的结构、原理及技术参数

#### 1. 声卡的结构

声卡的硬件结构如图 15-1 所示。声卡一般有线路输入(Line In)和话筒输入(Mic In)两个信号输入。Line In 为双通道输入,可接入幅值不超过 1.5 V 的信号。Mic In 仅作为单通道输入,可以接入较弱信号,幅值为 0.02~0.2 V。

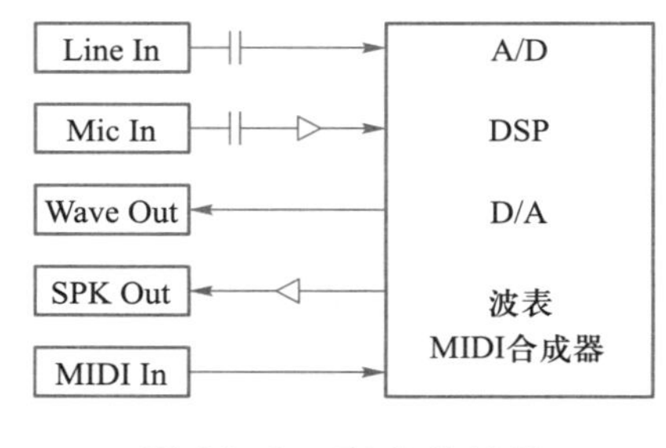


图 15-1 声卡的结构

输出接口有 2 个,分别是 Wave Out 和 SPK Out。Wave Out(或 Line Out)给出的信号没有经过放大,需要外接带有功率放大器的有源音箱。SPK Out 的声卡内部具有功率放大器,直接外接扬声器。

#### 2. 声卡的工作原理

声卡将所获取的模拟音频信号转换为数字信号,输入计算机内进行处理。也可以将计算机的数字信号经过声卡转换为模拟信号输出。输入时,话筒输入(或线路输入)获取的音频信号通过 A/D 转换器转换成数字信号,输入计算机进行各种处理,如播放、录音等;输出时,计算机通过总线将数字化的声音信号以 PCM（脉冲编码调制）方式输入 D/A 转换器，变成模拟的音频信号，进而通过功率放大器或线路输出（Line Out）送到音箱等设备转换为声波。

3. 声卡的主要技术参数

（1）采样位数

采样位数可以理解为声卡处理声音信号的解析度。这个数值越大，解析度就越高，录制和回放的声音就越真实。

16 位声卡能把它分为 $64\times10^3$ 个精度单位进行处理，而 8 位声卡只能处理 256 个精度单位。位数越高，在定域内能表示的声波振幅的数目越多，记录的音质也就越高。

（2）采样频率

采样频率是每秒钟采集声音样本的数量。采集频率越高，记录的声音波形就越准确，保真度就越高，但采样数据量相应变大，要求的存储空间也越多。目前，普通声卡的最高采样频率是44.1 kHz，高级的能达 96 kHz。一般将采样频率设为 4 挡，分别是 44.1 kHz、22.05 kHz、11.025 kHz、8 kHz。

（3）缓冲区

为了节省 CPU 资源，计算机的 CPU 采用了缓冲区的工作方式。在这种工作方式下，声卡的 A/D 转换、D/A 转换都是对某一缓冲区进行操作。一般声卡使用的缓冲区长度的默认是 8 192 字节，也可以是其整数倍大小的缓冲区，这样可以较好地保证声卡与 CPU 的协调工作。声卡一般只对 20 Hz~20 kHz 的音频信号有较好的响应。

4. 基准电压

声卡不提供基准电压，因此无论是 A/D 转换还是 D/A 转换，在使用时，都需要用户参照基准电压进行标定。

目前，声卡最高采样频率可达 96 kHz，采样位数在 13 位~32 位，声道数为 2，即立体声双声道，可同时采集两路信号，每路输入信号的最高频率可达 22.05 kHz，系统的信噪比可达 96 dB。

## 二、声卡示波器相关控件

在 LabVIEW 软件前面板中，搭建声卡示波器相关的控件及其作用见表 15-2。

表 15-2　声卡示波器相关控件及其作用

| 序号 | 控件名称 | 控件图标 | 控件作用 |
|---|---|---|---|
| 1 | 波形图 | 波形图 2；曲线 0；幅值；时间；10、5、0、-5、-10；0、20、40、60、80、100 | 波形图用于显示测量值为均匀采集的一条或多条曲线。波形图可显示包含任意个数据点的曲线。波形图接收多种数据类型，从而最大限度地降低了数据在显示为图形前进行类型转换的工作量 |

续表

| 序号 | 控件名称 | 控件图标 | 控件作用 |
| --- | --- | --- | --- |
| 2 | 旋钮 | 旋钮 0 2 4 6 8 10 | LabVIEW 软件中的经典旋钮的种类比较多,旋钮的主要任务是挡位的调节,通过属性设置对挡位的数量和调节方式等进行相应操作 |
| 3 | 转盘 | 转盘 0 2 4 6 8 10 | LabVIEW 软件中的经典转盘的属性和旋钮基本一致,其外观有细微差别,具体的功能可以通过属性设置来更改 |
| 4 | 滑动杆 | 滑动杆 0 5 10 | LabVIEW 软件中的经典水平滑动杆,根据选项要求设计滑动的项目,配合程序可以执行对应的功能 |
| 5 | 确定按钮 | 确定按钮 确定 | 布尔子选板中的布尔控件用于通过按钮、开关和指示灯输入和显示布尔值。<br>布尔控件的机械动作用于创建与真实仪器(如示波器和万用表等)类似的前面板行为。切换和触发动作的相同之处在于它们都改变布尔控件的值,不同之处在于它们如何恢复控件原值 |
| 6 | 数值显示控件 | 数值 0 | 数值显示控件用来显示相应的数值,根据数值的名称改变属性中“外观”的“标签”,并且根据需要在控件后直接用文本输入相应的单位。单击右键选择“转换为输入控件”可更改为“数值输入控件” |

## 三、声卡示波器相关函数

在 LabVIEW 程序框图中,搭建声卡示波器会运用到一些声音相关函数。

利用声卡作为声音信号的数据采集(DAQ)卡,可以方便快捷地创建一个采集声音信号的VI(VI 指虚拟仪器,是 LabVIEW 的程序模块)。右击程序框图选择“函数”→“编程”→“图形与声音”→“输入”,如图 15-2 所示。

下面主要介绍“声音”选板中相关函数及其作用,见表 15-3。

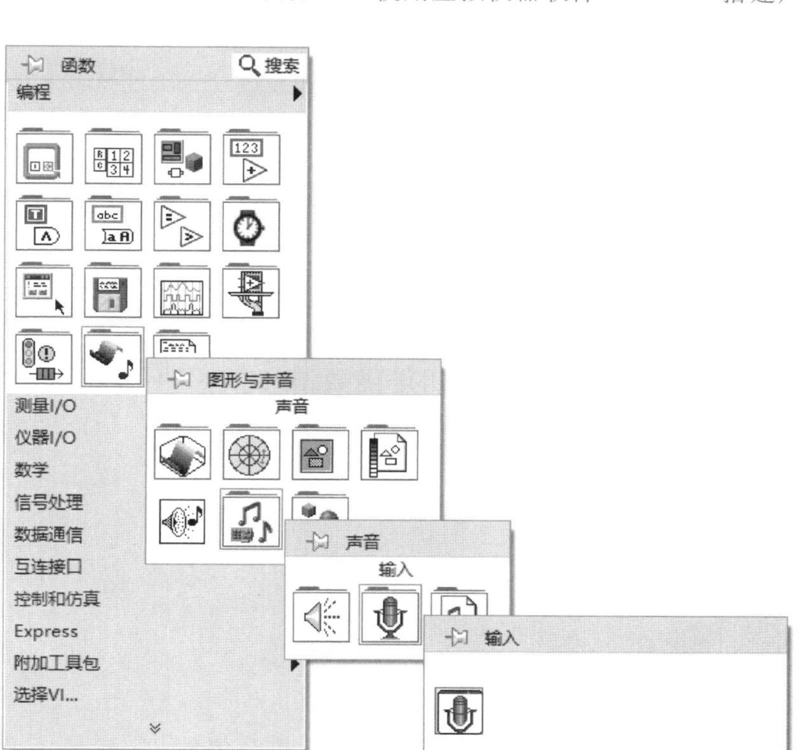


图 15-2　LabVIEW 中声音输入函数

表 15-3　声音函数及其作用

| 序号 | 函数名称 | 函数图标 | 函数作用 |
| --- | --- | --- | --- |
| 1 | 声音采集 | 声音采集 | 从声音设备采集数据,虚拟仪器自动配置输入任务,采集数据,在采集完毕后清除任务 |
| 2 | 配置声音输入 |  | 配置声音输入设备(声卡)参数,用于获取数据并且将数据传送至缓冲区 |
| 3 | 启动声音输入采集 |  | 开始从设备上采集数据,只有停止声音输入采集已经被调用时,才需要使用该虚拟仪器 |
| 4 | 读取声音输入 |  | 从声音输入设备读取数据。必须使用配置声音输入虚拟仪器配置设备 |
| 5 | 停止声音输入采集 |  | 停止从设备采集数据。使用声音输入清零虚拟仪器,清除缓存中的数据。使用启动声音输入采集虚拟仪器,在调用“停止声音输入”虚拟仪器后重新开始采集 |

续表

| 序号 | 函数名称 | 函数图标 | 函数作用 |
| --- | --- | --- | --- |
| 6 | 声音输入清零 |  | 停止声音采集，清除缓冲区，返回到任务的默认状态，并且释放与任务有关的资源 |

此外，还有众多的声音文件的打开和关闭等函数，在此不一一介绍，读者可参考 LabVIEW 帮助窗口进行了解。

## 15.3 项目实施

### 一、操作规范

使用 LabVIEW 软件搭建一个声卡示波器，通过声卡采集数据，然后在虚拟示波器上显示波形。

1. 操作方法

(1) 计算机的开、关机

开机正确步骤：先把总电源打开，再开显示器，然后开主机。

关机的正确步骤：关闭所有程序，再按“开始/关闭计算机/关闭”，关闭计算机，然后关闭显示器，最后关闭电源。

(2) 选择 LabVIEW 软件，关闭前请注意保存采集及处理的文件，并保存在规定的文件夹内。

2. 注意事项

请不要把文件保存在 C 盘，C 盘一般设定了还原，重新开机后非系统文件会被系统自动删除。

### 二、实训器材及仪器

实训器材、仪器的种类及数量见表 15-4。

做一做

准确清点和检查全套实训仪器数量和质量，发现计算机不能开机，软件不能打开，立即向指导教师汇报。一切正常，使用 LabVIEW 软件进行实训。

表 15-4　实训器材及仪器

| 序号 | 仪器器材 | 实物图样 | 数量 |
| --- | --- | --- | --- |
| 1 | 计算机一台 |  | 1 台 |
| 2 | 软件 LabVIEW 2018 |  | 1 件 |

## 三、实施步骤

打开虚拟仪器软件 LabVIEW 2018，新建一个 VI，在前面板或程序框图中选择“文件”→“另存为”选择路径，文件命名为“声卡示波器”。

项目的实施分为五个阶段，每个阶段都有若干小步骤，具体操作如下：

1. 使用 LabVIEW 2018 制作声卡示波器面板

（1）创建“单踪示波器”波形图

在前面板中选择“控件”→“图形”→“波形图”，双击“波形图”文本将控件名改为“单踪示波器”，最终效果如图 15-3 所示，右击波形图控件，选择“属性”，属性设置可参考表 15-5。

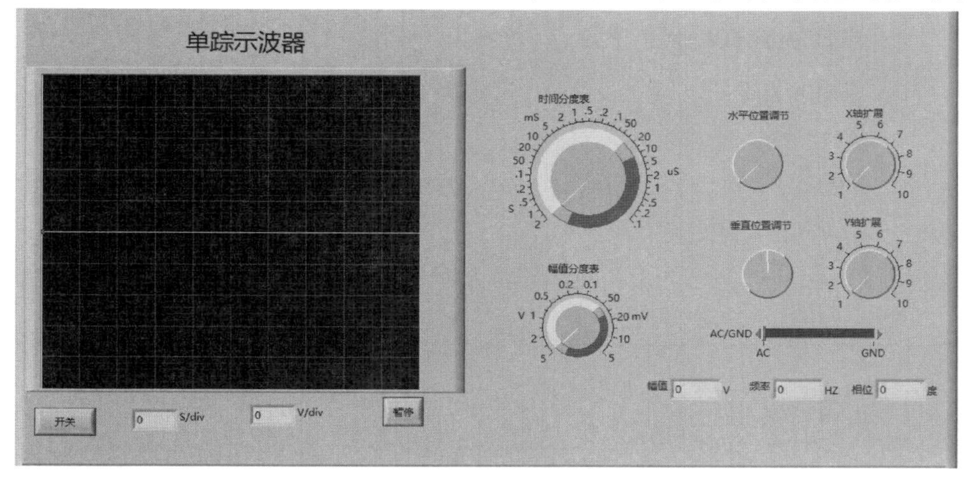


图 15-3　单踪示波器面板

表 15-5　波形图控件属性

| 序号 | 属性名称 | 属性说明 | 属性设置图例 |
| --- | --- | --- | --- |
| 1 | 外观 | 根据实际情况更改波形图的标签和大小等相关信息 |  |
| 2 | 标尺 | 本任务是虚拟示波器，标尺需要能够被调节，故必须取消“自动调整标尺”。<br>注意：最下面的“忽略 $X$ 轴上的波形标识”连接信号后才可编辑，故在程序完成后再勾选 | 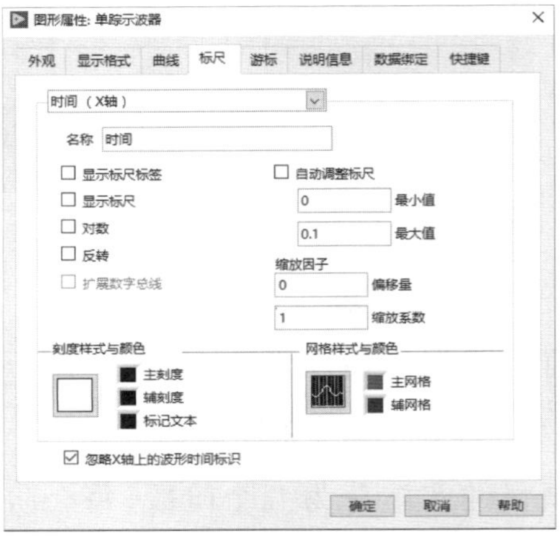 |
| | | 点开“时间（$X$ 轴）”下拉框，选择“幅值（$Y$ 轴）”<br>取消“自动调整标尺” | 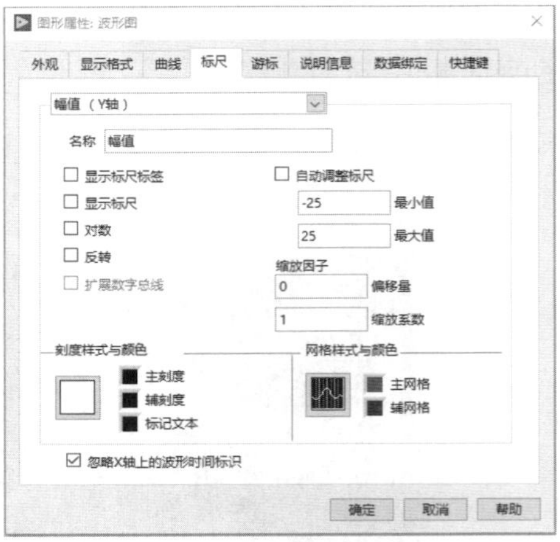 |

续表

| 序号 | 属性名称 | 属性说明 | 属性设置图例 |
|---|---|---|---|
| 3 | 游标 | 为了更好地观察和调整波形，通过游标来设置波形的零点位置 | |

（2）创建“时间分度表”和“幅值分度表”旋钮

1）在前面板中选择“控件”→“经典”→“经典数值”→“经典旋钮”，双击“旋钮”修改控件名称如图 15-3 所示，旋钮的属性设置见表 15-6。

表 15-6　旋钮控件属性

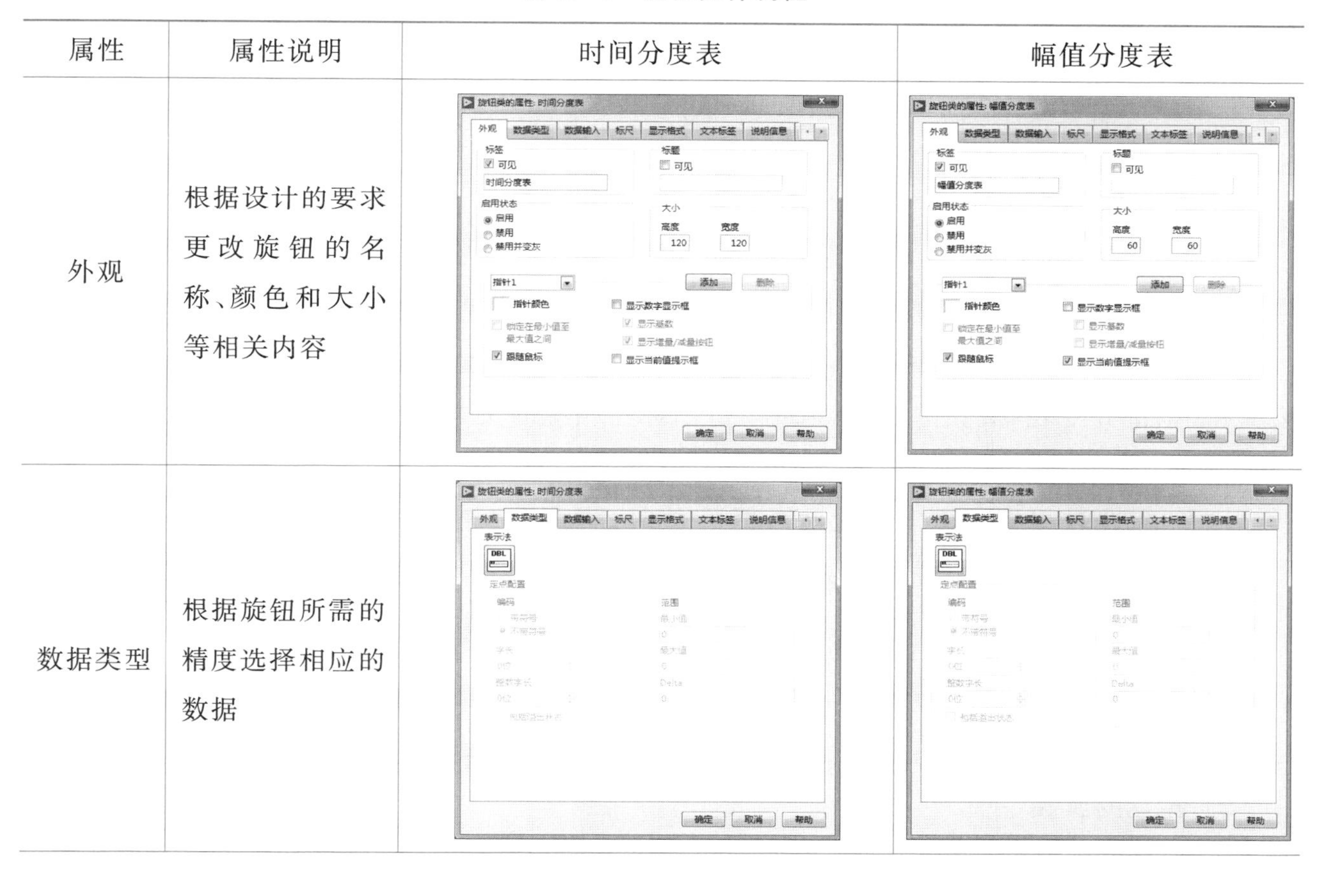

| 属性 | 属性说明 | 时间分度表 | 幅值分度表 |
|---|---|---|---|
| 外观 | 根据设计的要求更改旋钮的名称、颜色和大小等相关内容 | | |
| 数据类型 | 根据旋钮所需的精度选择相应的数据 | | |

续表

| 属性 | 属性说明 | 时间分度表 | 幅值分度表 |
| --- | --- | --- | --- |
| 数据输入 | 根据当前旋钮的挡位个数和调节挡位要求设置相应的值 | | |
| 标尺 | 根据实际需要选择“标尺样式”，可以直接用相应数值表示，也可以用文本的形式标到相应的旋钮上。刻度范围根据数值范围来定 | | |
| 其他属性 | 其他属性在本项目旋钮中选择默认状态 | | |

2）旋钮的刻度编辑

自动生成的刻度标记无法满足这两个旋钮的需求，故该项目中标尺样式选择没有文本的样式，则需要自己编辑相应的文本放在旋钮的相应的位置上，具体操作步骤如下：

在前面板选择“查看”→“工具选板”→“编辑文本”A，然后将“时间分度表”旋钮的 23 个刻度和“幅值分度表”旋钮的 10 个刻度上分别标注相应的文本，并在相应区域标注单位，如图 15-3 所示。

注意：编辑过程中如果出现无法选择控件时，可点亮“工具选板”中的“自动选择工具”，使右边的灰色框变成绿色，便可选中了。

（3）创建“水平位置调节”“垂直位置调节”“X 轴扩展”和“Y 轴扩展”四个转盘。

1）在前面板中选择“控件”→“经典”→“经典数值”→“经典转盘”，修改控件名称如图 15-3 所示。

2）转盘的属性

① 转盘外观设置：转盘的外观根据实际需要或个人习惯而定，在此 4 个转盘的外观可设

置相同的参数，如图 15-4 所示。

图 15-4　转盘的外观属性

② 转盘数据类型属性：4 个转盘均选择“DBL”双精度数据类型。

③ 数据输入：根据具体的参数设置要求，输入值的不同。本任务中转盘的数据输入属性可参考表 15-7。

**表 15-7　转盘的数据输入属性**

| 转盘名称 | 标尺属性设置图例 | 转盘名称 | 标尺属性设置图例 |
| --- | --- | --- | --- |
| 水平位置调节 | 旋钮类的属性：水平位置调节<br>外观 数据类型 数据输入 标尺 显示格式 文本标签 说明信息<br>当前对象 数值<br>使用默认界限<br>最小值 0.0000　对超出界限的值的响应 强制<br>最大值 2.0000　强制<br>增量 0.1000　强制至最近值<br>页大小 0.0000<br>确定 取消 帮助 | *X* 轴扩展 | 旋钮类的属性：X轴扩展<br>外观 数据类型 数据输入 标尺 显示格式 文本标签 说明信息<br>当前对象 数值<br>使用默认界限<br>最小值 1.0000　对超出界限的值的响应 强制<br>最大值 10.0000　强制<br>增量 1.0000　强制至最近值<br>页大小 0.0000<br>确定 取消 帮助 |

续表

| 转盘名称 | 标尺属性设置图例 | 转盘名称 | 标尺属性设置图例 |
| --- | --- | --- | --- |
| 垂直位置调节 |  | $Y$ 轴扩展 |  |

④ 转盘标尺设置:4 个转盘采用了两种不同的标尺样式;刻度范围根据“数据输入”设置合适的值,见表 15-8。

表 15-8 转盘的标尺属性

| 转盘名称 | 标尺属性设置图例 | 转盘名称 | 标尺属性设置图例 |
| --- | --- | --- | --- |
| 水平位置调节 |  | $X$ 轴扩展 |  |
| 垂直位置调节 |  | $Y$ 轴扩展 |  |

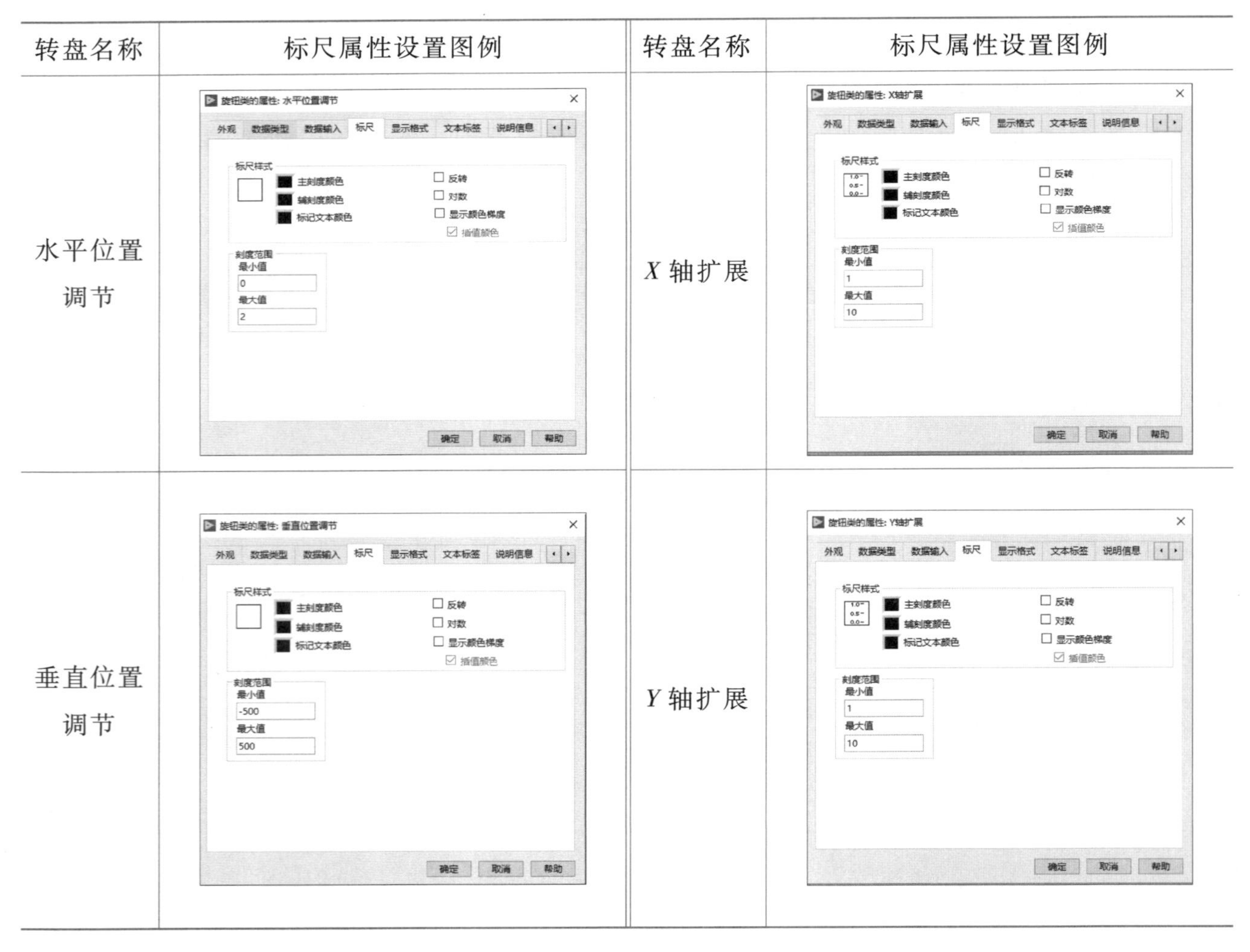

⑤ 其他属性根据需要进行相应的设置，本任务中采用默认。

（4）创建“AC/GND”滑动杆。

1）在前面板选择“控件”→“经典”→“经典数值”→“经典水平滑动杆”，修改控件名称如图 15-3 所示。

2）在任务中作为 AC 和 GND 的选择开关，由于声卡本身具有耦合电容，滤去了直流量，故任务中没有 DC 选择。滑动杆的属性设置见表 15-9。

表 15-9　滑动杆属性

| 属性名称 | 属性设置图例 | 属性名称 | 属性设置图例 |
|---|---|---|---|
| 外观 | | 标尺 | |
| 数据类型 | | 显示格式 | |
| 数据输入 | | 文本标签 | |

注意:标尺上的刻度值可以直接用对应的数值表示,也可以用文本标签表示,由于使用文本标签时文本内容不能重复,故前面的旋钮和转盘不使用文本标签,而是直接在相应的刻度上标上对应的文本。

(5) 创建“开关”和“暂停”按钮

1) 在前面板中选择“控件”→“布尔”,单击“确定”按钮,修改控件名称如图 15-3 所示。

2) 本任务中需要制作“开关”和“暂停”两个按钮,属性中“外观”可以根据个人习惯而定,通常需要改变“开”和“关”的颜色;但是属性中“操作”的设置需选择合适的选项,选择的不同将会直接影响到程序功能的实现,具体设置见表 15-10。

表 15-10 确定按钮属性

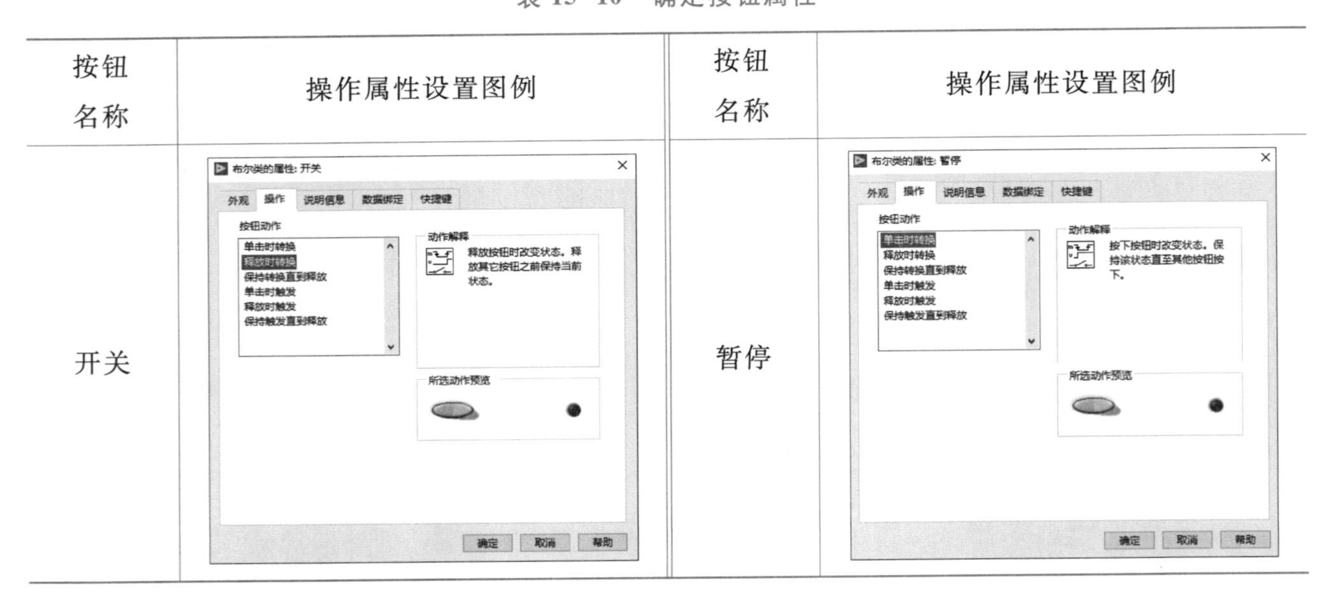

| 按钮名称 | 操作属性设置图例 | 按钮名称 | 操作属性设置图例 |
| --- | --- | --- | --- |
| 开关 | | 暂停 | |



(6) 创建“幅值”“频率”“相位”“s/div”和“V/div”

1) 在前面板中选择“控件”→“数值”→“数值显示控件”,双击控件名称修改,如图 15-5 所示,设置相应数值属性。

2) 需要注意的是测量的数据的范围较大,为了更直观地读数,任务中的“显示格式”采用了“SI 符号”,可以直接完成单位换算的功能,设置如图 15-5 所示。

(7) 修饰前面板

在前面板中选择“控件”→“修饰”→“水平平滑盒”,将前面创建的部件放在合适的位置上然后进行修饰。

注意:须将“水平平滑盒”移至后面,选中后按“Ctrl+J”组合键。完成后的面板如图15-3 所示。

2. 设计声卡示波器的程序框图

在设计程序框图之前先将前面板中的控件在程序框图中的图标进行修改。在程序框图中

图 15-5　数值控件属性

右击相应控件,选择“显示为图标”,不勾选“显示为图标”,则控件将变成图标的形式,方便程序的编写。

（1）声音信号采集程序框图

声音的采集可以直接使用“声音采集”控件,设置相应参数,直接通过声卡采集信号;也可以通过相应的配置组合采集声音,本任务中采用了后一种方法。

在程序面板中选择“函数”→“图形与声音”→“声音”→“输入”,然后选择“配置声音输入”→“启动声音输入采集”→“读取声音输入”→“停止声音输入采集”→“声音输入清零”,程序框图如图 15-6 所示。

图 15-6　声音采集程序框图

（2）声音信号测量程序框图

1）在程序面板中选择“函数”→“信号处理”→“波形测量”→“单频测量”,配置单频测量的参数,如图 15-7(a)所示,在“配置单频测量”中勾选幅值、频率和相位。

2）创建“单频测量”的显示控件

在程序面板中选择“函数”→“编程”→“数值”,然后选择“乘”→“数值常量”,双击“数值常量”将数值改为“2”。

3）右击“幅值”选择“读取声音输入”→“创建”→“数值显示控件”,双击改变控件名称为

"幅值 2"控件,参照此步骤创建"频率 2"和"相位 2"控件,程序框图如图 15-7(b)所示。

注意:删除控件或连线的方法是:单击选中,然后按键盘上的"Delete"。连接控件或程序的方法是:直接把鼠标放在连接位置上,出现连接工具,单击选中,松开鼠标,连线拉到相应的位置时单击该图标。

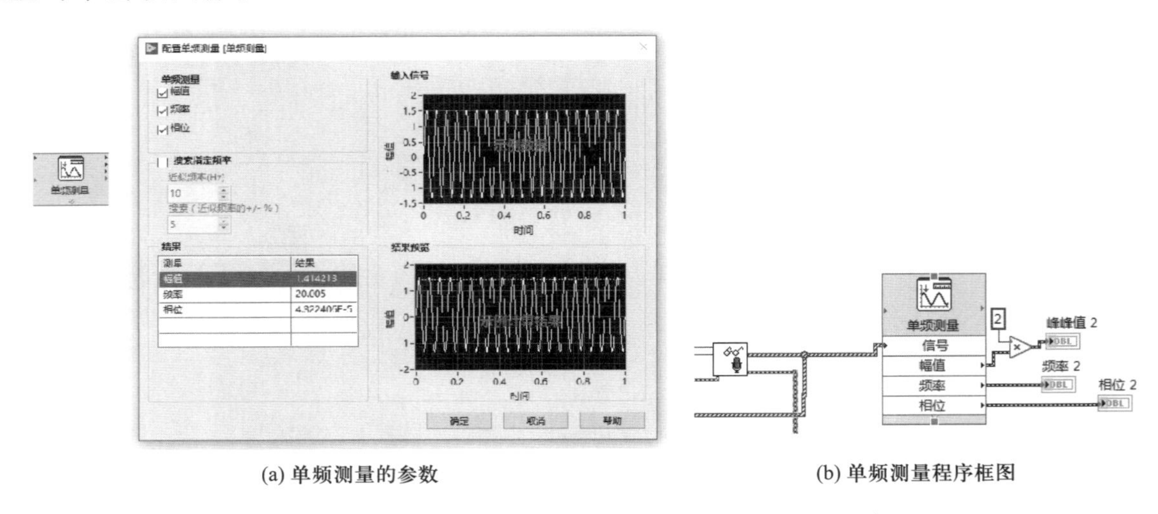


(a) 单频测量的参数　　(b) 单频测量程序框图

图 15-7 单频测量

(3) 示波器的"时间分度表"和"幅值分度表"程序框图。

在前面板中创建的"时间分度表"和"幅值分度表"旋钮是用来调节示波器的波形显示,通过调节相关旋钮可以调节波形的 $X$ 轴和 $Y$ 轴的显示,以便更好地读取波形。

用数组来设置旋钮上对应的值,此值也是对应的示波器上单位值,对应面板上创建的数值显示控件 s/div 和 V/div,根据单位值设置示波器的显示范围,具体操作如下:

1) 时间分度表

① 在程序面板中选择"函数"→"数组"→"索引数组"和"数组常量"。

② 在程序面板中选择"函数"→"数值"→"DBL 数值常量"。

③ 将"DBL 数值常量"放入"数组常量"框内,然后连接到"索引数组"的数组端,下拉 22 个数组框,依次填入表盘的刻度值(2,1,0.5,0.2,0.1,0.05,0.02,0.01,0.005,0.002,0.001,0.0005,0.0002,0.0001,0.00005,0.00002,0.00001,0.000005,0.000002,0.000001,0.0000005,0.0000002 和 0.0000001),从 2 s 到 0.1 μs 共 23 个数值。将所有单位全部转换成 s 后对应的数值输入数组框内。为了放置方便,可将下拉框向上收起一部分。

④ 将"时间分度表"连接到"索引数组"的索引端。

函数的选择如图 15-8(a)所示,程序框图如图 15-8(b)所示。

⑤ 创建波形的 $X$ 轴范围属性节点,在程序面板右击"单踪示波器",选择"创建"→"属性节点"→"X 标尺"→"范围",分别选择"增量""最大值"和"最小值",选中后右击选择"全部

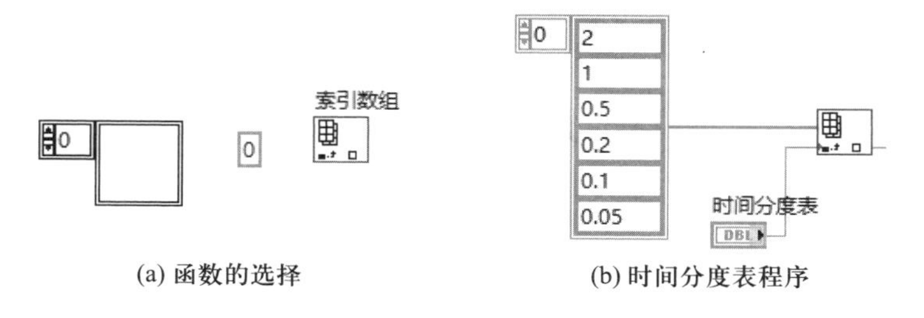

(a) 函数的选择　(b) 时间分度表程序

图 15-8　时间分度表

转换为写入”,如图 15-9 所示。

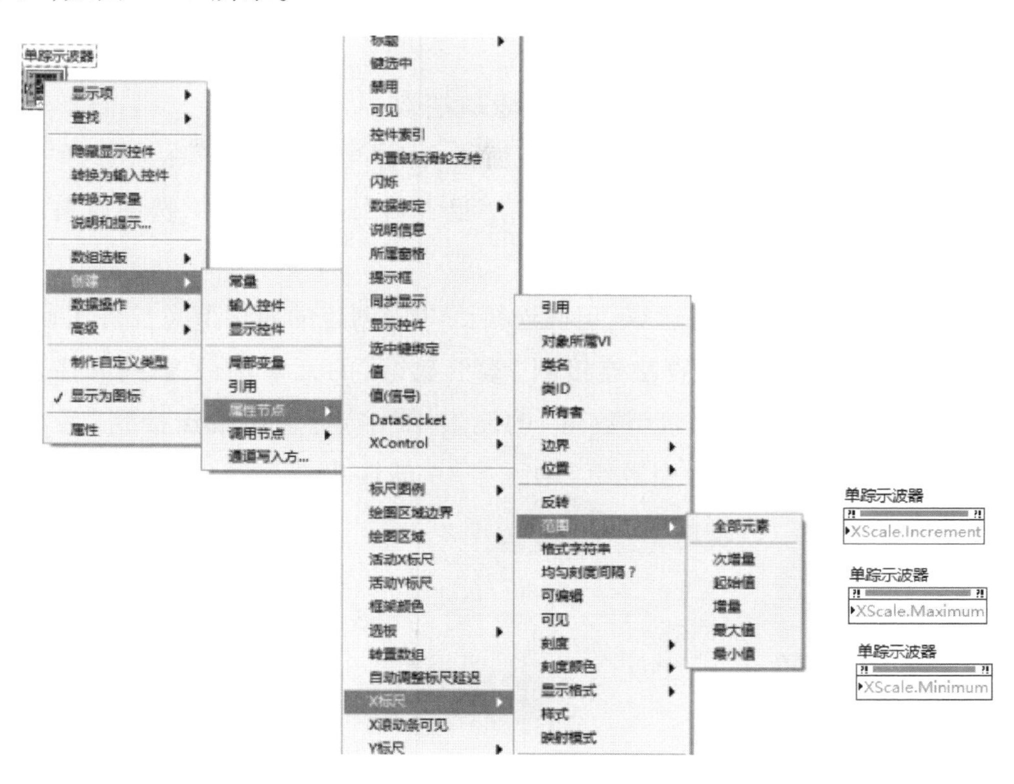


图 15-9　波形图 $X$ 轴属性节点

⑥ 将“索引数组”的元素进行运算,连接到相应的控件上。增量对应旋钮设置的单位值,和“V/div”都是直接连接到“索引数组”的元素端;最小值设置为零,直接创建数值常量“0”连接到“最小值”;由于 $X$ 轴设置了 10 格,最大值为 10 倍的单位值,将“索引数组”的元素×10 的输出端连接到“最大值”属性节点程序框图如图 15-10 所示。“数值常量”和“乘”的创建参照“单频测量”中的方法。

2）幅值分度表

① 参照“时间分度表”的步骤①~③,创建“幅值分度表”的“索引数组”9 个下拉数组框,数组端框内的数据按照幅值分度表的刻度,单位转换成 V 后的数值(5,2,1,0.5,0.2,0.1,0. 05,0.02,0.01,0.005)输入到数组框内。

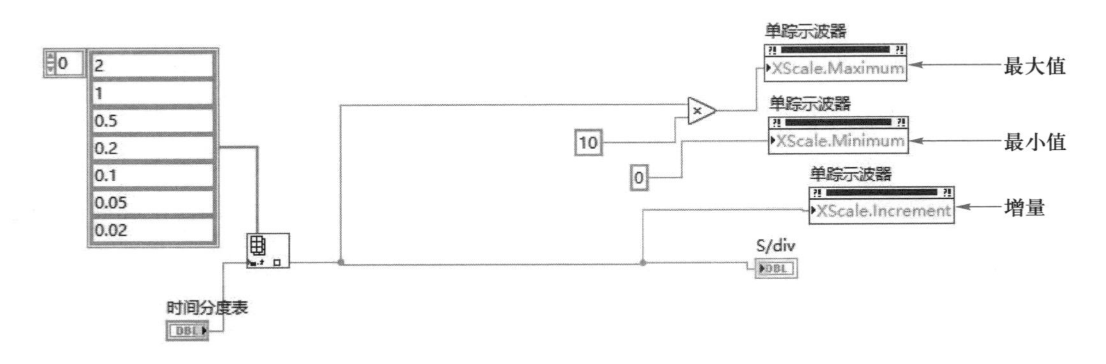


图 15-10　波形图 X 轴标尺程序框图

② 将“幅值分度表”连接到“索引数组”的索引端索。

③ 创建波形的 Y 轴范围属性节点，在程序面板右击“单踪示波器”依次选择“创建”→“属性节点”→“Y 标尺”→“范围”，分别选择“增量”“最大值”和“最小值”，选中后右击选择“全部转换为写入”。

④ 将“索引数组”的元素进行运算，正确连接到③中创建的属性节点控件上。增量对应旋钮设置的单位值，和“V/div”都是直接连接到“索引数组”的元素端；Y 轴共 8 格，以中间为零点，最小值为-4 倍的单位值，将“索引数组”的元素×(-4)的输出端连接到“最小值”属性节点；最大值为 4 倍的单位值，将“索引数组”的元素×4 的输出端连接到“最大值”属性节点，程序框图如图15-11 所示。

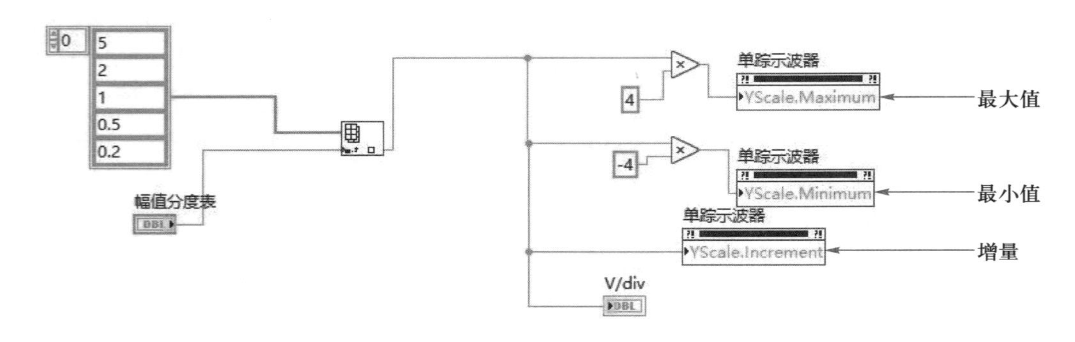


图 15-11　波形图 Y 轴标尺程序框图

(4) 示波器的“水平位置调节”“垂直位置调节”“X 轴扩展”和“Y 轴扩展”程序框图。

在前面板已经完成了 4 个转盘的创建并设置了相关的属性，创建波形图的属性节点，通过运算连接到相应的转盘上就能实现转盘的功能了。

① 创建波形 X 标尺的属性节点，在程序面板右击“单踪示波器”，选择“创建”→“属性节点”→“X 标尺”→“偏移量和缩放系数”，选中“偏移量”和“缩放系数”，右击选择“全部转换为写入”。

② 参照步骤①创建 *Y* 轴“偏移量”和“缩放系数”属性节点。

③ 由于波形图的显示 *X* 轴以 s 为单位，*Y* 轴以 V 为单位，而声卡处理的是小信号，故设置偏移量时分别缩小 1000 倍进行调节（具体可以根据实际信号来调整）。

④ 将前面板的“水平位置调节”“垂直位置调节”“*X* 轴扩展”和“*Y* 轴扩展”经过运算分别接到示波器相应的属性节点上，如图 15-12 所示。

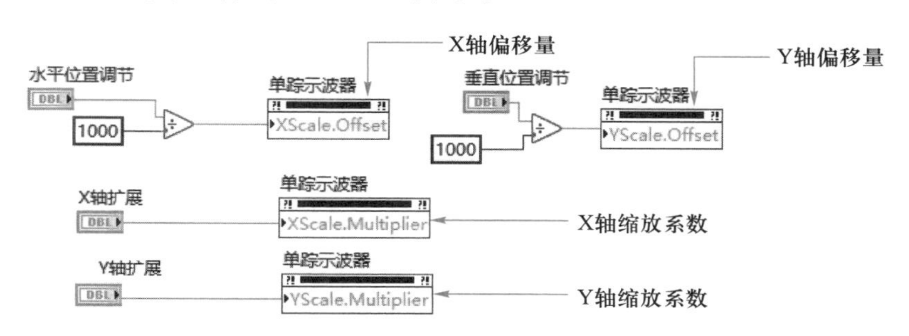


图 15-12　调节和扩展旋钮程序框图

（5）“AC/GND”程序框图

“AC”模式实现的是测量信号交流分量的成分，由于大多数声卡本身具有耦合电容，滤除了直流成分，故测量的信号（“读取声音输入”的输出信号）直接接到“单踪示波器”。将“单频测量”“幅值 2”“频率 2”和“相位 2”创建相应的属性节点，单击控件，选择“创建”→“属性节点”→“值”，然后连接到面板上创建的“幅值”“频率”和“相位”数值控件。

“GND”模式是将显示的相关数据置零，将常数 0 赋值给“幅值”“频率”和“相位”数值控件，创建 0 信号常量连接到“单踪示波器”。

使用程序中的条件结构，“AC/GND”作为条件，将“AC”设置为条件 0，“GND”设置为条件 1，可以实现该功能，具体操作步骤如下：

1）在程序面板中选择“函数”→“结构”→“条件结构”，将控件“AC/GND”连接到条件结构框图的“分支选择器”，在“条件结构”的上方的“选择器标签”中有“0，默认”和“1”两种选择分别对应相应的程序框。

2）“选择器标签”中有“0，默认”的程序框图

① 在程序框图右击“幅值 2”控件选择“创建”→“属性节点”→“值”，右击该属性节点选择“转换为读取”。参照此步骤创建出“频率 2”和“相位 2”的属性节点值。

将步骤①中创建的 3 个属性节点放入“条件结构”的“0，默认”程序框中，分别跟“幅值”“频率”和“相位”连接。右击连接中在“条件结构”边沿产生的方框，选择“未连接时使用默认”。

② 将“读取声音输入”控件的“数据”端信号通过该“条件结构”的“0，默认”程序框的左右两侧连接到“单踪示波器”的输入端，右击连接中在“条件结构”边沿产生的方框，选择“未连接

时使用默认”,程序框图如图 15-13(a)所示。

3)“选择器标签”中有“1”的程序框图

① 打开“条件结构”的“选择器标签”“1”,右击右侧信号线和程序边框的交点选择“创建”→“常量”。

② 创建数值常量“0”并连接到“幅值”“频率”和“相位”的输入端,在边沿产生的方框,选择“未连接时使用默认”,程序框图如图 15-13(b)所示。

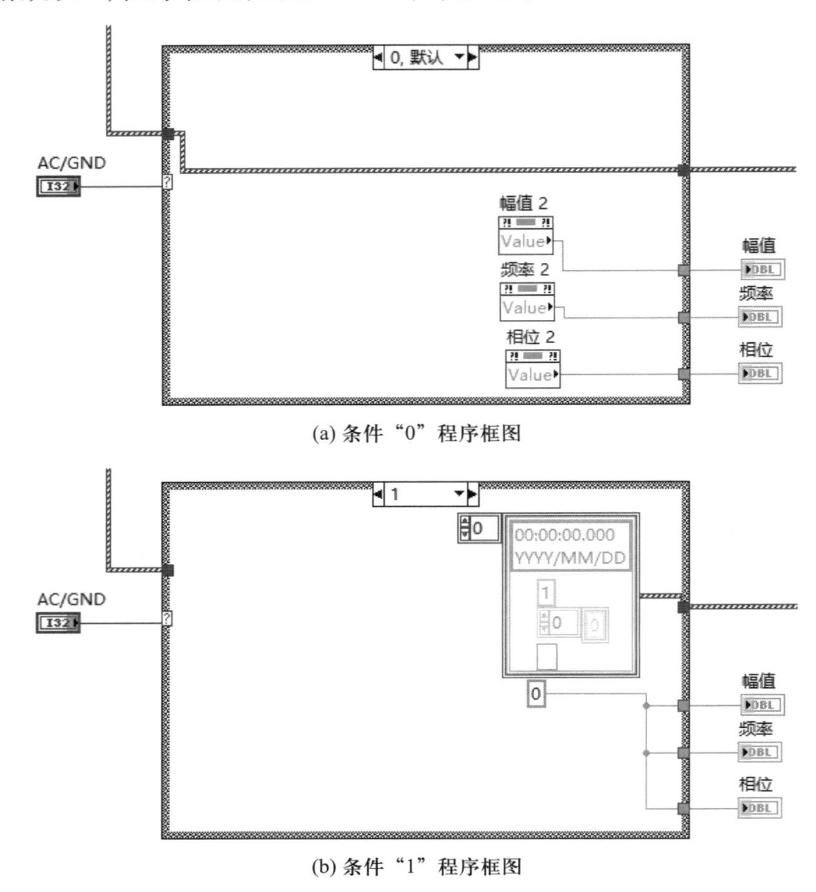


(a) 条件“0”程序框图

(b) 条件“1”程序框图

图 15-13 “AC/GND”程序框图

(6)“开关”和“暂停”的控制程序

1)“暂停”可以将正在测量的波形停下,其他功能都能正常运行,它只控制波形的显示。故只要使“单踪示波器”控件在“暂停”时不工作。具体步骤如下:

参照上文创建“条件结构”,将“暂停”控件连接到条件结构框图的“分支选择器”,在“条件结构”的上方的“选择器标签”中有“真”和“假”两种选择,将“单踪示波器”控件放入“假”程序框内,程序框图如图 15-14 所示。

2)“开关”控制整个声卡示波器程序的运行状态,有“运行”和“停止”两种。“运行”状态下声卡采集数据,波形图可以显示波形,并且相应的控件都可以对时间和幅值等进行调节。

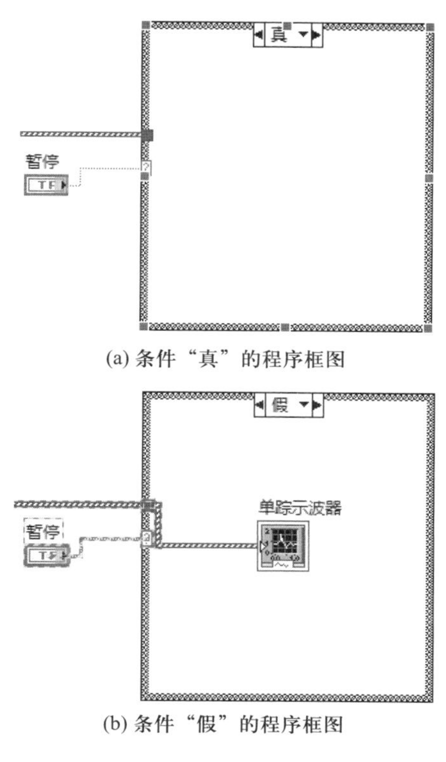

(a) 条件“真”的程序框图

(b) 条件“假”的程序框图

图 15-14　“暂停”程序框图

“停止”状态下，所有的数据都为 0，无波形显示。具体步骤如下：

① 创建“条件结构”，将“开关”控件连接到条件结构框图的“分支选择器”，在“条件结构”的上方的“选择器标签”中有“真”和“假”两种选择。

② 将以上完成的所有程序放入“真”程序框图内，如图 15-15(a)所示。

③ 在“假”程序框图中，参照上文创建“幅值”“频率”“相位”“s/div”“V/div”“单踪示波器”的属性节点，并创建“数值常量”“0”和“波形常量”。将“波形常量”连接到“单踪示波器”的属性节点，其他的属性节点均连接到“0”，如图 15-15(b)所示。

(7) 在程序的最外面加上 while 循环结构，使程序连续运行

① 在程序面板的“函数”选板的“结构”中选择“while 循环”。

② 右击“while 循环”右下角的“循环条件”选择“创建常量”。

若前面板或程序框图上方出现标记表示程序可以运行，如果出现表示程序的编译出现错误，点击查看错误并修改。

3. 测试声卡示波器程序

程序的运行过程，打开前面板→按下前面板的运行键或连续运行→按下单踪示波器的开关（打开单踪示波器）→调节“时间分度表”和“幅度分度表”旋钮→调节其他转盘→拨“AC/GND”水平滑杆→按下暂停→调节旋钮和转盘→按下开关（关闭单踪示波器），如图 15-16 所示。

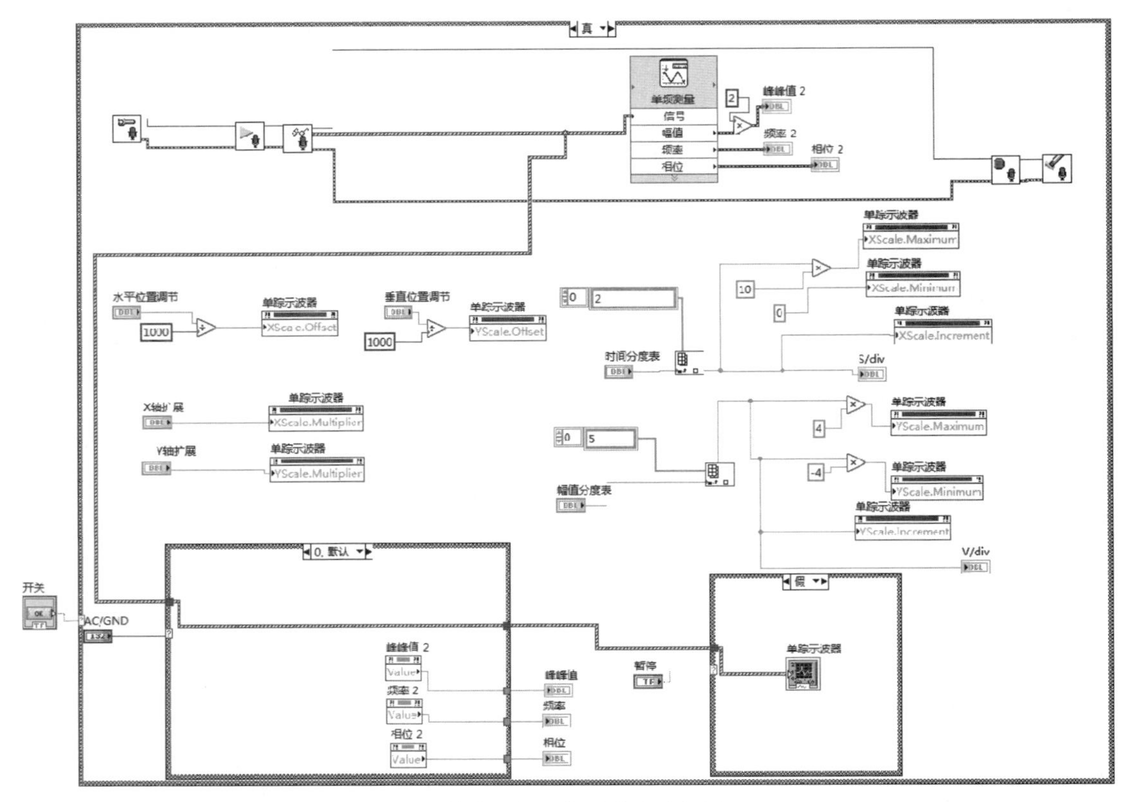


(a) 单踪示波器“运行”程序框图

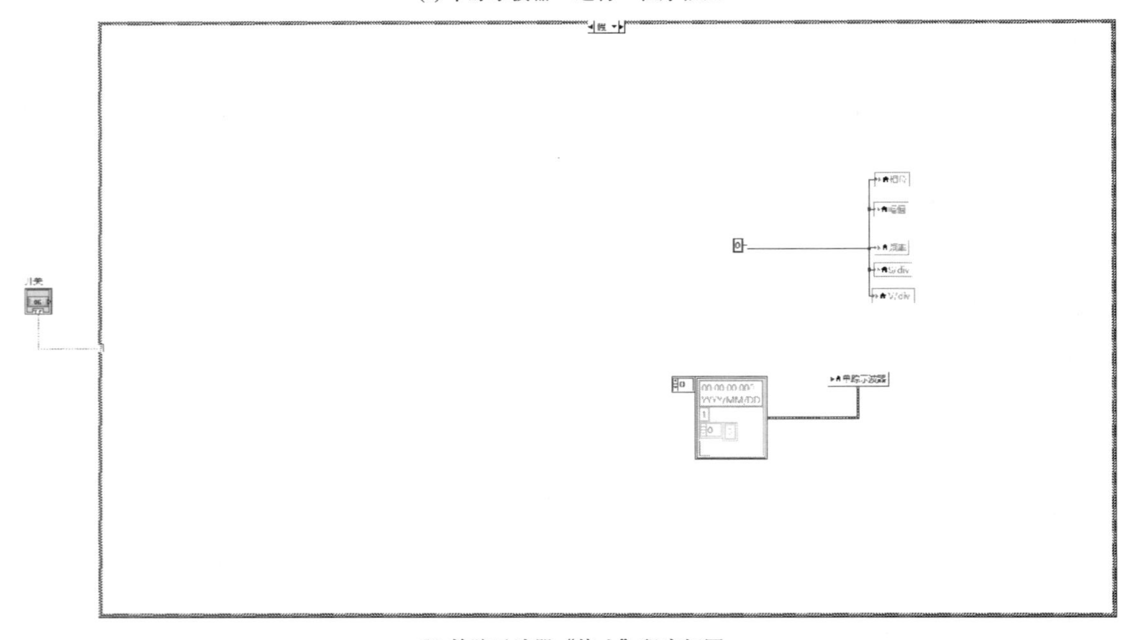

(b) 单踪示波器“停止”程序框图

图 15-15 单踪示波器“开关”程序框图

观察单踪示波器是否能正常运行，各个控件是否起作用，若无作用需调整程序。

通过此程序的运行发现以下问题：

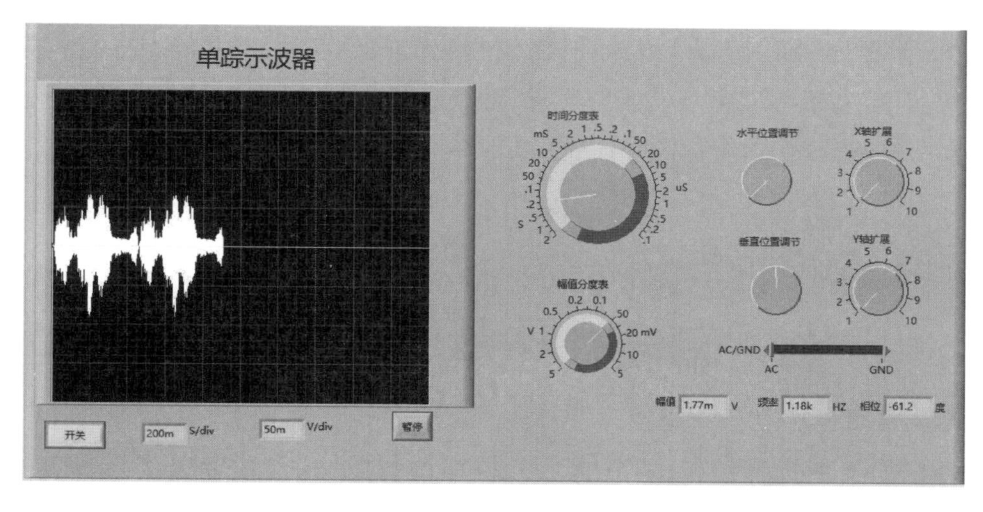


图 15-16　单踪示波器运行测试

① 单踪示波器的面板横格格数不固定。

② 游标位置会随着旋钮和转盘的调节而改变，无法正确观察到波形的偏移情况。

③ 波形只能在固定的 *X* 轴内显示，这个跟声卡的数据采集频率有关，无法与实际的示波器一样滚动显示。

4. 完善声卡示波器程序

针对测试过程中出现的问题，对程序做了以下调整：

（1）固定示波器面板的格数

波形图的外观可以直接设置尺寸，也可以用鼠标拖到合适大小，但是根据调节的挡位不同格数会自动改变，主要是 *X* 轴，如果调整 *X* 轴刻度的文本可以在一定程度上克服这个问题。

1）在程序面板右击“单踪示波器”选择“创建”→“属性节点”→“*X* 标尺”→“刻度”→“字体”→“字号”，创建 *X* 标尺刻度字体字号属性节点，同样的方法创建 *Y* 标尺刻度字体字号属性节点。

2）在程序面板中选择“函数”→“数值”→“数值常量”，然后将“数值常量”设置为 10。更改示波器标尺刻度程序框图如图 15-17 所示。

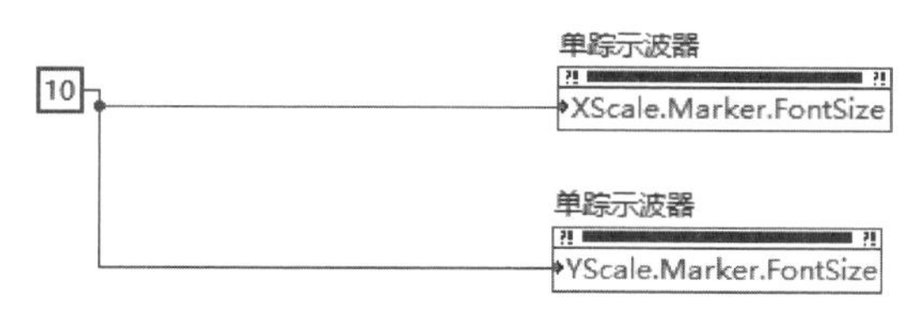


图 15-17　更改示波器标尺刻度程序框图

（2）将游标位置固定为 0

1）在程序面板右击“单踪示波器”，选择“创建”→“属性节点”→“游标”→“游标位置”，分别选择“游标 *X* 坐标”和“游标 *Y* 坐标”,创建相应的属性节点。

2）在程序面板选择“函数”→“数值”→“数值常量”,然后将“数值常量”设置为 0。固定示波器游标位置程序框图如图 15-18 所示。

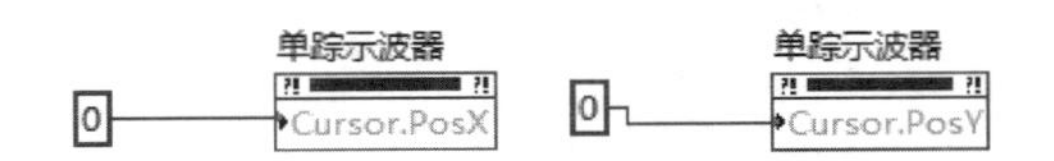


图 15-18 固定示波器游标位置程序框图

（3）使波形滚动显示

在 AC/GND 的条件选择结构的“0,默认”程序框内加入“信号拼接”控件,在程序面板选择“函数”→“Express”→“信号操作”→“拼接信号”。将输入信号接入控件的“输入信号 A”然后将“输入信号 B”通过反馈节点连接到拼接信号,最后将拼接后的信号连接到“单踪示波器”的输入端。示波器滚动显示程序框图如图 15-19 所示。

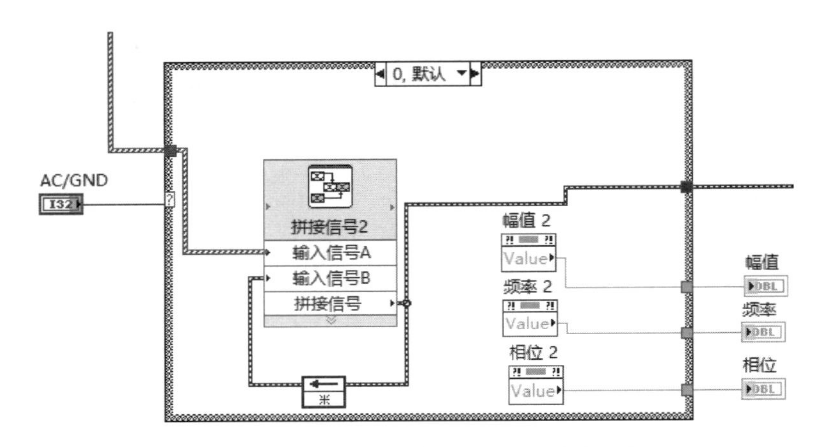


图 15-19 示波器滚动显示程序框图

议一议

怎样做出声卡示波器的“AUTO RUN”功能。

5. 检验声卡示波器的相应功能

将第四阶段的程序框图,图 15-17 和图 15-18 程序直接放入“开关”的“真”程序中,图 15-19 程序框图放在 AC/GND 的条件选择结构的“0,默认”程序框内并调整相应的连接,然后按照第三阶段的测试过程再次进行调试。

由于笔记本电脑内部自带话筒,故无需外部设备就可以直接运行程序,运行结果如图 15-20 所示。若使用台式计算机,则需配套话筒设备才能运行此程序。

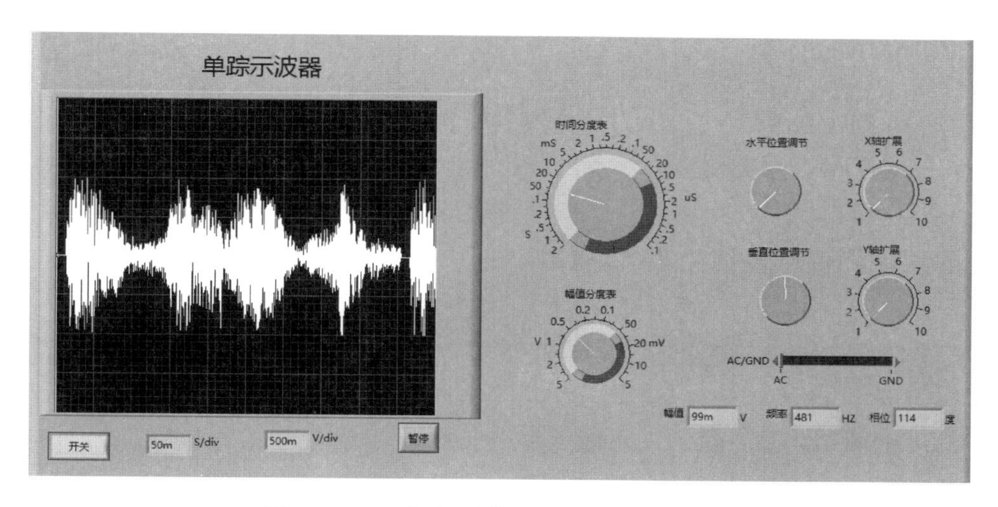


图 15-20 完善后单踪示波器运行结果

## 四、波形记录与分析(见表 15-11)

表 15-11 输入声音信号调节相应旋钮观察波形变化

| 调节控件 | 挡位/偏移量 | | | |
|---|---|---|---|---|
| 时间分度表 | 50 ms | 20 ms | 20 ms | 20 ms |
| 幅值分度表 | 0.1 V | 50 mV | 50 mV | 50 mV |
| 水平位置调节 | 0 | 0.5 ms | 0 | 0.5 ms |
| 垂直位置调节 | 0 | 100 mV | 0 | 100 mV |
| *X* 轴扩展 | 1 | 1 | 3 | 5 |
| *Y* 轴扩展 | 1 | 1 | 3 | 5 |
| AC/GND | AC | AC | AC | GND |
| 波形 | | | | |
| 波形分析 | | | | |

## 15.4 项目评价与反馈

项目 15 的项目评价与反馈见表 15-12。

表 15-12 评价与反馈

| 项目 | | 配分 | 评分标准 | 自评 | 组评 | 师评 |
|---|---|---|---|---|---|---|
| 1 | 初步了解声卡的结构、功能和相关参数 | 10 分 | 不能了解声卡的结构、功能和相关参数，扣 10 分 | | | |
| 2 | 初步认识虚拟仪器面板和程序相应部分的控件 | 10 分 | 不能认识虚拟仪器各部分功能的扣 10 分 | | | |
| 3 | 能利用 LabVIEW 创建单踪示波器的面板 | 15 分 | 不能完成仪器面板的设置的根据完成程度扣分，最多扣 15 分 | | | |
| 4 | 能利用 LabVIEW 编写单踪示波器的程序 | 25 分 | 不能正确添加控件和程序的根据完成程度扣分，最多扣 20 分 | | | |
| 5 | 能正确进行单踪示波器的调试 | 20 分 | 不能进行单踪示波器的调试扣 20 分 | | | |
| 6 | 能对单踪示波器的问题进行完善 | 10 分 | 不能对单踪示波器的问题进行完善的扣 10 分 | | | |
| 7 | 安全文明生产 | 10 分 | 违反安全文明生产规程，扣 5~30 分 | | | |
| 签名 | | 得分 | | | | |

## 15.5 项目小结

本项目介绍了声卡、声卡示波器的前面板、程序框图及仪器的测试过程。通过声卡采集数据，用示波器对数据进行显示，充分利用了计算机的声卡，并使虚拟仪器的功能得到了更广泛的使用。

## 15.6　项目拓展

**想一想**

尝试将单踪示波器改造成双踪示波器。

# 项目 16

# 使用基于 LabVIEW 声卡示波器测试信号源信号

## 16.1 项目任务单

应用 LabVIEW 制作的声卡示波器是一个可应用的软件，能满足不同的场合下精度要求不高示波器的需求。然而，仅仅有设计软件还不能正常测量，需配以相应的测试线和信号限幅电路板等硬件。本节内容将详细介绍声卡示波器的使用，并跟传统示波器进行测量比较，进一步验证其性能指标。

本项目任务单见表 16-1。

表 16-1 项目任务单

| 任务名称 | 使用基于 LabVIEW 声卡示波器测试信号源信号 | | |
| --- | --- | --- | --- |
| 任务内容 | (1) 制作信号源和计算机声卡音频接口的连接线<br>(2) 制作信号限幅电路板<br>(3) 用声卡示波器测量信号源信号<br>(4) 对声卡示波器和传统示波器测量的结果进行分析 | | |
| 任务要求 | (1) 能正确制作信号源和计算机声卡音频接口的连接线<br>(2) 能正确制作信号限幅电路板<br>(3) 能正确使用虚拟和传统示波器测试信号源<br>(4) 了解声卡的参数标准 | | |
| 技术资料 | 音频线相关知识 | | |
| 签名 | | 备注 | |

## 16.2　知识链接

### 一、声卡示波器的使用方法

声卡示波器面板如图 15-3 所示，面板上各按键、旋钮等功能说明见表 16-2。

表 16-2　声卡示波器面板功能说明

| 序号 | 功能键 | 功能说明 |
| --- | --- | --- |
| 1 | 开关/暂停 | 开关和暂停功能执行键 |
| 2 | 时间分度表/幅度分度表 | 运行程序后调整时间分度表和幅值分度表调整波形，使波形正常显示 |
| 3 | *X* 扩展/*Y* 扩展 | 可以通过 *X* 和 *Y* 轴扩展转盘放大波形，以便更好地观察分析波形 |
| 4 | 水平位置调节/垂直位置调节 | 根据要求调整波形水平和垂直方向的位置 |
| 5 | AC/GND | 根据要求选择示波器是测量交流信号还是接地 |
| 6 | 数值显示控件 | 显示当下波形的相关参数 |

具体的工作过程可以参考 15.3 项目实施/三、实施步骤/3.测试声卡示波器程序。

### 二、音频线和音频插头

1. 音频线

音频线用来传输电声信号、数据信号，线径一般是比较细的，只能通过小电流小功率的信号，阻抗高，容易受干扰，所以一般都是屏蔽线。在市面上常用的音频信号线，一般的规格有：3.5 mm 公对公音频延长线、3.5 mm 公对母音频延长线、双莲花头音频线等。音频线可用于手机、CD 机、MP3 等音乐输出信号设备连接到功放之间的连接线。音频线的结构如图 16-1 所示，1、2 分别对应红色芯线和白色芯线，3 是屏蔽线。

2. 音频插头

3.5 mm 接口是最常见的音频接口，手机和计算机主板也多是 3.5 mm 接口的形态。音频插头的内部结构如图 16-2 所示。3 段音频插头分别引出三块铁片用于连接到音频屏蔽线。音频插头的 1、2 是两块比较短的铁片，对应左右声道，分别连接到音频线的红色和白色的芯线；3 是一块较长的铁片，是地接线端，与音频屏蔽线的屏蔽线连接。

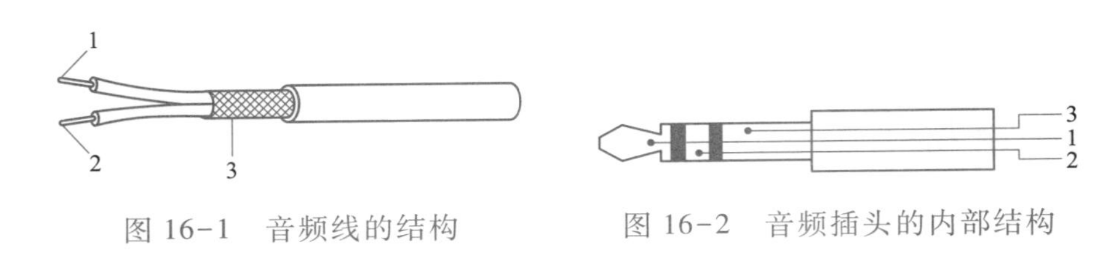


图 16-1 音频线的结构　　图 16-2 音频插头的内部结构

## 三、声卡示波器连接框图

声卡示波器可以直接测量计算机内部声音信号，但测量外部低频信号还需要一些辅助设备。一般用一条音频线连接被测电路和计算机声卡。为了防止损坏计算机声卡，测试中还用了一个限幅电路来进行电压保护。

本任务中采用函数信号发生器产生波形信号，使用声卡示波器对其信号进行测量，不仅可以检测声卡示波器功能，还能验证其准确性。测试接线示意图如图 16-3 所示。

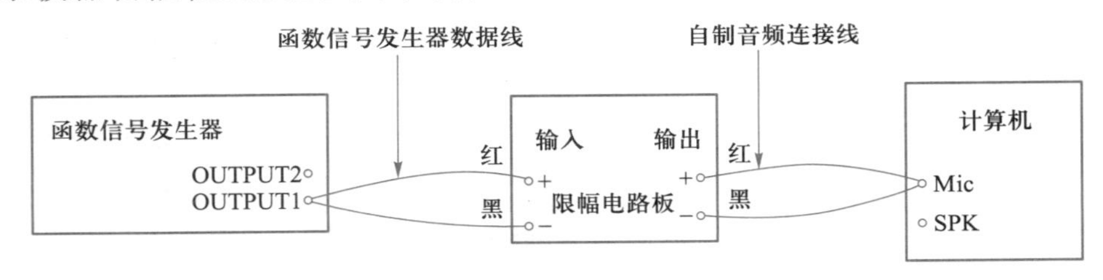


图 16-3 声卡示波器测量信号接线示意图

# 16.3 项目实施

## 一、操作规范

使用基于 LabVIEW 的声卡示波器测试信号源信号。

### 1. 操作步骤

① 先将函数信号发生器的信号调到合适的值。

② 根据信号大小判断输入相应的端口：信号低于 0.2 V 输入 Mic 端口，高于 0.2 V 输入 Line in 端口。

③ 通过限幅电路板接入信号以防电压过高损坏声卡。

④ 运行前检查接线是否正确，信号大小是否合适，然后点击运行按钮。

### 2. 注意事项

① 声卡的电压范围较小，比较大的电压需要经过处理才能接到计算机上测量。

② Mic 只能测量单通道的波形，需要测量双通道信号需连接 Line in 端口。

③ 声卡示波器只能测量交流信号，不能测量直流成分。

## 二、实训器材及仪器

实训器材及仪器见表16-3。

做一做

准确清点和检查全套实训仪器数量和质量，进行元器件的识别与检测。发现仪器、元器件缺少，损坏，立即向指导教师汇报。

表16-3 实验器材及仪器

| 序号 | 仪器器材 | 实物图样 | 数量 |
|---|---|---|---|
| 1 | 计算机 | 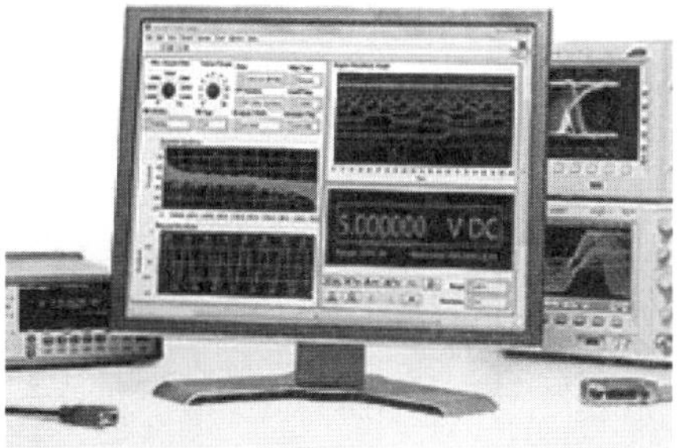  | 1台 |
| 2 | 软件LabVIEW 2018 | 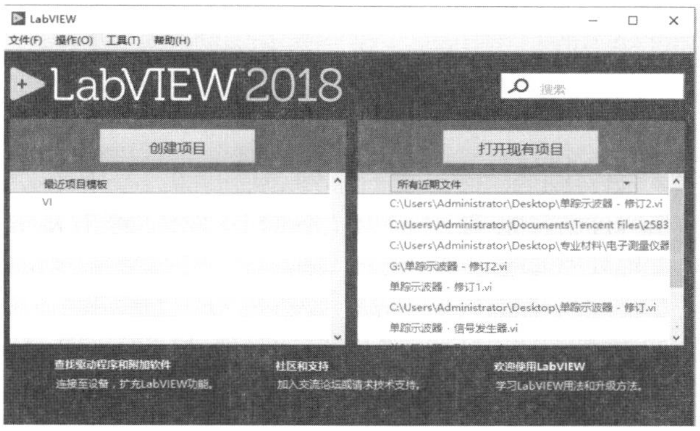  | 1件 |
| 3 | 函数信号发生器 | 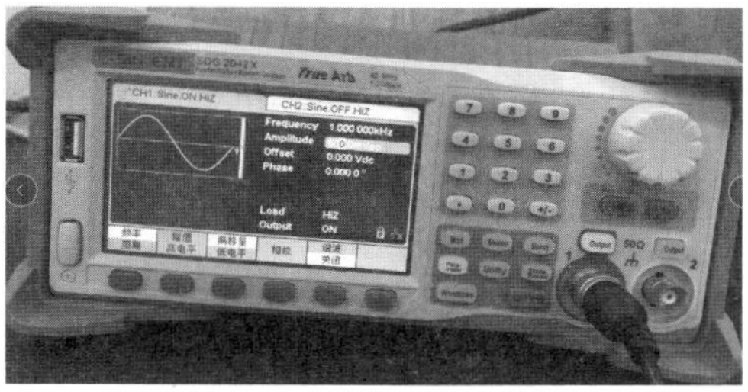  | 1台 |

续表

| 序号 | 仪器器材 | 实物图样 | 数量 |
|---|---|---|---|
| 4 | 示波器 | 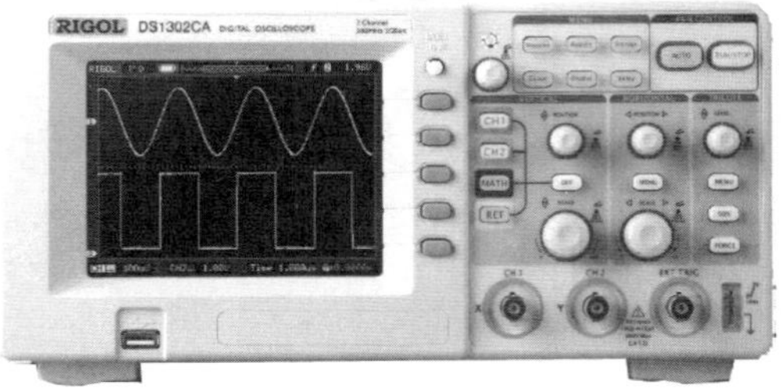  | 1 台 |
| 5 | 音频连接线 | 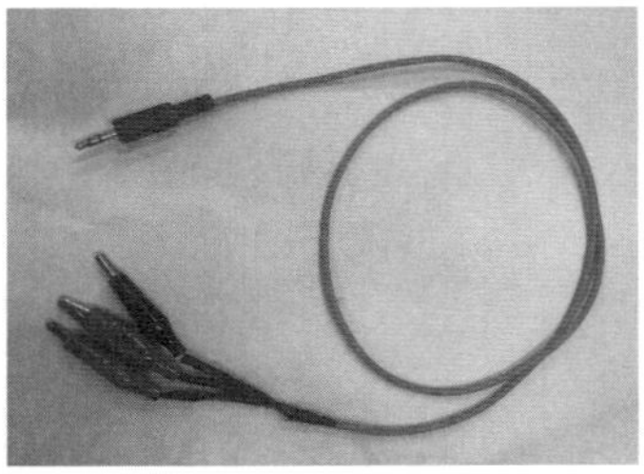  | 1 根 |
| 6 | 信号限幅电路板 | 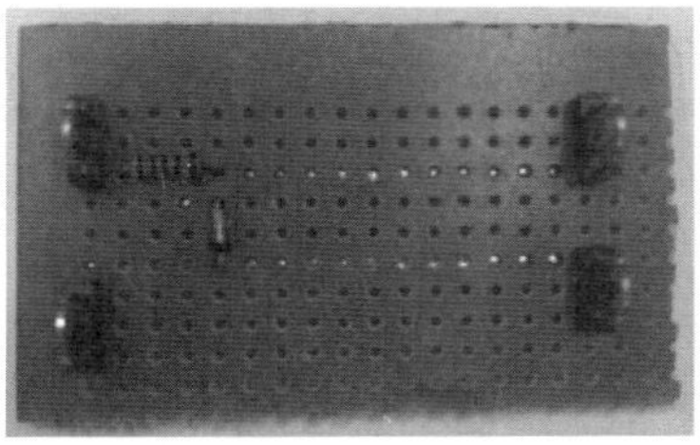  | 1 块 |

三、实施步骤

项目的实施分为四个阶段组成，每个阶段都有若干小步骤，具体操作如下：

1. 音频连接线制作

为了使声卡示波器能测量外部信号，需要制作一根计算机声卡和信号源相通的连接线。连接线的制作除了需要音频线、音频插头之外，还需要鳄鱼夹，如图 16-4 所示。

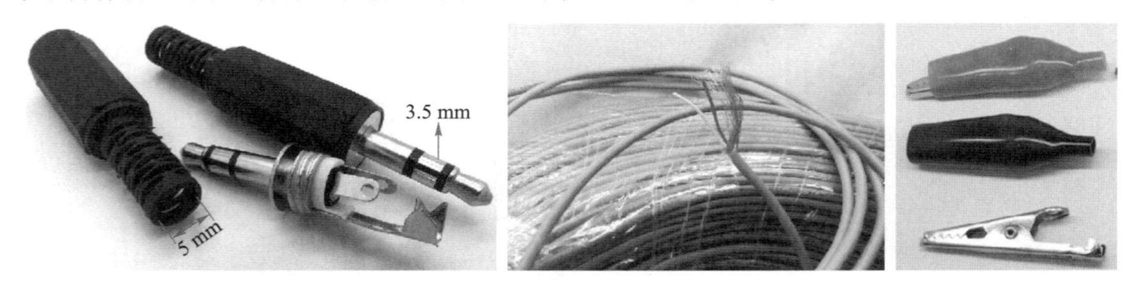


图 16-4　音频插头、音频线、鳄鱼夹

制作步骤：

(1) 将音频线最外面的橡胶保护套剥掉一部分；

（2）将屏蔽层拧成一股线作为地线；

（3）将音频线的屏蔽层一端插入音频插头接地片，焊接好。将屏蔽线里的红色和白色线的绝缘层剥去一部分，露出 1~2 cm 线芯，把线芯分别焊接在音频插头左、右声道接线片。注意：剪去多余的线芯，避免短路，如图 16-5 所示。

（4）音频线的另一端接三个鳄鱼夹，屏蔽层连接黑色夹子作为地线，红线和白线分别接两个红色夹子，然后用热缩管将接头套好并加热。测量双踪示波器的时候，红线、白线作为两个通道输入端，测量单踪示波器则用其中一个，另一个则接地处理，如图 16-6 所示。

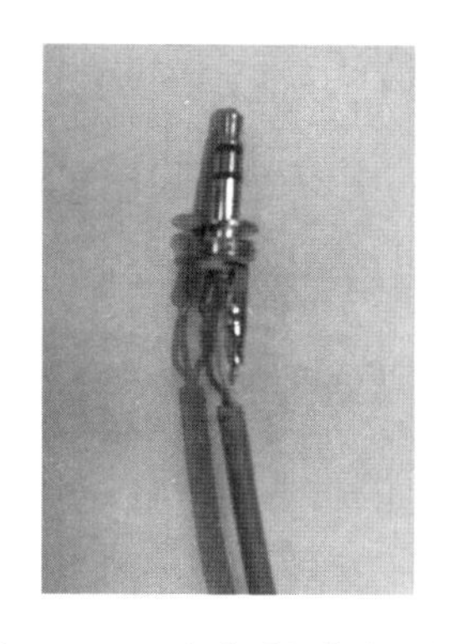

图 16-5　音频插头的连接

图 16-6　鳄鱼夹的连接

制作完成后的信号源、声卡之间的音频连接线，如图 16-7 所示。

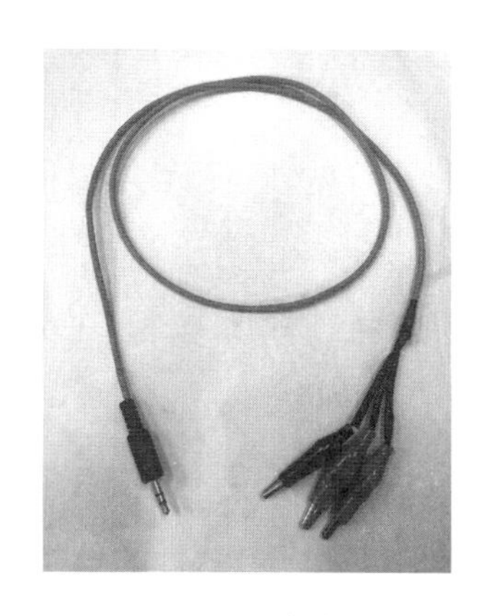

图 16-7　音频线

2. 信号限幅电路板的制作

由于声卡输入电压信号幅值较小，不能超过 1.5 V。为了避免接入太大的信号将声卡烧坏，故制作了一个信号限幅电路来保护声卡。

信号限幅电路由一个 100 Ω 的电阻和硅二极管构成，原理图如图 16-8 所示，信号限幅电路板实物如图 16-9 所示。

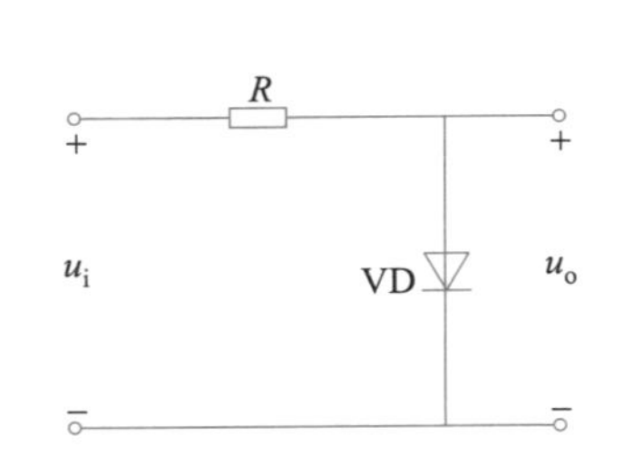

图 16-8 信号限幅电路原理图

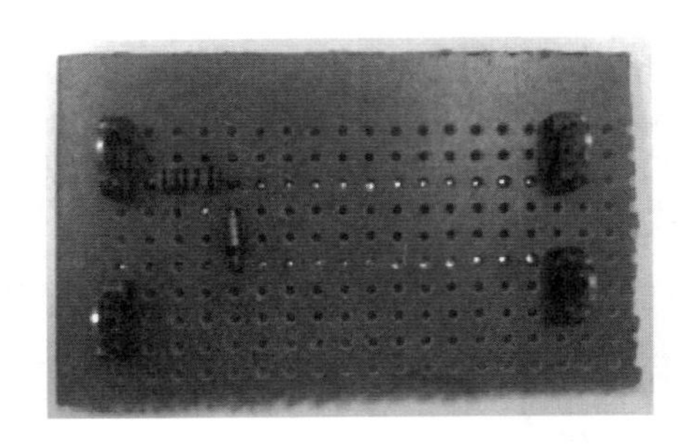
图 16-9 信号限幅电路板

信号限幅电路原理为:信号输入到限幅电路板的 $u_i$ 端,经过 100 Ω 限流电阻后,若电压值小于二极管两端电压(0.6~0.8 V)时,信号直接从 $u_o$ 端输出;若电压大于二极管端电压,输出 $u_o$ 被限幅在 0.6~0.8 V。

读一读

1. Mic 通常是单声道的,Line in 则是立体声的。另外,Mic 是带电的,可以供电给话筒,如果把话筒插在 Line in 是行不通的。

2. 我们的计算机声卡上,一般都会有 Line in 和 Mic in 两个接口,翻译成中文就是“线性输入”和“话筒输入”,这两个都是输入端口,但是还是有区别的:

(1) Line in 端口:该端口主要用于连接电吉他、电子琴、合成器等外部设备输出的音频信号。由于这些设备本身输出功率比较大,可以连接到 Line in 端口录音。一般声卡越好,Line in 的噪声就会越低,录制效果也会比较好。

(2) Mic in 端口:该端口要连接话筒才可使用。这个端口和 Line in 的区别在于它有前置放大器,换言之话筒本身输出功率小,必须增加一级放大器来放大音频信号,才能被后继电路使用。

(3) 特别要强调的一点是:外部的电吉他、合成器这类音频设备万不可直接连接 Mic in 上录音,因为这种连接轻则录音时信号会严重削顶失真,重则损毁声卡这类硬件设备。

3. 用声卡示波器测量信号源信号

操作步骤如下:

(1) 连接函数信号发生器和计算机声卡;

(2) 用函数信号发生器输出信号波形;

函数信号发生器输出端(OUTPUT1)测试电缆的红色、黑色鳄鱼夹分别连接信号限幅电路输入端的正、负极,限幅电路输出的正、负极分别连接到音频测试线的红色、黑色鳄鱼夹上(白色接地),音频插头接入计算机声卡的Mic插孔,如图16-10所示。

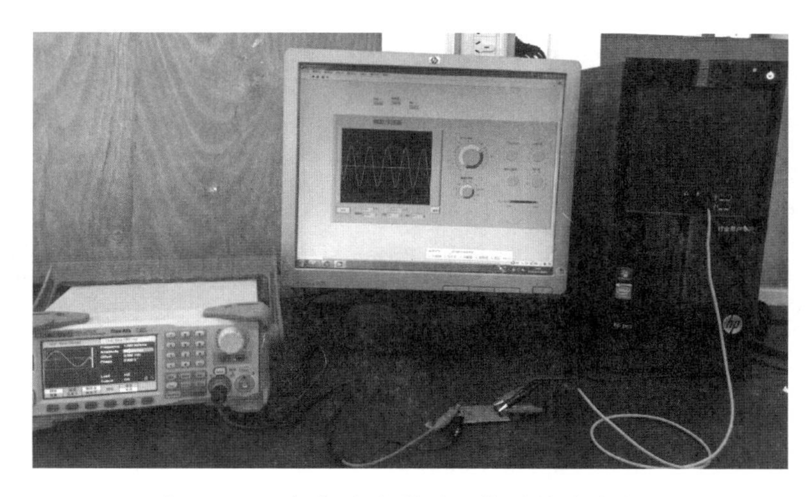

图16-10　声卡示波器测量信号接线实物图

(3) 运行声卡示波器程序,测量波形,读出相关测量数值。

(4) 如果信号电压在声卡电压输入范围内,可去掉信号限幅电路。将函数信号发生器数据线的红、黑鳄鱼夹分别和音频线的红、黑鳄鱼夹直接进行测量。中间少一个环节能够减少损失,提高测量的准确性,如图16-11所示。

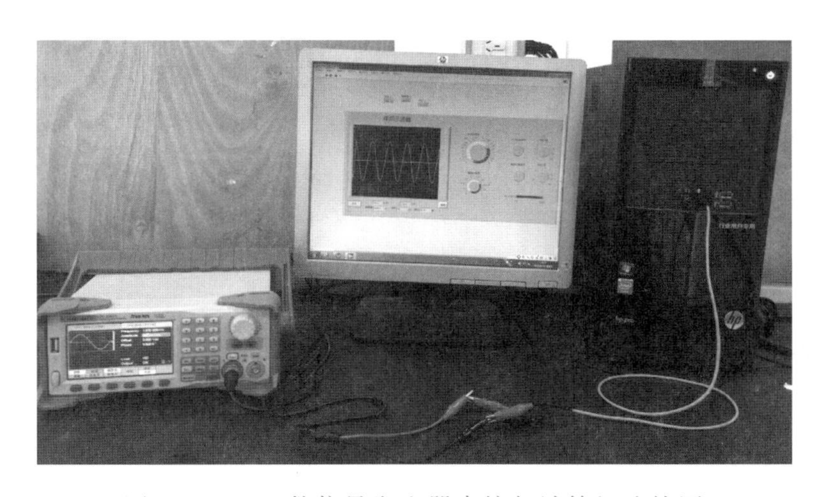

图16-11　函数信号发生器直接与计算机连接图

4. 声卡示波器传统示波器测量结果分析

使函数信号发生器输出正弦波信号,同时连接到声卡示波器和传统示波器,分别观察二者的波形,并读数,见表16-4。

表 16-4　示波器和声卡示波器测量对比

| 信号发生器波形 | 示波器测量数据和波形 | 声卡示波器测量数据和波形 |
|---|---|---|
| 1 kHz<br>500 mV<br>正弦波 | | |
| 1 kHz<br>500 mV<br>方波 | | |

从测量结果可以看出示波器和声卡示波器测出的波形比较接近，在精度要求不是很高的场合，声卡示波器可以取代示波器的使用。

做一做

声音信号较弱，分别从 Mic 端和 Line in 端输入，观察波形图。

## 16.4　项目评价与反馈

项目 16 的项目评价与反馈见表 16-5。

表 16-5　评价与反馈

| 项目 | | 配分 | 评分标准 | 自评 | 组评 | 师评 |
|---|---|---|---|---|---|---|
| 1 | 初步了解声卡的结构、功能和相关参数 | 10 分 | 不能了解声卡的结构、功能和相关参数，扣 10 分 | | | |

续表

| 项目 | | 配分 | 评分标准 | 自评 | 组评 | 师评 |
| --- | --- | --- | --- | --- | --- | --- |
| 2 | 能正确制作信号源和计算机的音频接口的连接线 | 30分 | 不能正确制作信号源和计算机的音频接口的连接线扣30分 | | | |
| 3 | 能正确制作信号限幅电路板 | 15分 | 不能正确制作信号限幅电路板的根据完成程度扣分,最多扣15分 | | | |
| 4 | 能利用声卡示波器测量信号源的波形 | 15分 | 不能利用声卡示波器测量信号源的波形的根据完成程度扣分,最多扣15分 | | | |
| 5 | 能正确将示波器和声卡示波器测量的波形进行比较 | 20分 | 不能将示波器和声卡示波器测量的波形进行比较的根据完成程度扣分,最多扣20分 | | | |
| 6 | 安全文明生产 | 10分 | 违反安全文明生产规程,扣5~30分 | | | |
| 签名 | | 得分 | | | | |

## 16.5　项目小结

本项目介绍了声卡、示波器、声卡示波器和信号源的使用。用声卡示波器通过函数信号发生器和计算机的音频接口的连接线测量函数信号发生器的波形,并将其结果跟示波器的测量结果进行比较,验证了声卡示波器的准确性,确认了声卡示波器的实用性。

## 16.6　项目拓展

做一做

根据声卡示波器的制作原理和函数信号发生器的使用方法,用LabVIEW 2018制作函数信号发生器。

# 附　　录

## 附录 1　数字示波器的使用方法

数字示波器首先将被测信号抽样和量化，变为二进制信号存储起来，再从存储器中取出信号的离散值，通过算法将离散的被测信号以连续的形式在屏幕上显示出来。

数字示波器蓬勃发展，有逐步取代模拟示波器的趋势。这里以普源公司 DS5022M 型数字示波器为例简单介绍数字示波器的使用方法。

### 一、DS5022M 型数字示波器简介

DS5022M 型数字示波器的面板如附图 1-1 所示，由电源、屏幕、屏幕菜单选择、测量辅助设置、辅助操作、$Y$ 轴调整、输入操作、扫描调整、稳定触发及校准信号等区域组成。

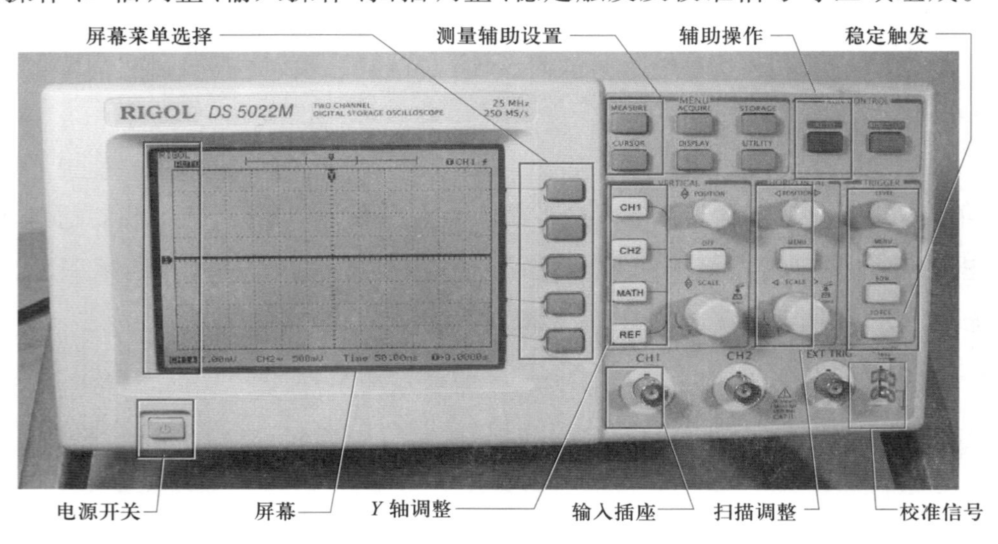


附图 1-1　DS5022M 型数字示波器的面板

DS5022M 型数字示波器的屏幕刻度和标注信息如附图 1-2 所示，屏幕上显示了测量时必需的标注信息，以便于使用者读数。

### 二、DS5022M 型数字示波器的使用

为了使使用者尽快掌握 DS5022M 型数字示波器的使用方法，这里按测量过程顺序及测量功能进行归纳。

1. 功能检查

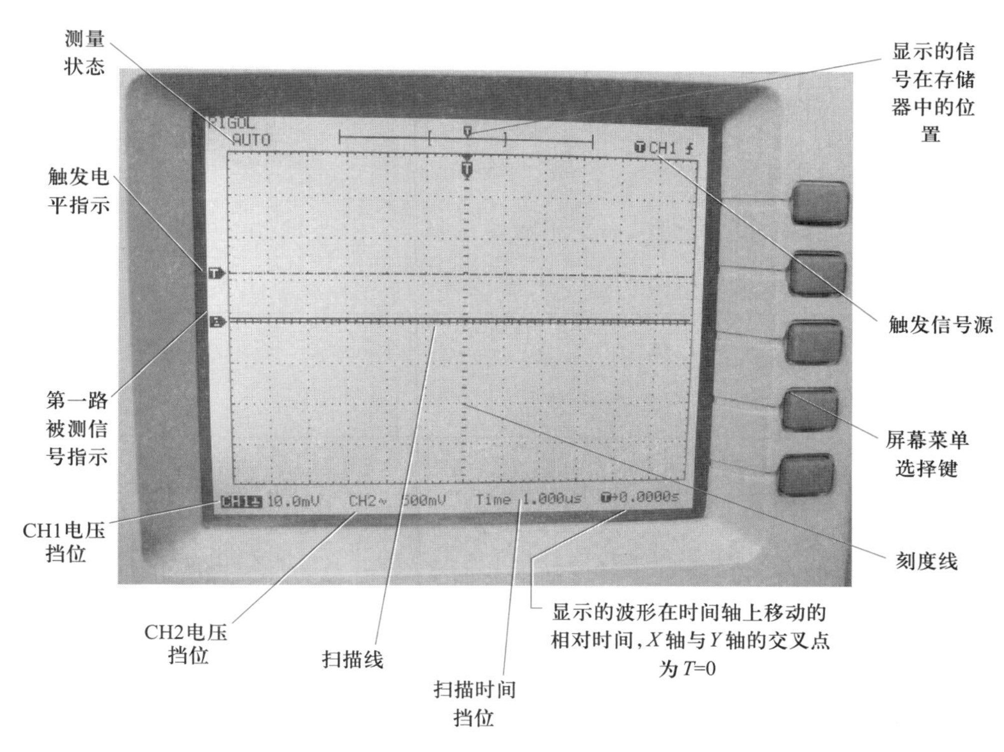


附图 1-2 DS5022M 型数字示波器屏幕刻度和标注信息

| 目的 | 做一次快速功能检查,以核实本仪器运行是否正常 |
| --- | --- |
| 练习步骤 | (1) 接通电源,仪器执行所有自检项目,并确认通过自检<br>(2) 按 STORAGE 按钮,用菜单操作键从顶部菜单框中选择“存储类型”,然后调出“出厂设置”菜单框<br>(3) 接入信号到通道 1(CH1),将输入探针和接地夹接到探针补偿器的连接器上,按 AUTO (自动设置)按钮,几秒钟内,可见到方波显示(1 kHz,约 3 V,峰峰值)<br>(4) 示波器设置探针衰减系数,此衰减系数改变仪器的垂直挡位比例,从而使得测量结果正确反映被测信号的电平(默认的探针菜单系数设定值为 10×),设置方法如下:<br>按 CH1 功能键显示通道 1 的操作菜单,应用与“探针”项目平行的 3 号菜单操作键,选择与使用的探头同比例的衰减系数<br>(5) 以同样的方法检查通道 2(CH2)。按 OFF 功能按钮以关闭 CH1,按 CH2 功能按钮以打开通道 2,重复步骤(3)和(4) |
| 提示 | 示波器一开机,调出出厂设置,可以恢复正常运行,实训室使用开路电缆,探针衰减系数应设为 1× |

2. 波形显示的自动设置

| 目的 | 学习、掌握使用自动设置的方法 |
| --- | --- |
| 练习步骤 | (1) 将被测信号(自身校正信号)连接到信号输入通道<br>(2) 按下 AUTO 按钮<br>(3) 示波器将自动设置垂直、水平和触发控制 |
| 提示 | 应用自动设置要求被测信号的频率大于或等于 50Hz,占空比大于 1% |

3. 垂直系统的设置

| 目的 | 利用示波器自带校正信号,了解垂直控制区(VERTICAL)的按键旋钮对信号的作用 |
| --- | --- |
| 练习步骤 | (1) 将“CH1”或“CH2”的输入连线接到探针补偿器的连接器上<br>(2) 按下 AUTO 按钮,波形清晰显示于屏幕上<br>(3) 转动垂直 POSITION 旋钮,只是通道的标识跟随波形而上下移动<br>(4) 转动垂直 SCALE 旋钮,改变“Volt/div”垂直挡位,可以发现状态栏对应通道的挡位显示发生了相应的变化,按下垂直 SCALE 旋钮,可设置输入通道的粗调/细调状态<br>(5) 按 CH1 、CH2 、MATH 、REF ,屏幕显示对应通道的操作菜单、标志、波形和挡位状态信息,按 OFF 按键,关闭当前选择的通道 |
| 提示 | OFF 按键具备关闭菜单的功能,当菜单未隐藏时,按 OFF 按键可快速关闭菜单,如果在按 CH1 或 CH2 后立即按 OFF ,则同时关闭菜单和相应的通道 |

4. CH1、CH2 通道设置

| 目的 | 学习、掌握示波器的通道设置方法,搞清通道耦合对信号显示的影响 |
| --- | --- |
| 练习步骤 | (1) 在 CH1 接入一含有直流偏置的正弦信号,关闭 CH2 通道<br>(2) 按 CH1 功能键,系统显示 CH1 通道的操作菜单<br>(3) 按“耦合”→“交流”,设置为交流耦合方式,被测信号含有的直流分量被阻隔,波形显示在屏幕中央,波形以零线标记上下对称,屏幕左下方出现交流耦合状态标志“CH1~”<br>(4) 按“耦合”→“直流”,设置为直流耦合方式,被测信号含有的直流分量和交流分量都可以通过,波形显示偏离屏幕中央,波形不以零线为标记上下对称,屏幕左下方出现直流耦合状态标志“CH1—”<br>(5) 按“耦合”→“接地”,设置为接地方式,被测信号都被阻隔,波形显示为一零直线,左下方出现接地耦合状态标志“CH1 ⏚” |

续表

| 目的 | 学习、掌握示波器的通道设置方法，搞清通道耦合对信号显示的影响 |
| --- | --- |
| 提示 | 每次按 AUTO 按钮，系统默认交流耦合方式，CH2 的设置同样如此。<br>交流耦合方式方便使用者用更高的灵敏度显示信号的交流分量，常用于观测模拟电子信号。<br>直流耦合方式可以通过观察波形与信号地之间的差距来快速测量信号的直流分量，常用于观察数字电子波形 |

5. 通道带宽限制的设置方法

| 目的 | 学习、掌握通道带宽限制的设置方法 |
| --- | --- |
| 练习步骤 | （1）在 CH1 接入正弦信号，$f$= 1 kHz，幅度为几毫伏<br>（2）按 CH1 →“带宽限制”→“关闭”，设置带宽限制为关闭状态，被测信号含有的高频干扰信号可以通过，波形显示不清晰，比较粗<br>（3）按 CH1 →“带宽限制”→“打开”，设置带宽限制为打开状态，被测信号含有的大于 20MHz 的高频信号被阻隔，波形显示变得相对清晰，屏幕左下方出现带宽限制标记“B” |
| 提示 | 带宽限制打开相当于输入通道接入一 20MHz 的低通滤波器，对高频干扰起到阻隔作用，在观察小信号或含有高频振荡的信号时常用到 |

6. 探针衰减系数的设置

| 目的 | 学习、掌握探针衰减系数的设置 |
| --- | --- |
| 练习步骤 | （1）在 CH1 通道接入校正信号<br>（2）按探针改变探针衰减系数分别为 1×、10×、100×、1000×，观察波形幅度的变化 |
| 提示 | 探针衰减系数的变化，带来屏幕左下方垂直挡位的变化，“100×”表示观察的信号扩大了 100 倍，依此类推。这一项设置和输入电缆探针的衰减比例设定要求一致，如探针衰减比例为 10∶1，则这里应设成“10×”，以避免显示的挡位信息和测量的数据发生错误，示波器用开路电缆接入信号，则设为“1×” |

7. 挡位调节的设置

| 目的 | 学习、掌握挡位调节的设置方法 |
| --- | --- |
| 练习步骤 | (1) 在 CH1 接入校正信号<br>(2) 改变挡位调节为“粗调”<br>(3) 调节垂直 SCALE 旋钮,观察波形变化情况,粗调是以 1-2-5 方式步进确定垂直挡位的灵敏度<br>(4) 改变挡位调节为“细调”<br>(5) 调节垂直 SCALE 旋钮,观察波形变化情况。细调是指在当前垂直挡位范围内进一步调整。如果输入的波形幅度在当前挡位略大于满刻度,而应用下一挡位波形显示幅度又稍低,可以应用细调改善波形显示幅度,以利于信号细节的观察 |
| 提示 | 切换细调/粗调,不但可以通过此菜单操作,更可以通过按下垂直 SCALE 旋钮作为设置输入通道的粗调/细调状态的快捷键 |

8. 波形反相的设置

| 目的 | 学习、掌握波形反相的设置方法 |
| --- | --- |
| 练习步骤 | (1) CH1、CH2 通道都接入校正信号,并稳定显示于屏幕中<br>(2) 按 CH1 、CH2 ,“反相”→“关闭”(默认值),比较两波形,应为同相<br>(3) 按 CH1 或 CH2 中的一个,“反相”→“打开”,比较两波形相位(相差 180°) |
| 提示 | 波形反相是指显示的信号相对地电位翻转 180°,其实质未变,在观察两个信号的相位关系时,要注意这个设置,两通道应选择一致 |

9. 水平系统的设置

| 目的 | 学习、掌握水平控制区(HORIZONTAL)按键、旋钮的使用方法 |
| --- | --- |
| 练习步骤 | (1) 在 CH1 接入校正信号<br>(2) 旋转水平 SCALE 旋钮,改变挡位设置,观察屏幕右下方“Time——”的信息变化<br>(3) 使用水平 POSITION 旋钮调整信号在波形窗口的水平位置<br>(4) 按 MENU 按钮,显示“TIME”菜单,在此菜单下,可以开启/关闭延迟扫描或切换 *Y-T*、*X-T* 显示模式,还可以设置水平 POSITION 旋钮的触发位移或触发释抑模式 |

续表

| 目的 | 学习、掌握水平控制区(HORIZONTAL)按键、旋钮的使用方法 |
| --- | --- |
| 提示 | 转动水平 SCALE 旋钮,改变“s/div”水平挡位,可以发现状态栏对应通道的挡位显示发生了相应变化,水平扫描速度以1-2-5的形式步进。<br>水平 POSITION 旋钮控制信号的触发位移,转动水平 POSITION 旋钮时,可以观察到波形随旋钮而水平移动,实际上水平移动了触发点。<br>触发释抑:指重新启动触发电路的时间间隔。转动水平 POSITION 旋钮,可以设置触发释抑时间 |

10. 触发系统的设置

| 目的 | 学习、掌握触发控制区一个旋钮、三个按键的功能 |
| --- | --- |
| 练习步骤 | (1) 在CH1接入校正信号<br>(2) 使用 LEVEL 旋钮改变触发电平设置:使用 LEVEL 旋钮,屏幕上出现一条黑色的触发线以及触发标志,随旋钮转动而上下移动,停止转动旋钮,此触发线和触发标志会在几秒后消失,在移动触发线的同时可观察到屏幕上触发电平的数值或百分比显示发生了变化,要想让波形稳定显示,一定要使触发线在信号波形范围内<br>(3) 使用 MENU 跳出触发操作菜单,改变触发的设置,一般使用如下设置:<br>“触发类型”为“边沿触发”;<br>“信源选择”为“CH1”;<br>“边沿类型”为“上升沿”;<br>“触发方式”为“自动”;<br>“耦合”为“直流”<br>(4) 按 FORCE 按钮,强制产生一触发信号,主要应用于触发方式中的“普通”和“单次”模式;<br>(5) 按 50% 按钮,设定触发电平在触发信号幅值的垂直中点 |
| 提示 | 改变“触发类型”“信源选择”“边沿类型”的设置,会导致屏幕右上角状态栏的变化。<br>触发可从多种信源得到:输入通道(CH1、CH2)、外部触发(EXT、EXT/5、EXT(50))、ACline(市电)。最常用的触发信源是输入通道,当CH1、CH2都有信号输入时,被选中作为触发信源的通道无论其输入是否被显示都能正常工作。但当只有一路输入时,则要选择有信号输入的那一路,否则波形难以稳定。<br>外部触发可用于在两个通道上采集数据的同时,在EXT TRIG通道上外接触发信号。<br>ACline可用于显示信号与动力电之间的关系,示波器采用交流电源(50Hz)作为触发源,触发电平设定为0V,不可调节 |

11. 触发方式设置

| 目的 | 学习触发菜单中“触发方式”的三种功能 |
| --- | --- |
| 练习步骤 | (1) 在通道1接入校正信号<br>(2) 选择“触发方式”为“自动”。这种触发方式使得示波器即使在没有检测到触发条件的情况下也能采样波形,示波器强制触发显示有波形,但可能不稳定<br>(3) 选择“触发方式”为“普通”。在普通触发方式下,只有当触发条件满足时,才能采样到波形,在没有触发时,示波器将显示原有波形而等待触发<br>(4) 选择“触发方式”为“单次”。在单次触发方式下,按一次 RUN/STOP 按钮,示波器等待触发,当示波器检测到一次触发时,采样并显示一个波形,采样停止,但随后的信号变化就不能实时反映 |
| 提示 | 在自动触发时,当强制进行无效触发时,示波器虽然显示波形,但不能使波形同步,显示的波形可能会不稳定,当有效触发发生时,显示器上的波形才稳定 |

12. 采样系统的设置

| 目的 | 学习和掌握采样系统的正确使用 |
| --- | --- |
| 练习步骤 | (1) 在通道1接入几毫伏的正弦信号<br>(2) 在“MENU”控制区,按采样设置按钮 ACQUIRE<br>(3) 在弹出的菜单中,选择“获取方式”为“普通”,则观察到的波形显示含噪声<br>(4) 选择“获取方式”为“平均”,并加大平均次数,若为64次平均后,则波形去除噪声影响,明显清晰<br>(5) 选择“获取方式”为“模拟”,则波形显示接近模拟示波器的效果<br>(6) 选择“获取方式”为“峰值检测”,则采集采样间隔信号的最大值和最小值,获取此信号好的包络或可能丢失的窄脉冲,包络之间的密集信号用斜线表示 |
| 提示 | 观察单次信号选用“实时采样”方式,观察高频周期信号选用“等效采样”方式,希望观察信号的包络选用“峰值检测”方式,期望减少所显示信号的随机噪声,选用“平均采样”方式,观察低频信号,选择“滚动模式”方式,希望避免波形混淆,打开“混淆抑制” |

13. 显示系统的设置

| 目的 | 学习、掌握数字式示波器显示系统的设置方法 |
|---|---|
| 练习步骤 | (1) 在“MENU”控制区，按显示系统设置按钮 DISPLAY<br>(2) 通过菜单控制调整显示方式<br>(3) 显示类型为“矢量”，则采样点之间通过连线的方式显示，一般都采用这种方式<br>(4) 显示类型为“点”，则直接显示采样点<br>(5) 屏幕网格的选择改变屏幕背景的显示<br>(6) 屏幕对比度的调节改变显示的清晰度 |

14. 辅助系统功能的设置

| 目的 | 学习、掌握数字式示波器辅助功能的设置方法 |
|---|---|
| 练习步骤 | (1) 在“MENU”控制区，按辅助系统设置按钮 UTILITY<br>(2) 通过菜单控制调整“接口设置”“声音”“语言”等<br>(3) 进行“自校正”“自测试”“波形录制”等 |

15. 迅速显示一未知信号

| 目的 | 学习、掌握数字式示波器的基本操作 |
|---|---|
| 练习步骤 | (1) 将探针菜单衰减系数设定为“10×”<br>(2) 将 CH1 的探针连接到电路被测点<br>(3) 按下 AUTO (自动设置)按钮<br>(4) 按 CH2 — OFF，MATH — OFF，REF — OFF<br>(5) 示波器将自动设置，使波形显示达到最佳<br>在此基础上，可以进一步调节垂直、水平挡位，直至波形显示符合要求 |
| 提示 | 被测信号连接到某一路进行显示，其他应关闭，否则，会有一些不相关的信号出现 |

16. 观察幅度较小的正弦信号

| 目的 | 学习、掌握数字式示波器观察小信号的方法 |
| --- | --- |
| 练习步骤 | (1) 将探针菜单衰减系数设定为“10×”<br>(2) 将 CH1 的探针连接到正弦信号发生器(峰峰值为几毫伏,频率为几千赫);<br>(3) 按下 AUTO (自动设置)按钮<br>(4) 按 CH2 — OFF , MATH — OFF , REF — OFF<br>(5) 按下“信源选择”选相应的信源“CH1”<br>(6) 打开“带宽限制”为“20 M”<br>(7)“采样”选“平均采样”<br>(8) 触发菜单中的“耦合”选“高频抑制”<br>在此基础上,可以进一步调节垂直、水平挡位,直至波形显示符合要求 |
| 提示 | 观察小信号时,带宽限制为 20 MHz、高频抑制是减小高频干扰;平均采样取的是多次采样的平均值,次数越多越清楚,但实时性较差 |

17. 自动测量信号的电压参数

| 目的 | 学习、掌握信号的电压参数的测量方法 |
| --- | --- |
| 练习步骤 | (1) 在通道 1 接入校正信号<br>(2) 按下 MEASURE 按钮,以显示自动测量菜单<br>(3) 按下“信源选择”选相应的信源“CH1”<br>(4) 按下“电压测量”选择测量类型<br>在电压测量类型下,可以进行峰峰值、最大值、最小值、平均值、幅度、顶端值、底端值、均方根值、过冲值、预冲值的自动测量 |
| 提示 | 电压测量分三页,屏幕下方最多可同时显示三个数据,当显示已满时,新的测量结果会导致原显示左移,从而将原屏幕最左的数据挤出屏幕之外。<br>按下相应的测量参数,在屏幕的下方就会有显示。<br>信源选择指设置被测信号的输入通道 |

18. 自动测量信号的时间参数

| 目的 | 学习、掌握示波器的时间参数的测量方法 |
| --- | --- |
| 练习步骤 | (1) 在通道 1 接入校正信号<br>(2) 按下 MEASURE 按钮,以显示自动测量菜单<br>(3) 按下“信源选择”选相应的信源“CH1”<br>(4) 按下“时间测量”选择测量类型<br>在时间测量类型下,可以进行频率、时间、上升时间、下降时间、正脉宽、负脉宽、正占空比、负占空比、延迟 1~2 上升沿、延迟 1~2 下降沿的测量 |
| 提示 | 时间测量分三页,按下相应的测量参数,在屏幕的下方就会有该显示,“延迟 1~2 上升沿”是指测量信号在上升沿处的延迟时间;同样,“延迟 1~2 下降沿”是指测量信号在下降沿处的延迟时间。若显示的数据为“＊＊＊＊＊”,表明在当前的设置下此参数不可测,或显示的信号超出屏幕之外,需手动调整垂直或水平挡位,直到波形显示符合要求 |

19. 获得全部测量数值

| 目的 | 学习、掌握用示波器获得全部测量数值的方法 |
| --- | --- |
| 练习步骤 | (1) 在通道 1 接入校正信号<br>(2) 按下 MEASURE 按钮,以显示自动测量菜单<br>(3) 按“全部测量”操作键,设置“全部测量”状态为“打开”;18 种测量参数值显示于屏幕中央 |
| 提示 | 测量结果在屏幕上的显示会因为被测信号的变化而改变(此功能有些型号的示波器不具备) |

20. 观察两个不同频率信号

| 目的 | 学习、掌握示波器双踪显示的方法 |
| --- | --- |
| 练习步骤 | (1) 设置探针和示波器通道的探针衰减系数为相同<br>(2) 将示波器通道 CH1、CH2 分别与两信号相连<br>(3) 按下 AUTO 按钮<br>(4) 调整水平、垂直挡位直至波形显示满足测试要求<br>(5) 按 CH1 按钮,选通道 1,旋转垂直(VERTICAL)区域的垂直 POSITION 旋钮,调整通道 1 波形的垂直位置<br>(6) 按 CH2 按钮,选通道 2,调整通道 2 波形的垂直位置,使通道 1、2 的波形既不重叠在一起,又利于观察比较 |

续表

| 目的 | 学习、掌握示波器双踪显示的方法 |
| --- | --- |
| 提示 | 双踪显示时,可采用单次触发,得到稳定的波形,触发源选择长周期信号或幅度稍大、信号稳定的那一路 |

21. 用光标手动测量信号的电压参数

| 目的 | 学习、掌握用光标测量信号垂直方向参数的方法 |
| --- | --- |
| 练习步骤 | (1) 接入被测信号,并稳定显示<br>(2) 按 CURSOR 选"光标模式"为"手动"<br>(3) 根据被测信号接入的通道选择相应的信源<br>(4) 选择"光标类型"为"电压"<br>(5) 移动光标可以调整光标间的增量<br>(6) 屏幕显示光标 A、B 的电位值及光标 A、B 间的电压值 |
| 提示 | 电压光标是指定位在待测电压参数波形某一位置的两条水平光线,用来测量垂直方向上的参数,示波器显示每一光标相对于接地的数据,以及两光标间的电压值。<br>旋转垂直 POSITION 旋钮,使光标 A 上下移动;<br>旋转水平 POSITION 旋钮,使光标 B 上下移动 |

22. 用光标手动测量信号的时间参数

| 目的 | 学习、掌握用光标测量信号水平方向参数的方法 |
| --- | --- |
| 练习步骤 | (1) 接入被测信号并稳定显示<br>(2) 按 CURSOR 选"光标模式"为"手动"<br>(3) 根据被测信号接入的通道选择相应的信源<br>(4) 选择光标类型为"时间"<br>(5) 移动光标可以改变光标间的增量<br>(6) 屏幕显示一组光标 A、B 的时间值及光标 A、B 间的时间值 |

续表

| 目的 | 学习、掌握用光标测量信号水平方向参数的方法 |
|---|---|
| 提示 | 时间光标是指定位在待测时间参数波形某一位置的两条垂直光线，用来测量水平方向上的参数，示波器根据屏幕水平中心点和这两条直线之间的时间值来显示每个光标的值，以s为单位。<br>旋转垂直 POSITION 旋钮，使光标A左右移动；<br>旋转水平 POSITION 旋钮，使光标B左右移动 |

23. 用光标追踪测量信号的参数

| 目的 | 学习、掌握光标追踪测量方式的作用 |
|---|---|
| 练习步骤 | (1) 接入被测信号并稳定显示<br>(2) 按 CURSOR 选“光标模式”为“追踪”<br>(3) 根据被测信号接入的通道选择相应的信源<br>(4) 移动光标可以改变十字光线的水平位置<br>(5) 屏幕上显示定位点的水平、垂直光标和两光标间水平、垂直的增量 |
| 提示 | 光标追踪测量方式是在被测信号波形上显示十字光标，通过移动光标的水平位置光标自动在波形上定位，并显示相应的坐标值，水平坐标以时间值显示，垂直坐标以电压值显示，电压以通道接地点为基准，时间以屏幕水平中心位置为基准。<br>旋转垂直 POSITION 旋钮，使光标A在波形上水平移动；<br>旋转水平 POSITION 旋钮，使光标B在波形上水平移动 |

# 附录2　趣味电子琴原理及调试

## 一、电子琴工作原理

电子琴电路原理图可以分为三部分,如附图2-1所示。

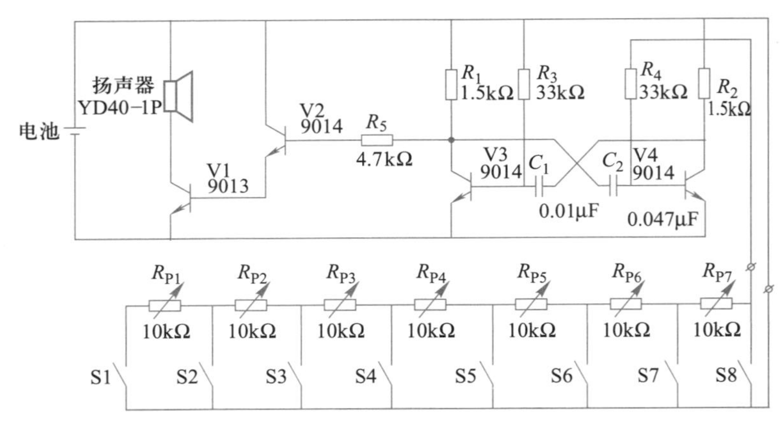


附图2-1　电子琴电路原理图

### 1. 音频振荡电路

这是一个无稳态电路,又称音频振荡电路,如附图2-2所示。在理解振荡原理时,图中的虚线连接应该被看成实际连接,在后面电路中它要被音频控制电路所代替。振荡的频率主要由电阻$R_3$、$R_4$和电容$C_1$、$C_2$决定。其实只要改变其中一个元件的数据就可以达到改变频率的目的。譬如,改变$R_4$,只要在它的回路中串入其他电阻,那么这条回路中的阻值就会增大;而阻值越大,振荡的频率也就越低。

振荡电路是依靠两个三极管V3和V4轮流导通和截止来实现的。它们好像两个开关,在一秒钟内可以动作成千上万次,这样产生的音频信号从$R_5$输出,传送到下一级。

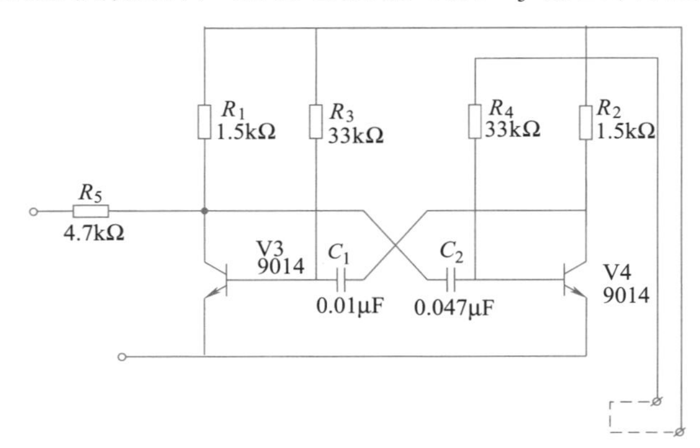


附图2-2　音频振荡电路

### 2. 音频控制电路

这部分电路已经制作成印制电路板,称之为"音调模块",如附图2-3所示。S1~S8是按钮开关。如果按下S8,那么电阻 $R_4$ 就接到电路中去了,振荡电路就工作,喇叭里传出声音。这个声音,我们在设定振荡电路数据时模拟C调的高音“1”;然后按下S7,这时候可变电阻 $R_{P7}$(最大可变到10 kΩ)被串连到 $R_4$ 下面的电路中,这个回路中的电阻变大,振荡频率下降。你可以用适当尺寸的螺丝刀缓缓旋动 $R_{P7}$,选择C调的“7”;按下S6,调节 $R_{P6}$ 选择“6”。同理,把8个音阶都调准。

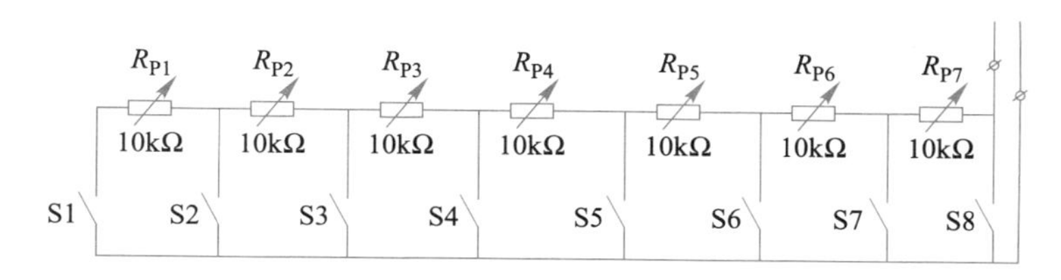


附图2-3 音频控制电路

3. 音频放大电路

声音要能比较正常地被听得见,一般只依靠振荡电路是不够的,还要在振荡电路后面加一级放大电路。这里的放大电路很简单,就是两个三极管V1和V2组成的放大器,如附图2-4所示。

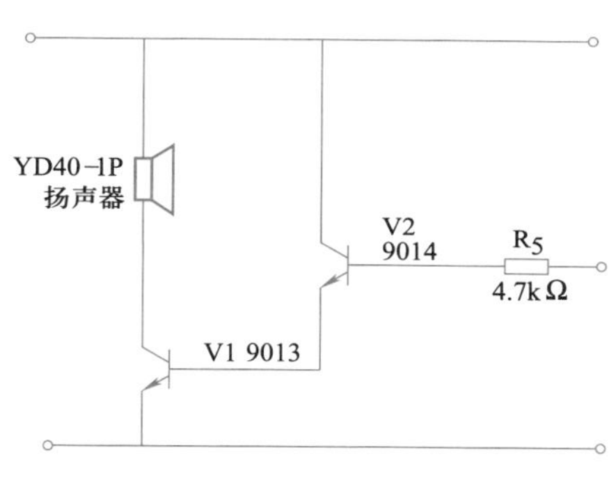


附图2-4 音频放大电路

## 二、趣味电子琴音调调试要领

(1) 从右边第一个音调开始调音——其实,第一个音(高音1)是固定的,在琴键板上不用调也不能调,你要反复听准这个音,而且认定它作为高音 i 。

(2) 可以先把所有的电位器逆时针旋到底,此时,你按任何一个键都发出同一个音调,然后从右边开始逐个进行调试。

(3) 把右边的第一个电位器顺时针旋转一点点,按右边第2个音键,并反复和第1个音键比较,使它听起来是和高音 i 差半度音的“西”。

(4) 接下来,把右边的第2个电位器也顺时针旋转一点点,按下右边第3个音键,使它的发声为“啦”…;依此类推,直至所有音键全部调试完毕。

(5) 反复、仔细聆听所有音调,如有不满意的,可以适当修正;但是,你要注意一个问题:当你变动其中某一个电位器以后，它左边的音调也会跟着发生一定的变化；所以，要反复来回调整多次。

（6）建议你用下面的乐谱弹奏，可能会更好地帮助你校正音调。

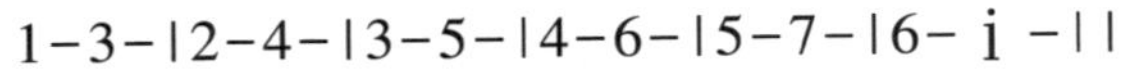

1 — — — |3 — — — |5 — — — | $\dot{1}$ — — — | $\dot{1}$ — — — |5 — — — |3 — — — |1 — — — ||

1-3-|2-4-|3-5-|4-6-|5-7-|6- $\dot{1}$ -||

# 附录 3　LabVIEW 软件介绍

## 一、LabVIEW 概述

LabVIEW 是一种程序开发环境,由美国国家仪器(NI)公司研制开发,类似于 C 和 BASIC 开发环境。LabVIEW 与其他计算机语言的显著区别是:其他计算机语言都是采用基于文本的语言产生代码,而 LabVIEW 使用的是图形化编辑语言 G 编写程序,产生的程序是框图的形式。

### 1. LabVIEW 特点

(1) 尽可能采用了通用的硬件,各种仪器的差异主要是软件。

(2) 可充分发挥计算机的能力,有强大的数据处理功能,可以创造出功能更强的仪器。

(3) 用户可以根据自己的需要定义和制造各种仪器。

### 2. LabVIEW 优势

与传统仪器相比,虚拟仪器在智能化程序、处理能力、性能价格比、可操作性等方面都具有明显的技术优势,具体表现如下:

(1) 智能化程度高,处理能力强。虚拟仪器的处理能力和智能化程度主要取决于仪器软件水平。用户完全可以根据实际应用需求,将先进的信号处理算法、人工智能技术和专家系统应用于仪器设计与集成,从而将智能仪器水平提高到一个新的层次。

(2) 复用性强,系统费用低。应用虚拟仪器思想,用相同的基本硬件可构造多种不同功能的测试分析仪器,如同一个高速数字采样器,可设计出数字示波器、逻辑分析仪、计数器等多种仪器。这样形成的测试仪器系统功能更灵活、系统费用更低。通过与计算机网络连接,还可实现虚拟仪器的分布式共享,更好地发挥仪器的使用价值。

(3) 可操作性强。虚拟仪器面板可由用户定义,针对不同应用可以设计不同的操作显示界面。使用计算机的多媒体处理能力可以使仪器操作变得更加直观、简便、易于理解,测量结果可以直接进入数据库系统或通过网络发送。测量完后还可打印,显示所需的报表或曲线,这些都使得仪器的可操作性大大提高。

用 LabVIEW 设计的 LabVIEW 应用程序,即为虚拟仪器(VI),包括前面板(front panel)、程序框图(block diagram)两部分。典型的 LabVIEW 程序结构如附录图 3-1 所示,与大多数界面设计软件一样,要构建一个 LabVIEW 程序首先需根据用户需求制定合适的界面,这个界面主要是在前面板中设计,包括放置各种输入输出控件、说明文字和图片等,然后在程序框图中进行编程以实现具体的功能。在实际的设计中,通常是以上两步骤的交叉执行。

## 二、LabVIEW 2018 中文版简介

### 1. 启动界面

以 LabVIEW 2018 中文版为例,启动 LabVIEW 2018,如附图 3-2 所示。在这个界面可以新建 V1、选择近期文件、查找范例以及打开 LabVIEW 帮助等。以新建 VI 为例,单击“文件”→

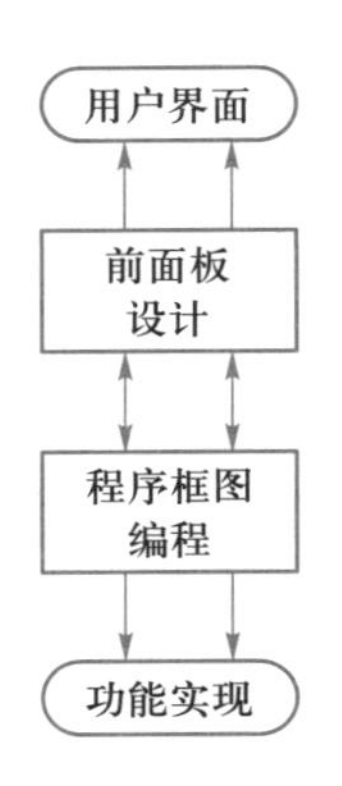


附图 3-1 LabVIEW 程序结构

"新建 VI",弹出前面板和程序框图两个窗口。

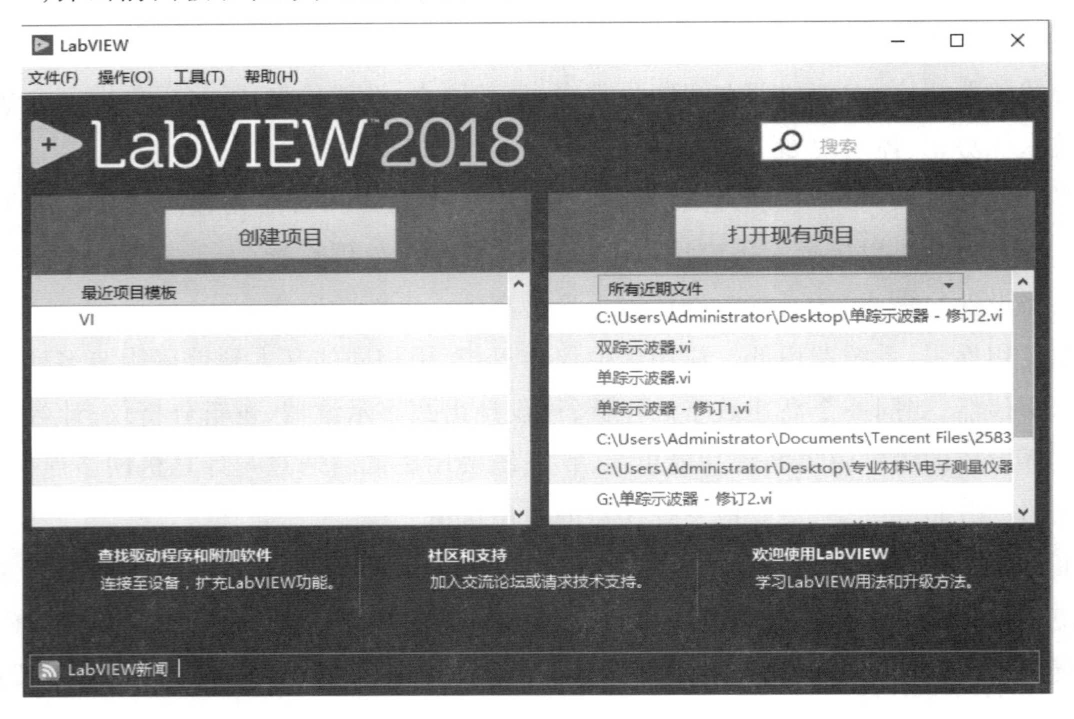


附图 3-2 LabVIEW 2018 的启动界面

2. 前面板介绍

如附图 3-3 所示,前面板中有菜单栏、工具栏、控件选板等,根据用户要求可以在前面板中设计控制界面。前面板中各部分的功能介绍如下:

(1) 菜单栏

菜单用于操作和修改前面板和程序框图上的对象。VI 窗口顶部的菜单为通用菜单,同样适用于其他程序,如打开、保存、复制和粘贴,以及其他 LabVIEW 的特殊操作。

(2) 工具栏

工具栏按钮用于执行相应的功能,如运行、连续运行、终止执行、暂停等。

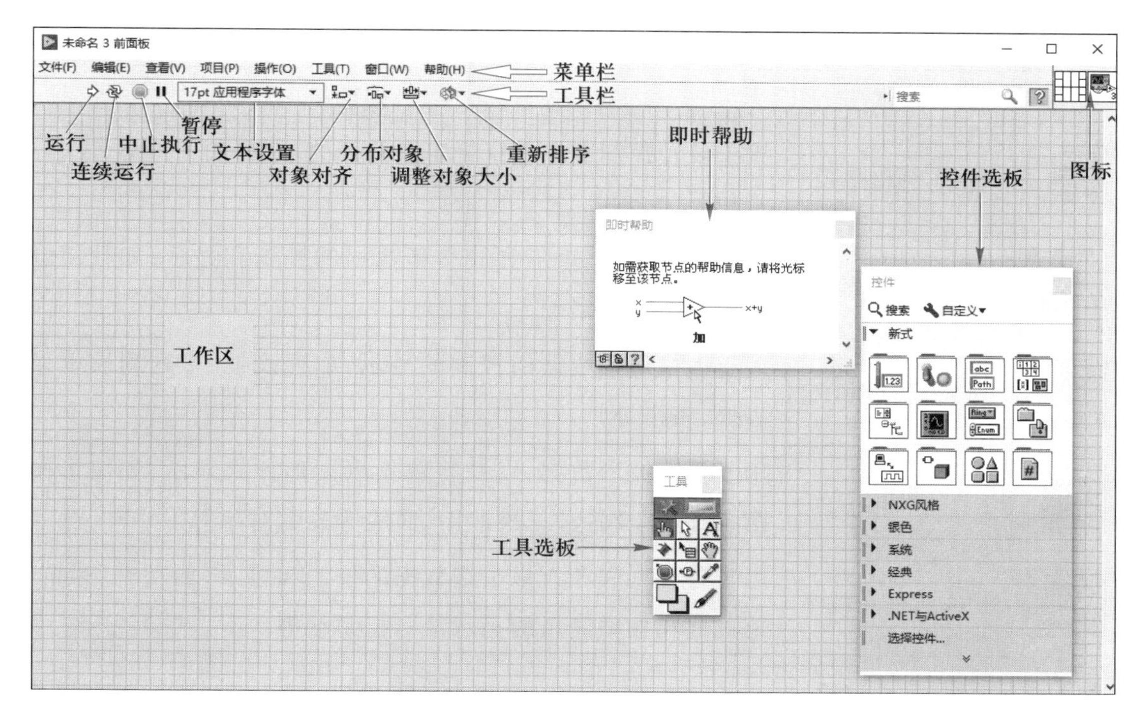


附图 3-3　LabVIEW 2018 前面板

（3）即时帮助窗口

选择“帮助”→“显示即时帮助”，显示即时帮助窗口。将光标移至一个对象上，即时帮助窗口将显示该 LabVIEW 对象的基本信息。VI、函数、常数、结构、选板、属性、方式、事件、对话框和项目浏览器中的项均有即时帮助信息。即时帮助窗口还可帮助确定 VI 或函数的连线位置。

（4）图标

图标是 VI 的图形化表示，可包含文字、图形或图文组合。若将 VI 当作子 VI 调用，程序框图上将显示该子 VI 的图标。

（5）控件选板

控件选板提供了创建虚拟仪器等程序面板所需的输入控件和显示控件，仅能在前面板窗口中打开。单击图标即可弹出该图标下的子模板，基本功能介绍见附表 3-1。

附表 3-1　控件选板功能介绍

| 序号 | 图标 | 名称 | 功能 |
|---|---|---|---|
| 1 | 1.23 | 数值量 | 用于设计具有数值数据类型属性的控件和显示量，如滑杆、旋钮、拨码盘、调色板等 |
| 2 |  | 布尔量 | 用于设计具有布尔数据类型属性的控制量和显示量，如按钮、开关、发光二极管等 |

续表

| 序号 | 图标 | 名称 | 功能 |
|---|---|---|---|
| 3 | abc Path | 字符串和路径 | 用于设计控制和显示字符串及路径的对象，如字符串、文本、菜单、路径等 |
| 4 |  | 数组、矩阵和簇 | 用于作为数组、矩阵和簇类型数据的控制和显示，如数组、簇及可变数据类型数据等 |
| 5 |  | 列表、表格和树 | 用于表格形式数据的控制的显示，如列表框、多列列表框、树型列表框、表格等 |
| 6 |  | 图形 | 用于显示波形数据，以及将数据以图形方式显示，如波形图、曲线图、密度图及各种三维曲面、曲线等显示对象等 |
| 7 | Ring Enum | 下拉列表和枚举 | 用于各种列表和枚举类型数据的控制和显示，如文本、菜单、图形、单选框和枚举变量的显示量和控制量等 |
| 8 |  | 容器 | 用于作为盛放其他对象的容器，如 tab 容器，ActiveX 容器等 |
| 9 |  | 输入输出 | 与硬件有关的 VISA、IVI 数据源和 DAQ 数据通道名等 |
| 10 |  | 装饰 | 用于前面板界面设计和装饰，如装饰界面的框和线条等 |

（6）常用控件

1）数值选板，如附图 3-4 所示。主要完成参数设置和结果显示。控制型控件有滑动杆、旋钮、滚动条和进度条等。指示型控件有仪表、量表、温度计等。

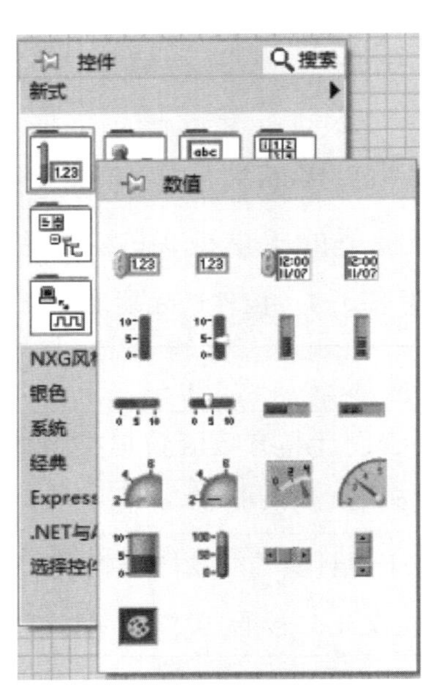


附图 3-4　数值选板

2）布尔选板，如附图 3-5 所示。包含一些布尔值的控制器和指示器，按钮、开关、指示灯按键等，控件的值只能是“T”和“F”。

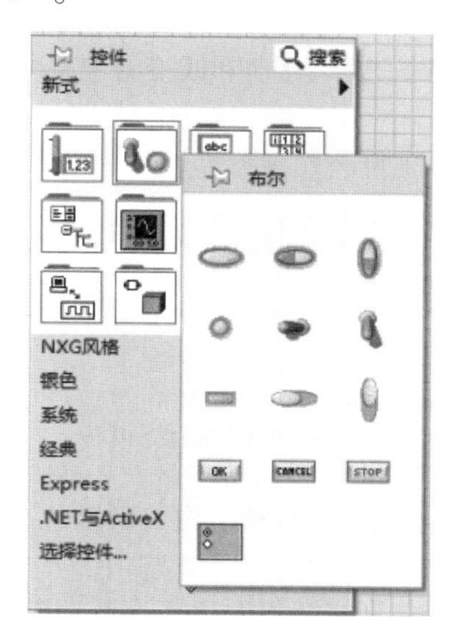


附图 3-5　布尔选板

（7）工具选板

在前面板和程序框图中都可看到工具选板，如附图 3-6 所示。工具选板上的每一个工具都对应于鼠标的一个操作模式，见附表 3-2。光标对应于选板上所选择的工具图标。可选择合适的工具对前面板和程序框图上的对象进行操作和修改。

附图 3-6　工具选板

**附表 3-2　工具选板中工具的功能**

| 序号 | 图标 | 名称 | 功能 |
|---|---|---|---|
| 1 |  | 自动拾取工具 | 用于确定不使用其他工具的操作 |
| 2 |  | 操作工具 | 使用该工具可以操作前面板的控制器和指示器，当光标经过文本、字符串或数字控制器时，单击一下即可输入字符或数字 |

续表

| 序号 | 图标 | 名称 | 功能 |
| --- | --- | --- | --- |
| 3 | | 选择工具 | 用于选择、移动和改变对象的大小 |
| 4 | | 标签工具 | 用于输入标签文本或创建自由标签 |
| 5 | | 连线工具 | 用于在框图程序上连接对象 |
| 6 | | 对象弹出菜单工具 | 单击鼠标左键可弹出对象的弹出式菜单，相当于在其他工具状态下右击 |
| 7 | | 翻滚工具 | 使用该工具可以翻滚窗口 |
| 8 | | 断点工具 | 可在 VI 函数和结构内设置断点，当程序执行到断点时就暂停执行 |
| 9 | | 探针工具 | 可在程序框图的连线上设置探针，以便监视该连接线上的数据 |
| 10 | | 颜色提取工具 | 可提取对象的颜色 |
| 11 | | 设置颜色 | 设置选择区域的颜色 |

3. 程序框图

LabVIEW 2018 的程序框图如附图 3-7 所示，主要有菜单栏、工具栏、即时帮助和工具选项板。基本与前面板一样，这里就不多做介绍了。

附图 3-7 程序框图

函数选项板在前面板中没有,只有在程序框图中才有。函数选项板包含编程、测量、仪器等很多函数、节点及数据处理和调用模块用于创建程序框图,常见函数模板及其功能见附表3-3。

附表 3-3 常见函数模板及其功能

| 序号 | 图标 | 名称 | 功能 |
| --- | --- | --- | --- |
| 1 | | 结构 | 控制程序流程,如 For 循环、While 循环、Case 结构等 |
| 2 | | 数组 | 包含一些数组处理函数 |
| 3 | | 变体 | 包含一些簇处理函数 |
| 4 | | 数值 | 包含一些算术、三角、对数等数学函数 |
| 5 | | 布尔 | 包含一些逻辑和布尔函数 |
| 6 | | 字符串 | 包含一些对字符串进行处理的函数 |
| 7 | | 比较 | 包含一些对数字、布尔值和字符串进行比较的函数 |
| 8 | | 定时 | 包含一些定时、计数、等待等时间函数 |
| 9 | | 波形 | 包含一些波形曲线的函数 |
| 10 | | 图形与声音 | 包含一些图形和声音处理的函数 |

## 三、应用实例

通过设计一个温度报警器来进一步介绍 LabVIEW 程序设计过程。

1. 启动 LabVIEW 2018

选择"文件"→"新建 VI",弹出前面板和程序框图两个窗口。

2. 前面板制作

(1) 温度计

选择菜单栏"查看"→"控件选板"→"数值"→"温度计",选用两个温度计,分别命名为

“温度计”“温度上限”,光标停留在控件上,单击右键选择“属性”改变两个控件的外观属性中填充的颜色,如附图 3-8 所示。

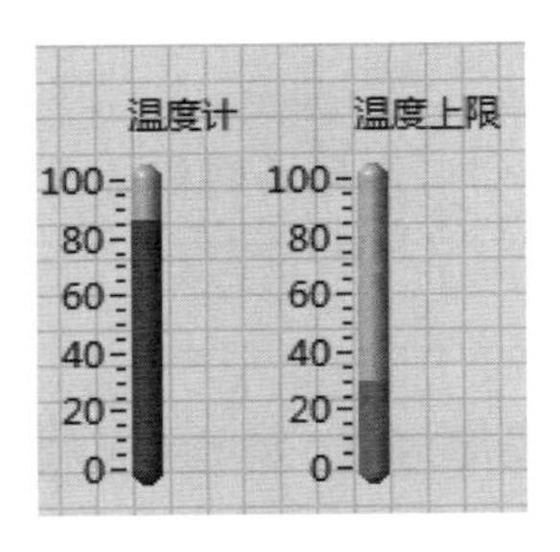


附图 3-8 温度计控件

(2) 开关按钮

选择菜单栏“查看”→“控件选板”→“布尔”单击“确定”按钮,将按钮的名称改为开关。光标停留在控件上,单击右键选择“机械动作中”的“单击时转换”。也可以尝试其他动作观察效果有何不同,如附图 3-9 所示。

(3) 报警指示灯

选择菜单栏“查看”→“控件选板”→“布尔”→“圆形指示灯”,将指示灯名称改为“报警”。光标停留在控件上,单击右键选择“属性”改变两个控件的外观属性中开关的颜色,如附图 3-10 所示。

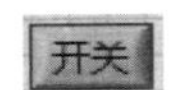

附图 3-9 开关按钮　　附图 3-10 报警指示灯控件

(4) 完成前面板的制作,如附图 3-11 所示。

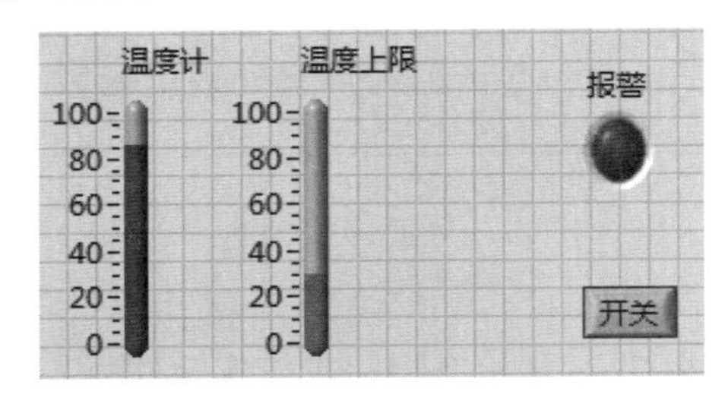


附图 3-11 温度报警器的前面板

3. 程序框图设计

(1) 温度计的数值

① 在程序框图中选择菜单栏“查看”→“函数”→“数值”→“随机数”;

② 选择菜单栏“查看”→“函数”→“数值”→“乘”;

由于随机数的值在 0~1 之间,而温度计的最高值为 100,为了使温度值在 0~100 之间变动,故需要将随机数乘以 100。

温度计数值程序框图如附图 3-12 所示。

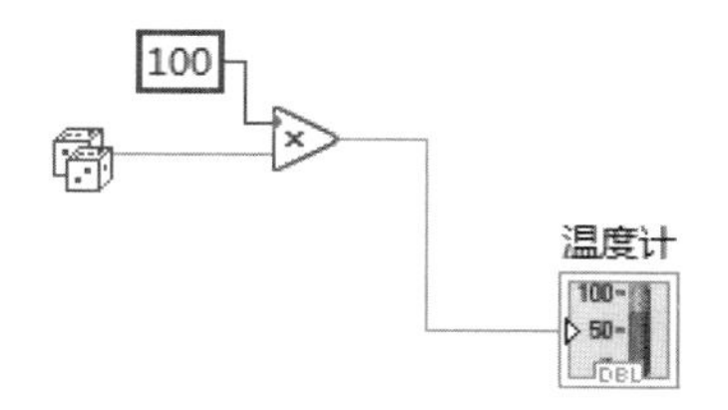


附图 3-12 温度计数值程序框图

(2) 温度值的比较

在程序框图中选择菜单栏"查看"→"函数"→"比较"→"大于"。光标停留在程序框图中的"温度计上限",右击选择"转换为输入控件",将温度计的值与温度上限进行比较。温度值比较程序框图如附图 3-13 所示。

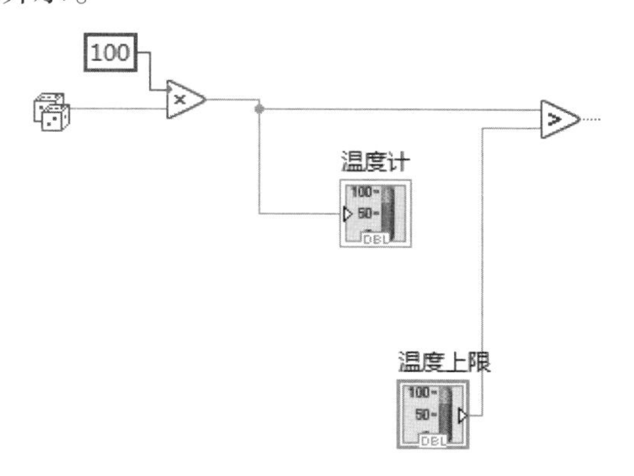


附图 3-13 温度值比较程序框图

(3) 开关和温度比较结果控制报警情况

在程序框图中选择菜单栏"查看"→"函数"→"布尔"→"与",只有开关打开并且温度值超过报警温度指示灯报警,温度计控制报警程序框图如附图 3-14 所示。

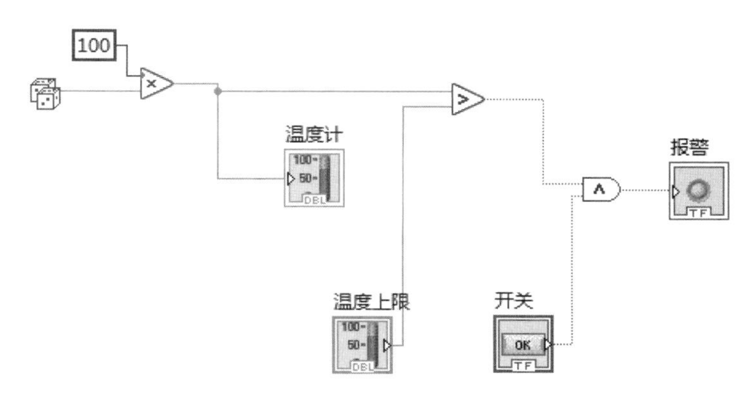


附图 3-14 温度计控制报警程序框图

在程序框图外面在上 While 循环语句，以便程序重复执行。在程序框图中选择菜单栏“查看”→“函数”→“结构”→“While 循环”，鼠标光标放在循环条件上右击选择创建常量。温度报警器程序框图如附图 3-15 所示。

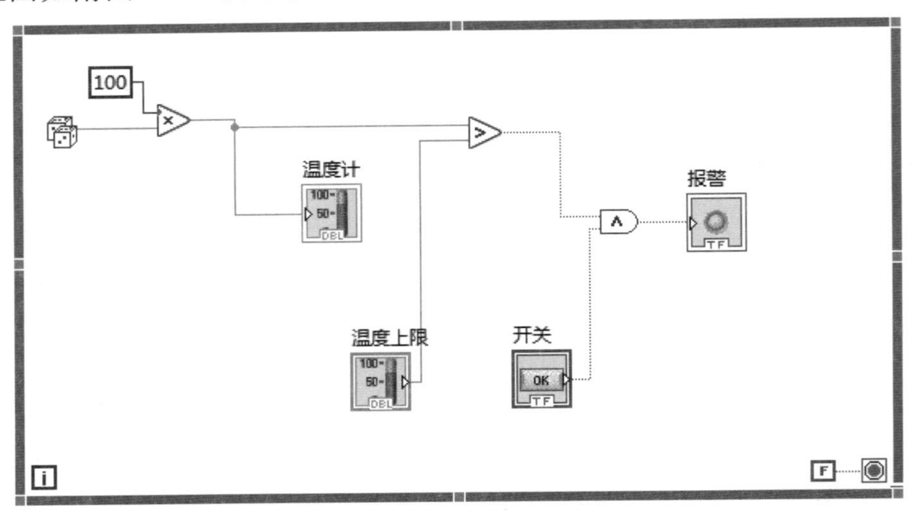


附图 3-15 温度报警器程序框图

4. 程序的运行

单击运行或连续运行按钮运行该程序；运行过程中需要观察程序运行过程，可单击程序框图的高亮显示执行过程按钮，此时可以在程序框图观察程序的运行过程；单击暂停按钮可暂停运行中的程序，再按一次该按钮程序将继续运行；运行完毕可单击停止按钮，程序结束运行。

若前面板或程序框图中的运行按钮图标为表示程序编辑有错误，单击该按钮控件出现错误列表，根据提示修改程序。程序修改正确后，继续执行运行步骤。

5. 保存程序

选择前面板或者程序框图“文件”→“保存”，给程序命名并保存到相应的路径下。

## 四、总结

通过实例“温度报警器”的程序设计调试，我们对 LabVIEW 2018 软件有了下列收获：熟悉了 LabVIEW 2018 的编写调试环境，了解了菜单栏和工具栏的基本功能；认识了前面板的控件及其属性，理解了调试过程中前面板的“控件选板”和“工具选板”操作方法；掌握了程序框图中“函数选板”“工具选板”在调试过程中进行计算、控制等操作的功能。

LabVIEW 软件不仅能实现文本程序的编写功能，而且能利用其图形化的功能来简化程序的编写调试过程。这样既增加了趣味性，又能设计出万用表、示波器、函数信号发生器及示波器等各类虚拟仪器。虚拟仪器技术是电子测量技术发展的方向，应用必将越来越广泛！

# 附录4　使用LabVIEW虚拟仪器软件添加串口通信模块

虚拟温湿度检测仪把采样板发送过来的温度、湿度测量数据，经过计算机处理显示在屏幕上，这就要求计算机与信号采集板能进行数据通信。下面介绍利用LabVIEW编写程序实现计算机与采集板的串口通信模块的设计方法。

## 一、串口通信模块的设计步骤

1. 新建VI程序

启动NI LabVIEW程序，建立一个新的VI程序，如附图4-1所示。

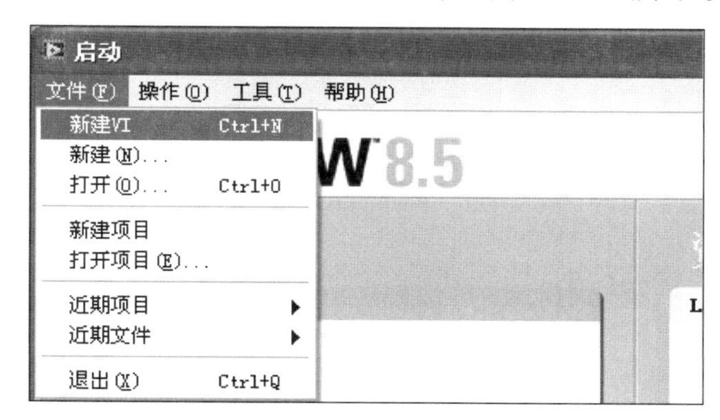


附图4-1　建立一个新的VI程序

2. 程序前面板设计

在前面板设计区空白处右击，显示控件选板(Controls)。

① 添加一个字符串输入控件：控件(Controls)→新式(Modern)→字符串与路径(String & Path)→字符串输入控件(String Control)，将标签改为“发送区”。

② 添加一个字符串显示控件：控件(Controls)→新式(Modern)→字符串与路径(String & Path)→字符串显示控件(String Indicator)，将标签改为“接收区”。

③ 添加一个串口资源检测控件：控件(Controls)→新式(Modern)→I/O→VISA资源名称(VISA resource name)；单击控件箭头，选择串口号，如COM1。

④ 添加一个确定(OK)控件：控件(Controls)→新式(Modern)→布尔(Boolean)→ 确定按钮(OK Button)，将标题改为“确定发送字符”。

⑤ 添加按钮控件：控件( )→新式(Modern)→布尔(Boolean)→停止按钮(Stop Button)，将标题改为“关闭程序”。

设计完成的虚拟仪器前面板如附图4-2所示。

3. 框图程序设计之添加函数

右击控件，选择“查找接线端”，如附图4-3所示。

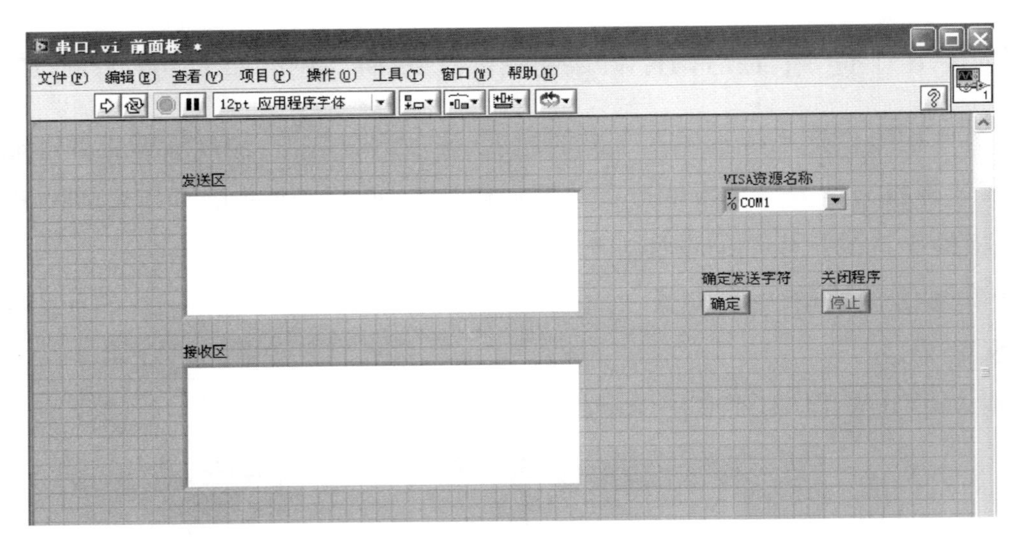


附图 4-2 前面板

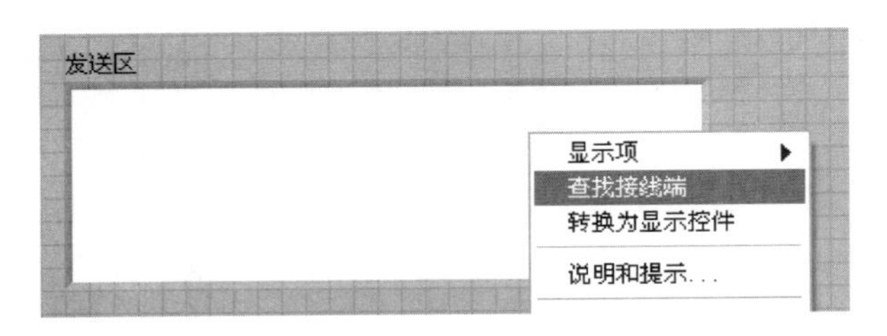


附图 4-3 查找接线端

进入程序框图界面:可以看到控件所对应的资源,如附图 4-4 所示。

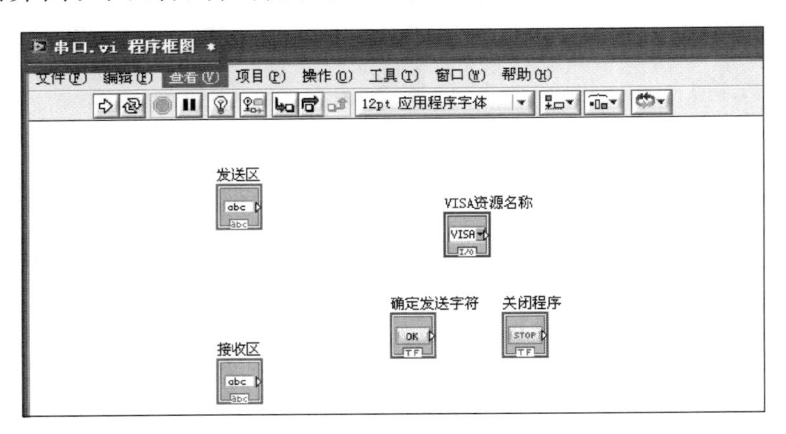


附图 4-4 程序框图界面

① 添加一个配置串口函数:仪器 I/O(Instrument I/O)→串口(Serial)→VISA 配置串口(VISA Configure Serial Port),如附图 4-5 所示。

② 添加 4 个数值常量:编程(Programming)→数值(Numeric)→数值常量(Numeric Con-

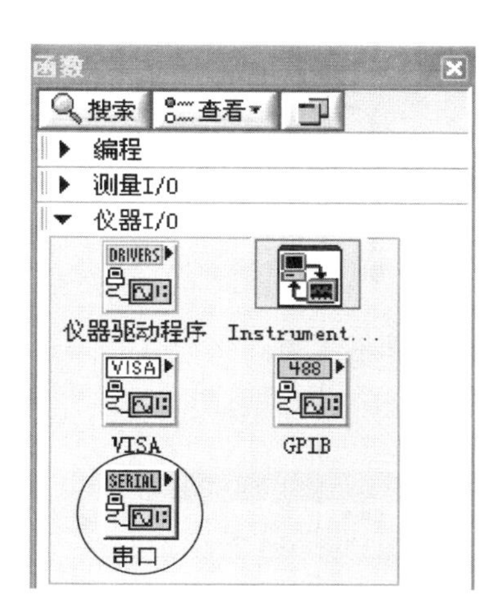

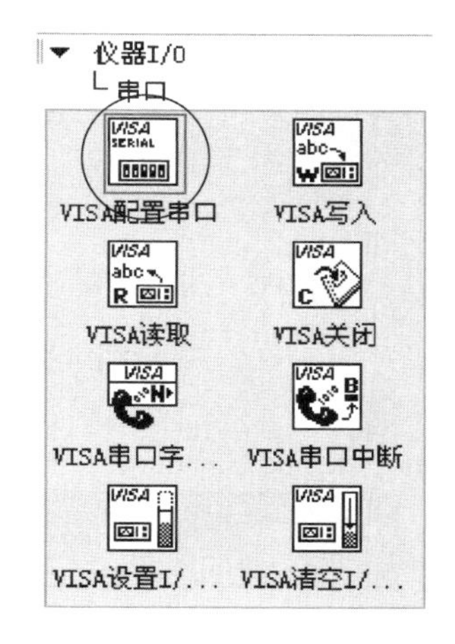


附图 4-5 添加一个配置串口函数

stant),值分别为 9600(波特率)、8(数据位)、0(校验位,无)、1(停止位),如附图 4-6 所示。

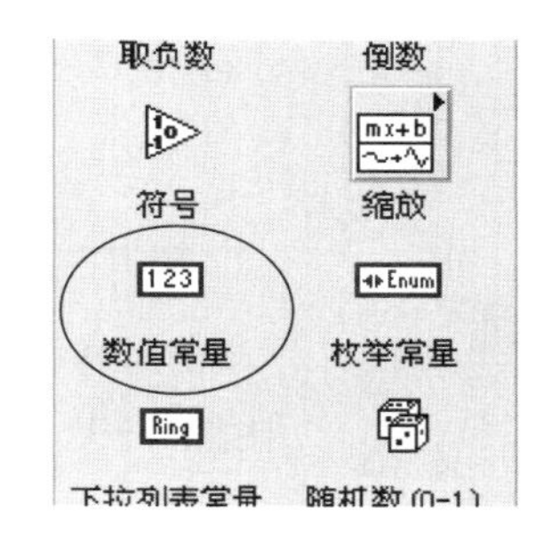


附图 4-6 添加数值常量

③ 添加两个关闭串口函数:仪器 I/O(Instrument I/O)→串口(Serial)→VISA 关闭(VISA Close),如附图 4-7 所示。

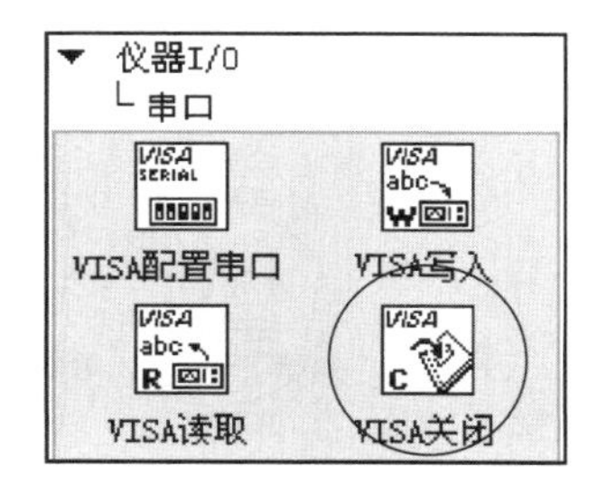


附图 4-7 添加关闭串口函数

④ 添加一个循环结构:编程(Programming)→结构(Structures)→While 循环(While Loop),如附图 4-8 所示。添加理由:随时监测串口接收缓冲区的数据。

程序框图的资源位置如附图 4-9 所示。

以下添加的函数或结构放置在 While 循环结构框架中。

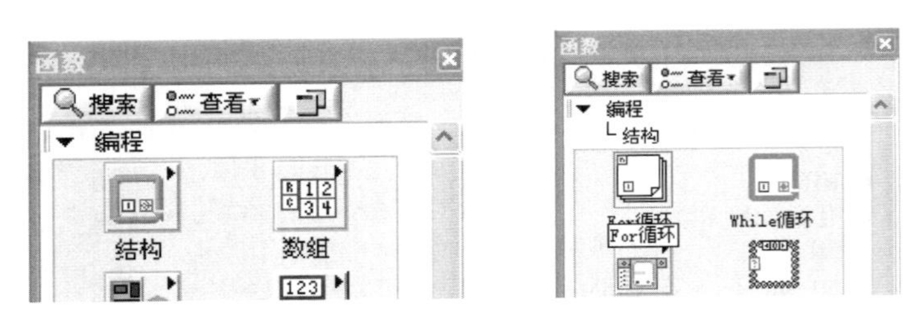


附图 4-8　添加循环结构

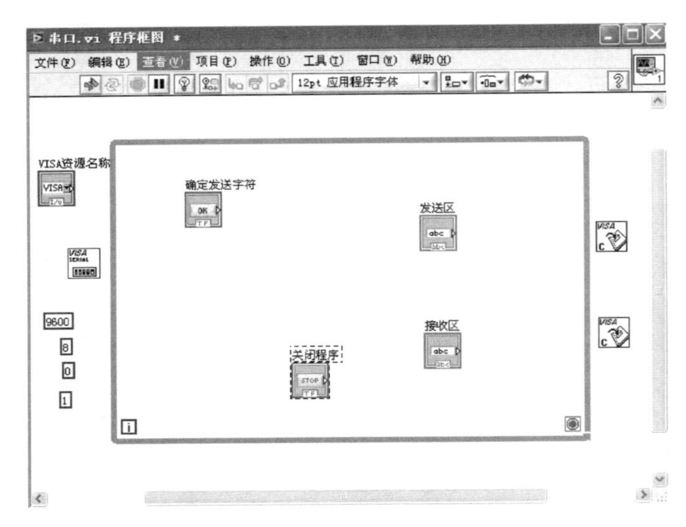


附图 4-9　程序框图的资源位置

⑤ 添加一个时钟函数：编程(Programming)→定时(Timing)→等待下一个整数倍毫秒(Wait Until Next ms Multiple)，如附图 4-10 所示。添加理由：以一定的周期监测串口接收缓冲区的数据。

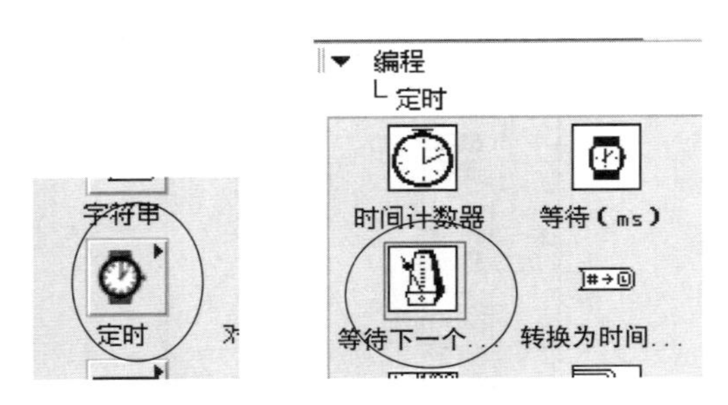


附图 4-10　添加时钟函数

⑥ 添加一个数值常量：编程(Programming)→数值(Numeric)→数值常量(Numeric Constant)，将值改为 500(时钟频率值)，如附图 4-11 所示。

⑦ 添加一个 VISA 串口字节数函数：编程(Programming)→仪器 I/O(Instrument I/O)→串口(Serial)→VISA 串口字节数(VISA Bytes at Serial Port)，标签为“Property Node”，如附图

4-12 所示。

附图 4-11　添加数值常量

附图 4-12　添加 VISA 串口字节数函数

⑧ 添加一个数值常量:编程(Programming)→数值(Numeric)→数值常量(Numeric Constant),值为 0(比较值)。

⑨ 添加一个比较函数:编程(Programming)→比较(Comparison)→不等于?(Not Equal?),如附图 4-13 所示。添加理由:只有当串口接收缓冲区的数据个数不等于 0 时,才将数据读入到接收区。

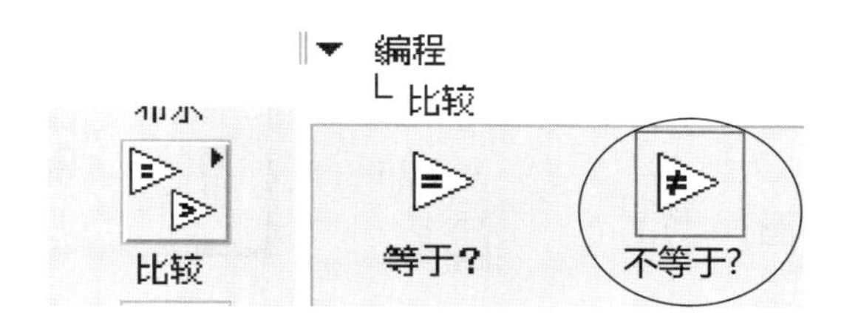


附图 4-13　添加比较函数

⑩ 添加一个布尔函数:编程(Programming)→布尔(Boolean)→非(Not)函数,如附图 4-14 所示。添加理由:当关闭程序时,将关闭按钮真(True)变为假(False),退出循环。如果将循环结构的条件端子设置为"真时停止(Stop if True)",则不需要添加非(Not)函数。

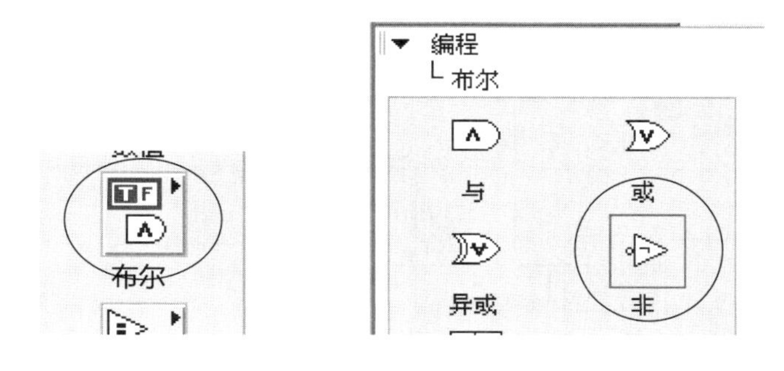


附图 4-14　添加布尔函数

⑪ 添加两个条件结构:编程(Programming)→结构(Structures)→条件结构(Case Structure)。添加理由:发送字符时,需要单击按钮发送字符,因此需要判断是否单击了按钮;接收数据时,需要判断串口接收缓冲区的数据个数是否不为 0。

⑫ 添加一个串口写入函数：编程（Programming）→仪器 I/O（Instrument I/O）→串口（Serial）→VISA 写入（VISA Write），并拖入条件结构（上）的真（True）选项框架中。

⑬ 添加一个串口读取函数：编程（Programming）→仪器 I/O（Instrument I/O）→串口（Serial）→VISA 读取（VISA Read），并拖入条件结构（下）的真（True）选项框架中。

⑭ 将字符输入控件图标（标签为“发送区”）拖入条件结构（上）的真（True）选项框架中，将字符显示控件图标（标签为“接收区”）拖入条件结构（下）的真（True）选项框架中。

⑮ 分别将确定（OK）按钮控件图标（标签为“确定按钮（OK Button）”）、停止（Stop）按钮控件图标（标签为“停止按钮（Stop Button）”）拖入循环结构框架中，如附图 4-15 所示。

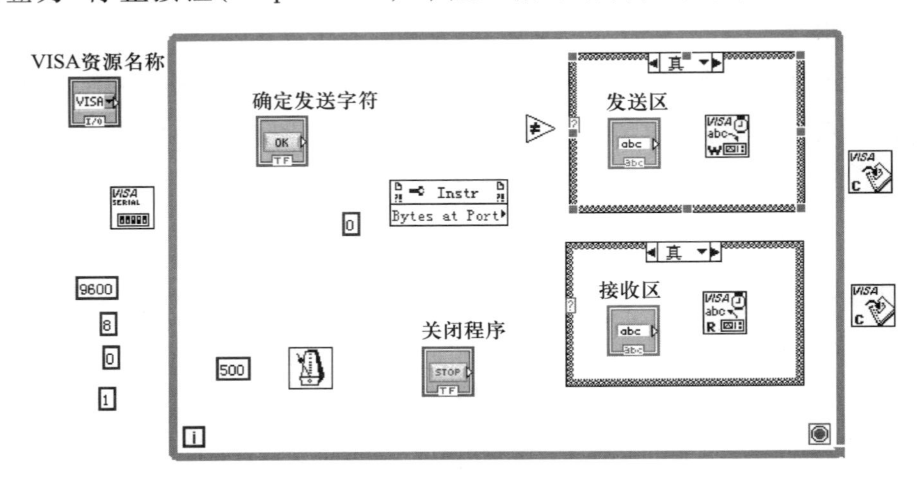


附图 4-15 拖动按钮

4. 框图程序设计之逻辑设计

如附图 4-16 所示，连接各模块，实现串口通信功能。

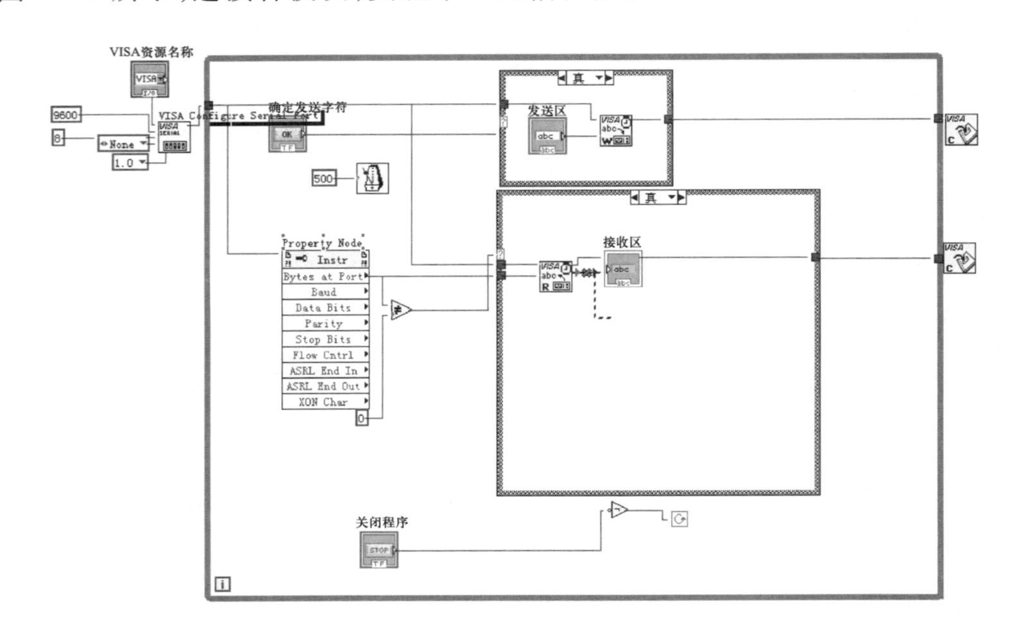


附图 4-16 连接各模块

5. 向面板框图里添加虚拟仪表

① 选择“新式”→“数值”→“量表”和“新式”→“数值”→“温度计”，添加 2 个新控件到程序面板，如附图 4-17 所示，添加后的效果如附图 4-18 所示。

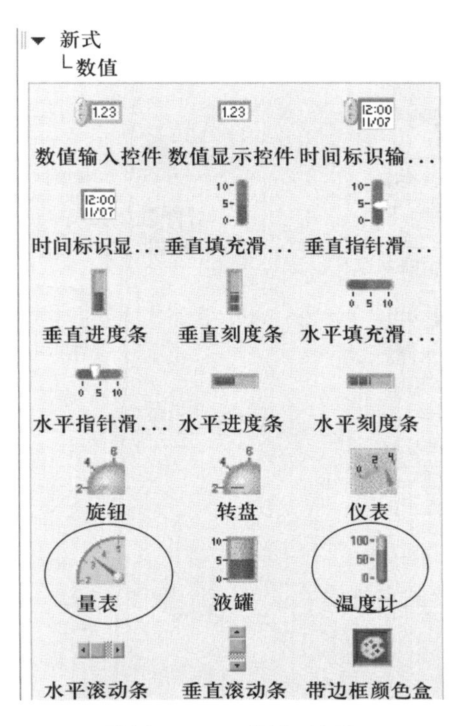


附图 4-17　添加控件

② 选择“新式”→“数值”→“数值显示控件”，给虚拟仪器再添加 2 个虚拟数值控件，如附图 4-19 所示。

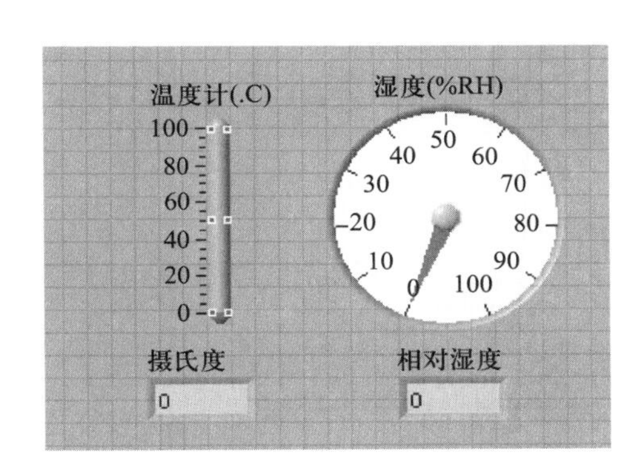


附图 4-18　添加后的效果

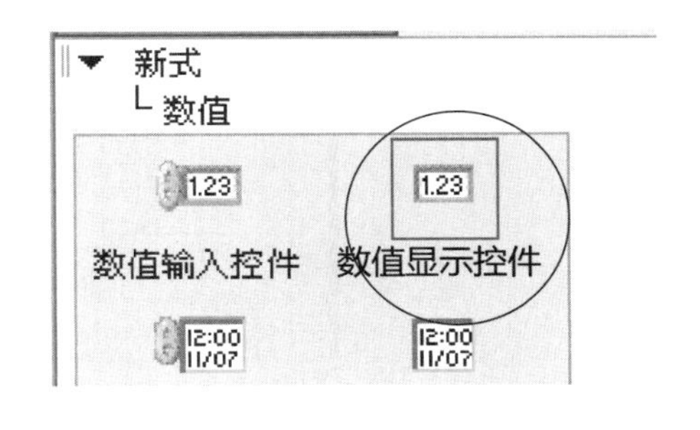


附图 4-19　添加控件

③ 进入程序界面，选择“编程”→“字符串”→“扫描字符串”添加扫描字符串，如附图 4-20 所示。

④ 添加程序逻辑，如附图 4-21 所示。

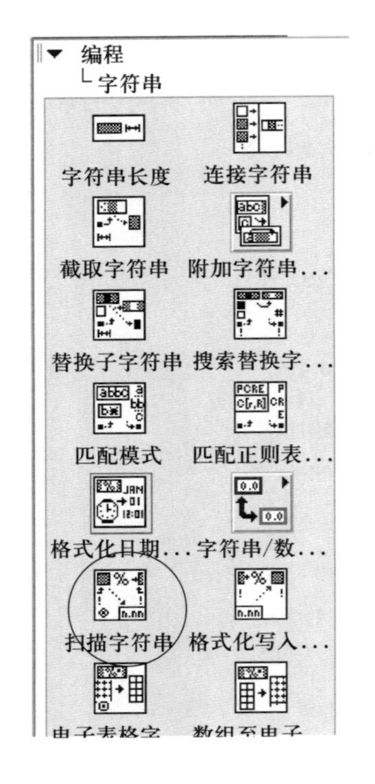


附图 4-20　添加扫描字符串

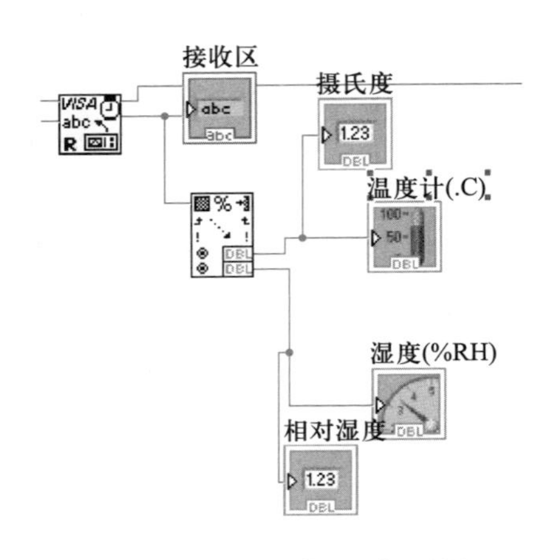


附图 4-21　添加程序逻辑

⑤ 完整的程序框图如附图 4-22 所示。

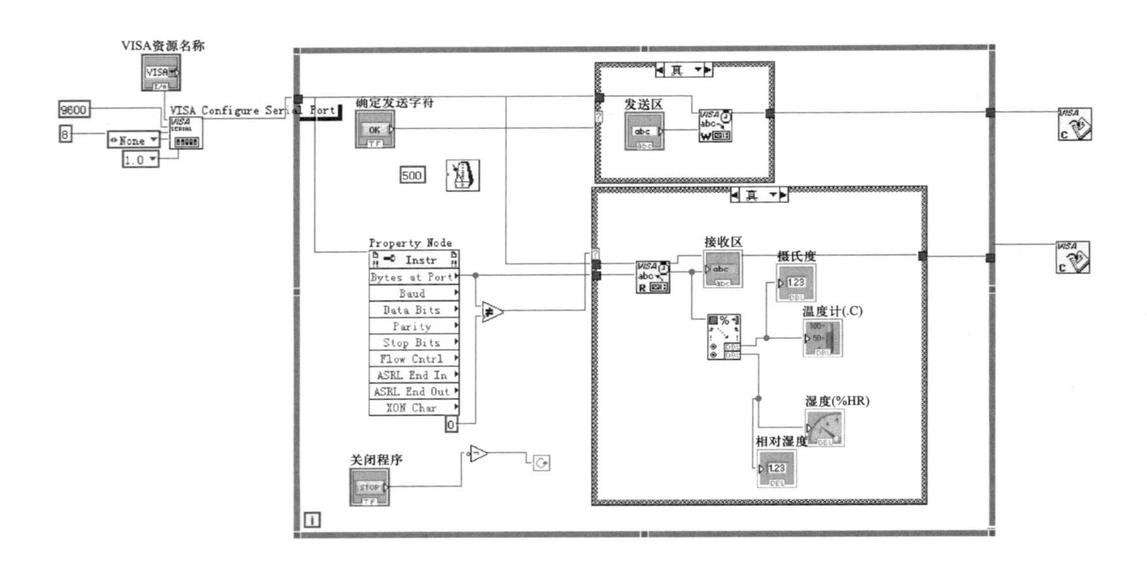


附图 4-22　完整的程序框图

## 二、数据的测量和显示

当所有软硬件调试完毕之后，虚拟仪器通过串口接收到采集板发送过来的数据时，就可以在虚拟仪表上显示出来，如附图 4-23 所示。

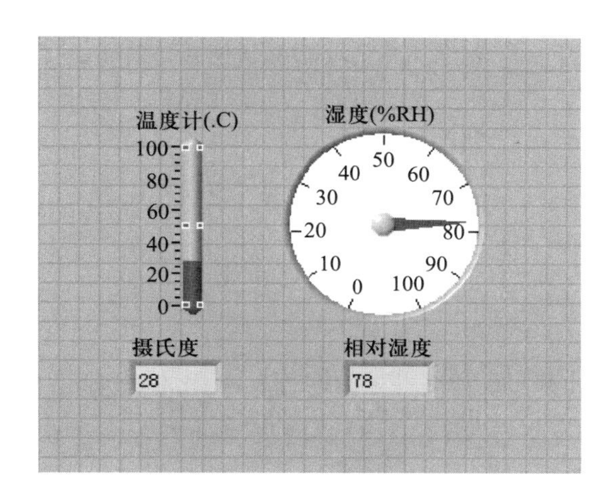


附图 4-23　数据显示

至此，我们完成了一个简单的虚拟仪器的面板设计，通过软件实现了液柱和指针仪表的效果。虚拟仪器的优势在于可以根据使用场合任意更换面板、配置，通过串口通信可以实现远程测量。虚拟仪器的总效果图如附图 4-24 所示。

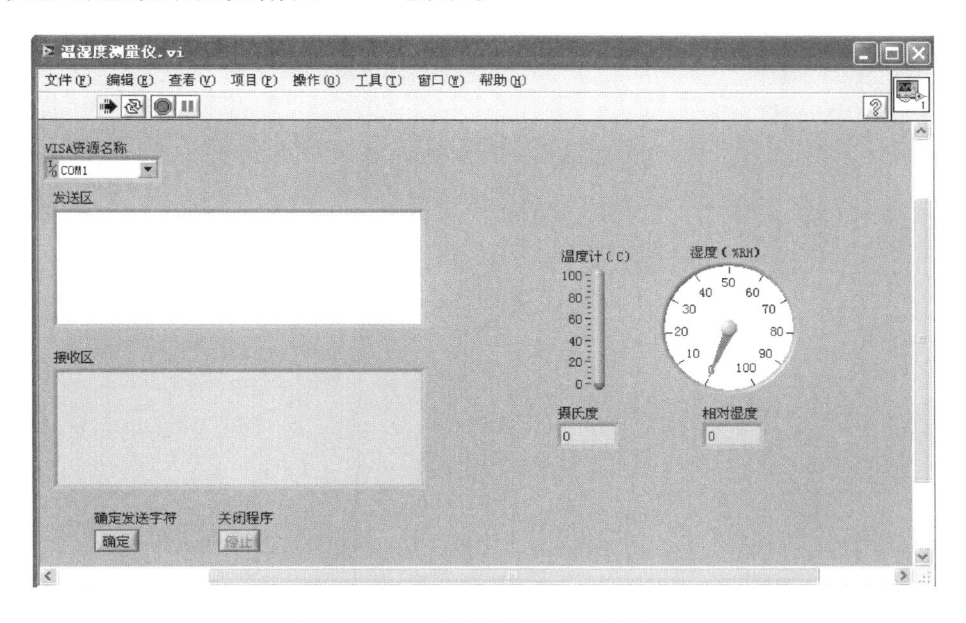


附图 4-24　虚拟仪器的总效果图

# 参考文献

[1] 李明生.电子测量仪器[M].3版.北京:高等教育出版社,2016.
[2] 伍湘彬.电子测量仪器与应用[M].北京:高等教育出版社,2016.
[3] 肖晓萍.电子测量与仪器[M].南京:东南大学出版社,2000.
[4] 陈光禹.数据域测试及仪器[M].西安:西安电子科技大学出版社,2001.
[5] 李明生.电子测量仪器与应用[M].2版.北京:电子工业出版社,2007.
[6] 孙焕根.电子测量与智能仪器[M].杭州:浙江大学出版社,1992.
[7] 朱晓斌.电子测量仪器[M].2版.北京:电子工业出版社,1996.
[8] 辜小兵.电子测量仪器[M].2版.北京:高等教育出版社,2019.

## 郑重声明



学习卡账号使用说明

一、注册/登录

访问 http://abook.hep.com.cn/sve,点击“注册”,在注册页面输入用户名、密码及常用的邮箱进行注册。已注册的用户直接输入用户名和密码登录即可进入“我的课程”页面。

二、课程绑定

点击“我的课程”页面右上方“绑定课程”,正确输入教材封底防伪标签上的20位密码,点击“确定”完成课程绑定。

三、访问课程

在“正在学习”列表中选择已绑定的课程,点击“进入课程”即可浏览或下载与本书配套的课程资源。刚绑定的课程请在“申请学习”列表中选择相应课程并点击“进入课程”。

如有账号问题,请发邮件至:4a_admin_zz@ pub.hep.cn。